国家林业和草原局普通高等教育"十三五"规划教材

饲料分析技术

黄倩倩　赵国琦　主编

中国林业出版社

内 容 简 介

在新时代背景下,结合国家草-畜一体化发展战略,更好地促进草学学科建设与发展,进一步完善草业科学本科专业课程体系建设,为草业科学本科专业学生掌握饲草饲料的营养成分分析技术提供首选教材。因此,编写了饲料分析技术这本面向草业科学、动物科学、水产养殖等专业领域的本科教材。

本书共分12章,包括绪论,试样的采集和制备,物理分析与显微镜检测,常规成分、饲料能值、氨基酸、矿物元素、维生素的测定,有毒有害成分、特殊成分、饲草产品和配合饲料产品的检测等内容。

本书内容比较系统、全面、简洁实用,可作为全国高等农林院校草业科学本科专业教材使用。同时,也可作为动物科学专业、动物营养与饲料加工专业、水产养殖专业等领域的师生和科研单位、饲料加工厂及基层畜牧饲料科技人员的参考资料。

图书在版编目(CIP)数据

饲料分析技术/黄倩倩,赵国琦主编. —北京:
中国林业出版社,2020.11
国家林业和草原局普通高等教育"十三五"规划教材
ISBN 978-7-5219-0875-6

Ⅰ.①饲… Ⅱ.①黄… ②赵… Ⅲ.①饲料分析-高等学校-教材 Ⅳ.①S816.17

中国版本图书馆 CIP 数据核字(2020)第 206660 号

中国林业出版社·教育分社

策划、责任编辑:高红岩 李树梅 责任校对:苏 梅
电话:(010) 83143554 传真:(010) 83143516

出版发行	中国林业出版社(100009 北京市西城区德内大街刘海胡同7号) E-mail:jiaocaipublic@163.com 电话:(010)83143500 http://www.forestry.gov.cn/lycb.html
经 销	新华书店
印 刷	北京中科印刷有限公司
版 次	2020年11月第1版
印 次	2020年11月第1次印刷
开 本	850mm×1168mm 1/16
印 张	14.75
字 数	380千字
定 价	42.00元

未经许可,不得以任何方式复制或抄袭本书之部分或全部内容。
版权所有 侵权必究

《饲料分析技术》编写人员

主　　编　黄倩倩　赵国琦
副 主 编　曹志军　王佳堃　詹　康　苏衍菁
编　　者　(以姓氏拼音排序)
　　　　　　曹阳春（西北农林科技大学）
　　　　　　曹志军（中国农业大学）
　　　　　　程秀花（扬州大学）
　　　　　　成艳芬（南京农业大学）
　　　　　　郭勇庆（华南农业大学）
　　　　　　高艳霞（河北农业大学）
　　　　　　黄倩倩（扬州大学）
　　　　　　李大彪（内蒙古农业大学）
　　　　　　林　淼（扬州大学）
　　　　　　邵　伟（新疆农业大学）
　　　　　　苏衍菁（上海奶牛研究所有限公司）
　　　　　　王　琳（扬州大学）
　　　　　　王佳堃（浙江大学）
　　　　　　严　康（江苏省畜牧总站）
　　　　　　赵国琦（扬州大学）
　　　　　　赵静雯（扬州大学）
　　　　　　詹　康（扬州大学）
　　　　　　朱　雯（安徽农业大学）

前 言

《饲料分析技术》是国家林业和草原局普通高等教育"十三五"规划教材，以高等院校草业科学专业的本科学生为使用对象而编写。

科学分析饲料原料和产品的营养成分及其他成分含量，为饲草饲料原料的饲用育种栽培提供科学的参考依据。同时，为草-畜结合使用的饲草饲料特性的了解和规范使用，科学地生产饲草饲料的原料和产品，精准制订日粮和科学养殖畜禽提供简洁而适用的方法技术。让使用者能够比较全面地掌握饲草饲料成分分析的适用方法技术。全书共分12章，包括绪论、试样的采集和制备、物理分析与显微镜检测、常规成分的测定、饲料能值的测定、氨基酸的测定、矿物元素的测定、维生素的测定、有毒有害成分的检测、特殊成分的检测、饲草产品的检测和配合饲料产品的检测等内容。内容比较系统全面，取材新颖而实用。

本书由双一流高校、省级重点高校等单位的18名富有实践教学经验的人员编写。在编写过程中，编写人员认真负责，对教材进行了反复的讨论与修改，力求保证和提高教材的质量。最后的统稿工作由主编和副主编共同完成。

本书的编写得到了国内同行专家的悉心指导和帮助，在此一并深表谢意。

书中的不足之处在所难免，恳请读者批评指正。

编 者

2020. 8

目 录

前　言

绪　论 ··· 1
　一、概　述 ·· 1
　二、饲料营养成分含量的变化 ·· 2
　三、饲料的质量分析技术 ·· 3
　思考题 ··· 5

第一章　试样的采集和制备 ·· 6
　一、试样的采集方法 ·· 6
　二、试样的制备 ··· 14
　思考题 ·· 16

第二章　物理分析与显微镜检测 ··· 17
　一、感官检测与物理分析 ··· 17
　二、显微镜检测 ··· 21
　思考题 ·· 30

第三章　常规成分的测定 ··· 31
　一、水分的测定 ··· 31
　二、蛋白质的测定 ·· 33
　三、纤维的测定 ··· 37
　四、脂类的测定 ··· 42
　五、灰分的测定 ··· 45
　六、无氮浸出物的计算 ·· 48
　思考题 ·· 51

第四章　饲料能值的测定 ··· 52
　一、氧弹式热量计测定 ·· 52
　二、Parr 6300 氧弹量热仪操作说明 ··· 61
　思考题 ·· 62

第五章　氨基酸的测定 ·· 63
一、柱前衍生法 ·· 63
二、柱后衍生法 ·· 66
三、饲料添加剂的氨基酸质量标准与检测 ·· 68
思考题 ··· 71

第六章　矿物元素的测定 ·· 72
一、常量元素的测定 ··· 72
二、微量元素铜、铁、锰和锌的测定 ·· 81
三、其他元素的测定 ··· 84
思考题 ··· 101

第七章　维生素的测定 ·· 102
一、脂溶性维生素 ··· 102
二、水溶性维生素 ··· 114
思考题 ··· 134

第八章　有毒有害成分的检测 ··· 135
一、有毒有害物质 ··· 135
二、有害微生物 ·· 157
思考题 ··· 163

第九章　特殊成分的检测 ··· 164
一、尿素酶活性的测定 ··· 164
二、抗胰蛋白酶活性 ··· 167
三、蛋白质溶解度的测定 ··· 169
思考题 ··· 170

第十章　饲草产品的检测 ··· 171
一、干草草捆 ·· 171
二、草　粉 ··· 178
三、青贮饲料 ·· 180
思考题 ··· 189

第十一章　配合饲料产品的检测 ··· 190
一、粉碎粒度 ·· 190
二、配合饲料混合均匀度 ··· 192
三、容　重 ··· 194

四、颗粒硬度和粉化率 ··· 195
　　思考题 ·· 196

参考文献 ·· 197

附　录 ·· 198
　　附录一　国际相对原子质量表 ··· 198
　　附录二　试剂的规格种类 ··· 199
　　附录三　容量分析基准物质及其干燥条件 ·· 199
　　附录四　常用酸碱指示剂及其配制 ··· 200
　　附录五　混合酸碱指示剂及其配制 ··· 200
　　附录六　普通酸碱溶液及其配制 ··· 201
　　附录七　常用缓冲溶液及其配制 ··· 201
　　附录八　化学试剂　标准滴定溶液的制备（GB/T 601—2016） ················ 202
　　附录九　滤纸的规格种类 ··· 223
　　附录十　筛号与筛孔直径对照表 ··· 223
　　附录十一　MPN 法计数统计表 ··· 224

绪　论

一、概　述

(一)内容

饲料分析技术主要包括饲料的原料和产品的质量分析技术。

饲料的营养成分是动物维持生命活动和生产的物质基础,营养成分含量越高,且大部分能被畜禽机体吸收利用,其营养价值就越高;反之,则营养价值越低。

我国饲料种类繁多,按照国际分类法分为青绿饲料、青贮饲料、粗饲料、能量饲料、蛋白质饲料、维生素饲料、矿物质饲料和添加剂八大类饲料。将不同的饲料原料经过加工而成的饲料产品有全价配合饲料、精料补充料、浓缩饲料、全混合日粮等。由于饲料原料分布广泛且种类多样,加工贮藏过程中易受环境和管理等因素影响,使其营养成分发生改变,这给畜禽生产的合理使用带来影响。因此,有必要适时了解所用饲料的营养成分含量,并掌握相关营养成分含量的具体质量分析方法技术。

饲料分析技术主要是指通过对饲料的原料和产品的感官性状、物理性状、营养成分、有毒有害物质和特殊成分等的定性或定量分析,从而对其做出正确和全面的分析的技术。

(二)历史沿革

人类很早就在生产实践活动中有了对饲料营养价值的认识,古罗马时代的普利尼认为"适时收割的干草要比成熟时期收割的好"。这种直观经验性的认识,为饲料分析及价值评定的形成奠定了基础。

1809 年德国 Thaer 提出以干草为标准(干草等价或干草当量)衡量其他饲料营养价值,并提出了饲喂动物的饲料定额。以优质的草地干草为标准,根据水、稀酸、稀碱及酒精处理其他饲料,所得到的浸出物总量与干草中的浸出物总量比较,得到干草价,以此方法制定出各种饲料的相对营养价值,这是最早的饲料营养价值评定的方法。

1860 年德国 Hennberg 和 Stohmann 提出了饲料概略养分分析法(proximate analysis),即分析测定饲料的水分、粗灰分、粗蛋白质、粗脂肪、粗纤维与无氮浸出物。该方案是以动物营养学和分析化学为基础并沿用至今,该法测定的各类物质,并非化学上某种确定的化合物,也非动物完全可利用的物质。

1874 年 Woell 首次提出总消化养分(TDN),1898 年由美国 Henry 修订推广,以总消化养分(TDN)作为饲料综合营养价值的参数。后来以淀粉价、饲料单位为基础的饲养标准相继出现。

饲料能量以可以在动物体内代谢、转化为特征，即以各种能量表示饲料的营养价值相继出现，1894 年德国 Kuhn 提出根据能量评定饲料营养价值以来，陆续出现了德国的(Kellner)淀粉价体系、北欧大麦饲料单位、苏联的燕麦饲料单位、美国的 Armsby 热能体系等。

1909 年 Thomas 提出了蛋白质生物学价值的概念。

1938 年 Crampton 和 Maynard 提出饲料纤维素和木质素分析法，将饲料中的碳水化合物分为纤维素、木质素及其他碳水化合物。1975 年 Van Soest 等对粗纤维的分析提出了改进方案，将纤维素、半纤维素及木质素分别测定。

20 世纪 30 年代以来，评价饲料营养价值的重点转移到维生素、矿物质和氨基酸上。

20 世纪 40 年代后建立了氨基酸的微生物分析法，20 世纪 50 年代后出现化学分析法。

随着化学、生理学、生物化学、微生物学的发展，分析方法的改进和其他相关科学的完善，营养成分的有效性研究更加深入，并推进了饲料营养价值评定的发展和完善。在概略养分分析的基础上，开发了许多预测饲料营养价值的分析方法，如近红外光谱法用于饲料的干物质、蛋白质和脂肪等成分的快速测定。现代分析技术应用于饲料科学领域，可积极推动饲料科学的发展。

(三) 未来展望

饲料约占畜禽养殖生产总成本的 70%，这不仅关乎畜禽养殖的成本和经济效益，而且也关系到畜产品的质量、安全和环境污染。

"饲料质量"是用来阐明饲料的原料和饲料加工产品的优劣程度。优质的饲料能提供给畜禽充足的养分；能使畜禽获得良好的饲用效果。劣质的饲料原料不可能生产出优质的配合饲料。因此，任何一种低品质的原料都会导致饲料产品质量的下降。饲料在运输、贮藏和使用过程中均应注意保证饲料的质量，如贮藏条件或饲喂方式不当，也可使饲料丧失优良品质，影响饲养效果。饲料质量分析也是确保畜产品生产源头饲料的安全卫生的技术保障。

饲料的安全卫生是指饲料中不应存在对畜禽机体健康和生产性能造成危害的有毒有害物质和因子。评价一种饲料或成分是否安全卫生，应看其是否对畜禽的健康、生产性能造成损害；是否会在畜产品中残留、蓄积，危害人体健康；是否会通过畜禽的排泄物而污染环境。

因此，对饲料进行科学合理的质量分析，并结合科学的配方技术与生产管理技术，既能节约饲料，降低成本，保证畜产品的安全，也利于环境保护。

二、饲料营养成分含量的变化

饲料营养成分种类及其含量决定其营养价值的高低，但是饲料营养成分的种类和含量因受许多因素影响而发生变化，主要有自然因素和人为因素。

(一) 自然因素

饲料所含营养成分的种类及其含量，由于品种、土壤肥力、气候、收获时期等因素，而使其营养成分含量差异很大，其含量的自然变异系数约为 ±10%，变异范围一般在 10%~15%。例如，普通玉米粗蛋白含量在 8% 左右，而有些新品种的粗蛋白含量超过 10%。与鱼粉等蛋白质饲料原料相比，大豆粕是一种营养成分含量变异比较小的蛋白质饲料；谷类及其副产品的营养成分含量相对比较稳定，变异范围也比较小。

（二）加工

加工技术对饲料营养成分含量的影响也比较大。农产品的加工生产技术不同而使其作为饲料的副产品的营养成分含量差异变化比较大。高标准成套碾米机所生产的米糠主要含有胚芽和米粒种皮外层，而低标准碾米机则生产出混杂有相当一部分稻壳的低质米糠。对农产品质量等级的要求不同而导致得到的副产品的质量差异变化较大。如小麦加工面粉时，一等面粉副产品的小麦麸中的粗纤维含量要低于二等面粉，麦麸中粗纤维的变异系数约为16%。大豆粕的质量因油脂生产加工方法等而有很大差异，如在有机溶剂浸提过程中，热处理温度过低或过高的大豆粕质量都比温度适当的大豆粕质量差，传统压榨方式生产的豆饼与浸提生产的豆粕质量差异较大。

（三）掺假

掺假是在饲料中，人为地加入一些以次充好、以假乱真的杂质，或故意增减某些成分，来获得不当利益的做法。掺假不仅改变被掺假饲料的营养成分，而且降低其营养价值。这一现象正在随着相关部门的严格执法和管理的规范等变得越来越少，直至杜绝。

一般饲料掺假多发生在价格相对比较高的原料中，如鱼粉、玉米蛋白粉、氨基酸和维生素等。鱼粉掺假物主要有细粉碎的贝壳、水解或膨化羽毛粉、血粉、皮革粉及非蛋白氮（如尿素、缩醛脲等）；赖氨酸和蛋氨酸掺假物主要有淀粉、石粉、滑石粉等；米糠可能会用稻壳来掺假；磷酸氢钙的掺假物为细粉碎的石灰石。

（四）破损和变质

在不适当的运输、装卸、贮藏以及加工过程中饲料原料会因破损变质而失去其原有品质。如高水分玉米收获后，不适当的运输装卸非常容易造成破损而易被真菌污染。鱼粉贮藏不当会发热、自燃。米糠脂肪含量较高，如果含水量较高，极易发生酸败，还促使脂溶性维生素尤其是维生素A的损失。谷物饲料贮藏条件不当会被虫蚀而损失。

饲料原料及其加工的饲料产品在营养成分的组成上往往会存在一些变异，应根据具体情况，进行实际分析并加以应用。

三、饲料的质量分析技术

在实际生产中，对饲料原料所含的养分、毒素及抗营养因子等进行分析，依据营养成分含量、毒素和抗营养因子的有关限量标准，结合成本等确定其在畜禽生产中的适宜使用量。饲料质量分析通常采用以下方法分析。

(一)物理检测与显微镜检测

1. 外观

一般的外观观察主要是对饲料的形状、颜色、粒度、松软度、硬度、组织、气味、霉菌和污点等外观进行的鉴别。对饲料外观仔细观察,要特别注意细粉粒、掺杂物有时被粉碎得特别细小以逃避检查。

2. 容重

各种饲料都有一定的容重。如果含杂质或掺杂物,容重就会发生改变(变大或变小)。

3. 粒度

单一饲料或混合的饲料(粉状)都有不同大小的粒度。通过手工筛分将不同粒度的成分分离开,通常使用10、20、30目的试样筛。筛分将微细淀粉粒从饲料的较大颗粒中除去,使鉴别结果更加可靠。

4. 浮选技术(即密度分离法)

把待分析试样浸泡在溶液中(有机溶剂或水),搅拌使密度不同的物质分开,供鉴别。

5. 显微镜检查

借助于显微镜(如饲料的外表特征采用体视显微镜检测,细胞特点采用复式显微镜检测)对单独的或混合的饲料原料和杂质进行鉴别和分析评价。如果将原料和掺杂物或污物分离开以后再做比例测量,则可对原料做定量鉴定。借助显微镜检查能检出饲料的纯度,有经验者还能对质量做出比较满意的判断。显微镜检查技术在美国已有几十年的历史,目前比较普及。这种方法快速准确、分辨率高。此外,还可以检查用化学方法不易检出的某些掺假物,与化学分析相比,这种方法不仅设备简单(用 50~100 倍放大镜和 100~400 倍显微镜)、耐用,且分析成本低。商品化饲料加工企业和自己生产饲料的大型饲养场都可以采用这种方法。

(二)化学分析

化学分析是饲料分析最为普遍的方法。原料的化学成分,包括水分、粗蛋白质、粗脂肪、粗纤维、中性洗涤纤维、酸性洗涤纤维、粗灰分、能量、氨基酸、矿物元素(包括常量元素和微量元素)、维生素、有毒有害物质、抗营养因子、次生有毒有害物质如霉菌毒素等。这些成分都可以通过化学分析,得出实际含量,与标准比较来评价饲料的质量。

通过化学分析获得饲料原料的营养成分含量,可直接用于指导畜禽饲料的生产与应用。含量较高的常规营养成分和常量矿物元素等,仅借助简单和普通的设备和设施即可分析。含量较少的维生素、微量元素、氨基酸、有毒有害物质、药物等,需要借助高效液相色谱、原子吸收分光光度仪、氨基酸自动分析仪等进行,分析的准确度和灵敏度高,检测限达 mg/kg、μg/kg,甚至 ng/kg。

化学分析法仅能提供某成分的含量情况,如饲料中最重要的蛋白质,以粗蛋白质表示($N \times 6.25$)。所得结果不能揭示氮到底来自原料中的真蛋白质、非蛋白质含氮物,还是掺杂物中的蛋白质或非蛋白含氮物。不能给出饲料原料所含营养成分的利用情况。

(三)近红外光谱分析

近红外光谱技术(near infrared spectrum instrument,NIRS)是 20 世纪 70 年代兴起的有机物

质快速分析技术。30多年来随着光学、电子计算机科学的不断发展，使该技术的稳定性、实用性不断提高。在测试饲料营养成分前只需对试样进行粉碎处理，应用相应的定标软件，在1min内就可以测出试样的多种成分含量。由于简便、快速、相对准确等特点，在饲料质量检验方面，不仅用于常量成分分析及微量成分氨基酸、有毒有害成分的测定，还用于饲料厂的饲料原料质量控制、产品质量监测等在线分析。

近红外光谱技术虽估测准确性受许多因素的影响，其中以试样的粒度及均匀度影响为最大，粒度变异直接影响近红外光谱的变异。虽然在试样光谱处理时采用了二阶导数，减少了粒度差异引起的误差，但在实际工作中更重要的是使定标及被测试样制样条件一致，保证试样的粒度分布均匀，减少由于粒度变异引起的误差。

思考题

1. 饲料分析技术有哪些？
2. 什么是饲料的质量？
3. 什么是饲料的安全性？

（赵国琦）

第一章
试样的采集和制备

从待测的大量饲料原料或产品中采取供分析用少量的、具有代表性试样的过程称为采样，所采取的部分饲料称为试样。将采集的初级饲料试样按规定的方法与要求（如试样缩减、干燥、粉碎、过筛等）制备成可进行分析试样的过程称为试样制备。饲料分析结果的可靠性，不仅取决于分析本身的准确性，更重要的还取决于试样的采集与制备。相同植物饲料原料的营养成分受品种、土壤、气候条件、收获时期以及加工调制和贮存方法等多种因素影响而有很大的差异。但在一般情况下，均以少量试样的分析结果评定大量饲料的营养价值，因此试样的采集和制备对于饲料营养成分的分析非常关键。

一、试样的采集方法

（一）试样采集的目的和要求

1. 试样采集的目的和意义

规范原料取样和试样采集方法，保证原料接收过程中对原料质量的有效监控，确保所取试样的可靠性、代表性。试样分析结果是饲料厂选择饲料原料和定价的标准，同时也作为饲料配方和保存条件的依据。只有采集到有代表性的试样，才能客观反映饲料原料或产品的品质；如果采集的试样有问题，无论分析工作做得多么标准，仪器多么先进与精确，也得不到正确的结果，或者不能准确反映整批物料的质量状况，因此正确的采样在分析工作中十分重要。

2. 试样采集的要求

（1）试样必须具有代表性　能反映全部被检产品的组成、质量和卫生状况。试样的代表性直接影响分析结果的准确性，关系到分析结果能否为生产实际参考和应用。

（2）必须采用正确的采样方法　正确的采样方法是试样具有代表性的重要保证，主要是根据物理特性，从具有不同代表性的部分或区域采集到原始试样，然后采用"四分法"等方法将原始试样缩减到一定数量的待测试样。做到随机、客观，避免人为和主观因素的影响。

（3）试样必须有一定的数量　一般采样点不少于5个，采样量不低于200g。试样的采集数量受饲料水分含量、颗粒大小和均匀度等影响。通常情况下，水分含量高、均匀度差、颗粒大的饲料需要采集试样数量也多。

（4）采样人员必须具备高度责任心和熟练采样技术　采样通常由受过培训并有饲料采样经验的人员执行，并且采样人员应意识到采样是否有代表性、是否规范可能会带来的结果及危害。

（5）采样过程要设法保持原有的理化特性　采样过程中应防止饲料中所含成分的逸散（如水分、气味、挥发性酸等），防止带入杂质或污染试样。

(二)试样采集的原理

1. 相关概念

(1)原始试样 从一批受检的饲料或原料中最初抽取的试样,一般不少于2kg或不少于平均试样的8倍。

(2)平均试样(次级试样) 将原始试样按规定混合,用四分法缩减,供实验室分析用的试样,一般不少于1kg。

(3)试验试样(分析试样) 经粉碎和混匀等处理后,从中取出一部分用于分析的试样(100g),用作实验室分析。应一式三份,分别供检验、复检和备查。

2. 试样的分类

由于饲料试样有着不同的用途,因此在生产中通常把试样分为以下几类。

(1)核对试样 指把同一个试样分为若干份,再分别送至多个实验室进行测定,然后根据分析结果的方差来检查某一测定方法的准确性。

(2)混合试样 指来自同一大批饲料(如一车、一船)的多个试样混合后,用来测定这批货物的平均营养成分。

(3)单一试样 指采集自一小批饲料的试样,可用于分析该批次饲料的营养成分变异或混合均匀度。

(4)平行试样(相对比较试样) 将同一试样一分为二,送往不同实验室或人员进行分析,以比较不同实验室或人员分析结果的差异。

(5)标准试样 指权威实验室分析化验后的试样,用于矫正某一测定方法或仪器的准确性。多为纯品,用量少但价格较高。

(6)分析试样 指送交实验室进行具体检测的试样。

(三)采样工具

1. 采样工具要求

采样工具要求能够无选择性地采集到饲料的所有组分;对饲料试样无污染,不能增加试样中微量金属元素的含量。需要检验微生物的试样,其采样工具、容器必须经过灭菌处理,并按无菌操作进行采样。

2. 采样工具种类

(1)一般要求 选择适合产品颗粒大小、采样量、容器大小和产品物理状态等特征的采样设备。

(2)固体产品采样工具

① 手工采样工具:散装饲料采样工具有普通铲子、手柄勺、柱状取样器(如取样扦、管状取样器、套筒取样器)和圆锥取样器。取样扦可有一个或更多的分隔室。流速比较慢的流动产品的采样可以手工完成。袋装或其他包装饲料的采样工具有手柄勺、麻袋取样扦或取样器、管状取样器、圆锥取样器和分割式取样器。

② 机械采样工具:从流动的产品中周期采样可以使用认可的设备(如气力装置)。速度较高的流动产品的采样可以通过手工控制机器来完成。

(3)液体或半液体产品采样工具 适当大小的搅拌器、取样瓶、取样管、带状取样器和长柄勺。

图1-1为常用采样工具。

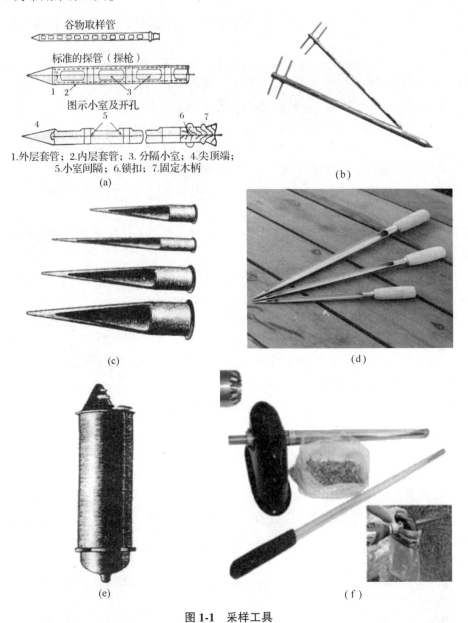

图1-1 采样工具

(a)(b)探针采样器；(c)(d)锥形袋式取样器；(e)炸弹式液体取样器(抒样筒)；(f)粗饲料电动采样器

(四)采样方法

1. 采样的步骤

采样过程共分为4个步骤：

(1)采样前记录　采样前准确、完整记录与原料或产品相关的资料,如生产厂家、生产日期、批号、产品种类、规格、包装、存放方式、运输、贮存条件和采样时间等。

(2)采集原始试样(初级试样)　从生产现场(如田间、牧地、仓库、试验场地等)的待测饲料中按照不同部位(即深度和广度)采集出来的试样经混合得到的试样,一般不少于2kg。通常采用几何法采集。

(3)得到次级试样(平均试样)　将原始试样混合均匀或简单地剪碎混匀后,按照一定方法(如四分法)从中取出或分成几个平行的试样,每个次级试样一般不少于1kg。

(4)最终得到分析试样(试验试样)　次级试样经过粉碎、混匀等制备处理后,从中取出的一部分即为分析试样,用作试样分析用。

2. 采样的基本方法

(1)几何法　是指把整个一堆物品看成一种有规则的几何形状(立方体、圆柱体、圆锥体),采样时设想把这个几何体分成若干体积相等的部分(必须在全体中分布均匀,即不只是在表面或只是在一面),然后从每部分中取出体积相等的试样(支样),支样经混合后即为原始试样。常用于从大批量饲料原料或产品中采集原始试样。

(2)四分法　将饲料混匀铺成正四方形或圆锥形,用药铲、刀子或其他适当器具,在饲料上划"十"字,将饲料分成四等份,任意弃去对角的两份,将剩余的两份混合;继续重复此法,直至剩余试样数量接近所需量为止(图1-2)。常用于从小批量饲料和均匀饲料原料中采集原始试样或从原始试样中获取次级试样和分析试样。

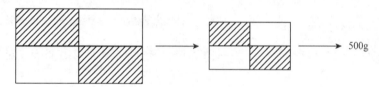

图1-2　四分法示意

(3)等格分取法　适用于天然牧地或田间牧草等青绿饲料原始试样或初级试样的采集。取样时根据牧地类型等分若干个小方块后分点采样(图1-3)。

3. 不同形态饲料试样的采样方法

(1)散装粉状和颗粒饲料或原料的采样　粉状饲料主要包括草粉等植物源性的粉状物,鱼粉、血粉、肉粉等动物源性的粉状物,以及预混合饲料、饲料添加剂和配合饲料。

颗粒状饲料包括玉米、小麦、大麦、燕麦、水稻、高粱等谷物饲料,向日葵籽实、花生、油菜籽、大豆、棉籽、亚麻籽等油料籽实,豆类等片状饲料以及颗粒形态的饲料(如草颗粒产品)。

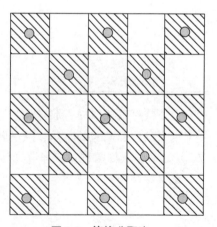

图1-3　等格分取法

由于包装方式的不同,上述饲料可分为散装、袋装和仓贮3种,选用的取样工具和采样方法也有所不同。

① 散装试样:散装的原料应在机械运输过程中(如传送带等)取样,如果没有取到可用取

样器取样,但应避免试样混合不匀引起的取样错误。取样时根据堆形和面积大小分区设点,按原料堆高度分层采样。

分区设点:每区面积不超过 50m²,各区设中心、四角 5 个点。区数在 2 个和 2 个以上的,两区界线上的 2 个点为共有点(2 个区共 8 个点,3 个区共 11 个点,依此类推),原料堆边缘的点设在距边缘约 50cm 处(图 1-4)。

分层:堆高在 2m 以下的,分上、下 2 层;堆高在 2~3m 的,分上、中、下 3 层,上层在饲料堆面下 10~20cm 处,中层在堆中间,下层在距底部 20cm 处;堆高在 3~5m 时,应分 4 层;堆高在 5m 以上的酌情增加层数。

取样:按区按点,先上后下逐层采样,各点采样数量一致。

散装的特大粒(木薯片),采用扒堆的方法,参照"分区设点"的原则,在若干个点的饲料堆面下 10~20cm 处,不加挑选地铲取具有代表性的试样。

料层>0.75m,取 3 层,上(10~15cm)、中、下(20cm),料层<0.75m,取 2 层,上、下。

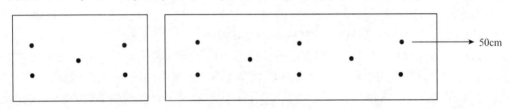

图 1-4 散装试样取样示意

② 袋装试样:中小颗粒料(如玉米、大麦)抽样的袋数不少于总袋数的 5%,粉状饲料抽样的袋数不少于 3%,也可以根据 $\sqrt{\dfrac{总袋数}{2}}$ 计算得出(表 1-1)。可采用上下或对角线取样和倒袋取样法 2 种。

表 1-1 袋装饲料采集方案

饲料包装单位/袋	取样包装单位
10 以下	每袋取样
10~100	10 袋
100 以上	10 袋为基础,每增加 100 袋,多取 3 个包装单位

上下或对角线取样:取样时,用探针从口袋的上、下 2 个部位采样,或将袋子放平从包的一角水平斜向插向包的一角,然后转动取样扦至槽口朝上取出,每包采样次数一致,或拆包采取(图 1-5)。取样流程:刷净取样位置→探针槽插入袋中→旋转 180°→取出探针→将各位点取出的试样混合均匀→原始试样。

图 1-5 袋装试样取样示意

倒袋取样法：拆除袋口→双手提起袋底（距离地面 50cm 左右）→边拖边倒（要求拖 1.5m 左右，将袋中饲料倒完）→用铲子从中部和末端取样混合。

③ 仓装取样：对于贮藏在库中的散装产品，可根据料层厚度，按高度分层采样。

四方形：可在每层四方形对角线的四角和交叉点 5 个点采样。

圆仓：按圆筒仓的高度分层（同散装取样法），每层按圆筒仓直径分内（中心）、中（半径的一半处）、外（距仓边 30cm 左右）圈。圆筒仓直径在 8m 以下的，每层按内、中、外分别设 1、2、4 个点共 7 个点；直径在 8m 以上的，每层按内、中、外分别设 1、4、8 个点共 13 个点，按层按点取样（图 1-6）。另也可从仓底出料口处按流动试样取样。

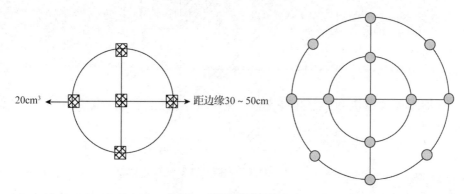

图 1-6　圆仓试样取样示意

④ 流动试样取样：主要是饲料进入包装间或成品库的流水线或传送带上、料斗下或工艺设备采样处采取原始试样，根据流动的速度，在一定的时间间隔内，人工或机械在流水线的某一截面取样，根据流动速度和本批原料的量，计算产品通过采样点的时间。具体间隔时间根据试样移动速度和需要的原始试样数量来确定，对于饲料磷酸盐、肉骨粉和鱼粉等不少于 2kg，其他饲料不低于 4kg。

⑤ 成品出料口取样：用取样铲在出料口采样，每 10 袋取 1 份试样。

（2）青、粗饲料的取样

① 青贮饲料：青贮饲料的试样一般在圆形窖、青贮塔或长形壕内采样。取样前应除去覆盖的泥土及封盖物、秸秆以及发霉变质的青贮饲料。按图 1-7 所示分层取样，可用取样器采样，也可用铁铲取样。长型青贮壕的采样点应视青贮壕长度大小分为若干段，每段进行分层采样。采集各点 3~5kg 试样后混匀，用四分法缩分至 1kg 送至实验室检测即可。

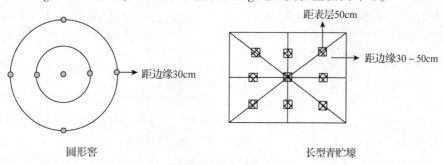

图 1-7　青贮饲料取样示意

② 干草和秸秆：对于秸秆或干草的堆垛，至少应选取5个部位作为采样点，每点取200g左右，将原始样放在纸或塑料上剪成1~2cm长，充分混合取分析试样300g，粉碎过筛，切不可随意丢弃某部分。

③ 栽培牧草：划区分点采样，每区取5个点以上，每点1m²范围，离地面3~4cm割草，除去不可食部分，将原始试样剪碎，混合取样500~1 500g（图1-8）。

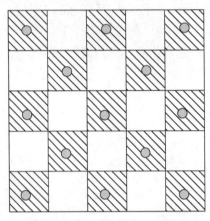

图1-8　草地及田间采样示意

④ 草捆：这类饲料如苜蓿草捆，可采用电动采样器进行采样。采样器采样的深度在30~40cm，采样管的管头必须锋利，以利于插入草捆切割干草，顺利采样。同样，由于干草茎叶比例会影响试样的代表性，在草捆中采样应至少从20个样（每捆一个样）的中心点采样，混合后四分法缩分至500g待测。

⑤ 全混合日粮（TMR）：采样需要在发料的时候采集，可用容器或者塑料布等提前放在料槽内，每个料槽按前、中、后随即布置3个点，当一个发料结束后取出试样混合，四分法缩分至0.5~1kg待测。

(3) 液体或半固体试样的取样

① 桶装液样取样法：每桶应取3个点，取样前应混匀。

试样桶随机选取，每桶产品在扦样前进行振动、搅动，使其混合均匀后再取样。如果采样前不能进行混合，则每个桶至少在不同的方向2个层面取2个点采样。扦取的试样发现质量不一致时应分开存放。

取样方法：先将液料搅拌均匀，将抽样管缓慢地自桶口斜插至桶底，然后堵压上口提出抽样管，将样注入试样瓶内。如指定扦取某一部位液样时，先用拇指堵压抽样管上孔，插至要扦取的部位放开拇指，待扦取部位的液样进入管中后，立即堵压上孔提出，将样注入试样瓶或袋内。

采样方案见表1-2所列。

表1-2　采样方案

批次的桶数	最小取样数	批次的桶数	最小取样数
1~7	5	51~100	15
8~10	7	>100	≥15%的总桶数
11~50	10		

② 罐装车液样取样法：采样前尽量搅动混合均匀。厂外取样时，首先在罐车下面出液口放出试样，然后在罐车上面取样口用抽样管或取样桶等适当的器具在上层取样；厂内卸车取样，根据罐中产品的质量，确定每次取样的时间间隔和取样量，产品放出时，在罐体下出液口处接样。扦取的试样发现质量不一致时，应分开取样存放。

试样量：当交付量小于 50t 时，试样量不少于 1kg；当交付量 50~100t 时，试样量不少于 2kg；当交付量大于 100t 时，试样量不少于 3kg。

③ 其他散装液料取样法：散装液样以一个池，一个罐，一个车槽为检验单位。分 3 层，上层距液面 40~50cm，下层距池底 40~50cm 处，3 层采样数的比例为 1∶3∶1（卧式液池），车槽为 1∶8∶1，采样数量规定如下：500t 以下，采样量>1.5kg；500~1 000t，采样量>2kg；1 000t 以上，采样量>4.0kg。

将原始试样混合，分取 1kg 作为平均试样备用。可根据实际情况用取样管或液体取样桶进行取样。

（4）块根、块茎瓜果类　各部位随机抽取试样 15kg，按大、中、小分别称重求出比例，按比例取 5kg→水洗（不损伤外皮）→拭去表面水→每个块根进行纵切为 1/4、1/8、1/16……直至适量的分析试样（500g 左右）。

（5）糟渣类　采取多点分层取样与颗粒或粉状饲料相同（分 3 层，每层取 5~10 个点），每点 100g，水分含量高的试样（如豆腐渣、粉渣等）要特别注意汁液的流失。将各点随机抽取的试样充分混合后，随机取分析试样约 1 500g，并将其制成风干样。

（6）小料、药品及预混料的取样

① 赖氨酸、乳清粉、代乳粉：在取样时首先查看生产日期、标签标识、外包装等。判定是否为同一生产批次。如果不是同一生产批次，应分开批次取样，取样时用小料抽样器抽样，每份试样不少于 200g。

② 维生素添加剂、药物添加剂、酶制剂等：可不用取样，但必须详细查看生产日期、保质期、标签标识、外包装破损、有无淋雨、污染、结块、包装袋上产品的说明及其他信息等。在生产使用时还要查看颜色、粒度、气味等是否正常。

（7）微生物饲料　由于该饲料的特殊性，采样时需要采用灭菌的工具和容器，严格执行无菌操作程序。采样时根据不同的饲料状态（如粉状、液态等）用灭菌的移液管、注射器或药勺等在酒精灯的保护下快速取样。

4. 采样时注意事项

采样、缩样、存贮和处理试样时，应特别小心，确保试样和被取样货物的特性不受影响。采样设备应清洁、干燥、不受外界气味的影响。用于制造采样设备的材料不影响试样的质量。在不同试样间，采样设备应完全清扫干净，当被取样的货物含油高时尤其重要。取样人员应戴一次性手套，不同试样间应更换手套，防止污染试样。

棉粕中不可避免地有少量棉绒。重力作用下，密度小的壳绒在上部，散装棉粕和袋装棉粕抽样方法不同。直接用扦样器抽取或用手抓取都不能完全代表本批棉粕的质量，建议使用扦样器结合随机开包抽取。用大号扦样器反插，拿正端角刺中心扦取，随机打开 3~10 包扦取少量不同部位试样使其具有较好的代表性。制样用的粉碎机机型影响检测结果的稳定性，使用万能粉碎机（击破）实验室粉碎的棉粕粒度大小不一，壳绒难以通过 40 目筛且试样不易混匀，影响粗蛋白的检测结果。钢磨粉碎机（磨碎）粉碎棉粕效果较好，能将壳绒磨细、粒度较一致、检测粗蛋白较稳定。另外，检测时增大称样量(如称取 1.5~2.0g 试样)，尽可能减少检测误差。

掺假原料占整个批次的比例很小，如果按照常规的比例抽样，对化验的结果影响不大，不能客观地反映情况，因此应在易掺假的部位(车厢底部和中间)加大抽查力度，提高此部分的试样在被检试样中的比例，或者单独送样检测，与其他部位试样作比较。

二、试样的制备

(一)试样制备的目的和要求

1. 试样制备

试样制备是指将采集的原始试样或次级试样经过烘干、粉碎和混匀等加工处理并达到一定的粒度要求的过程。制备后的试样称为分析试样，可以长期保存。

2. 试样制备的目的

试样制备的目的是使饲料颗粒变小，提高均匀性。

3. 试样制备的要求

制备的试样应该包含所采集试样的全部组分，确保饲料试样的代表性、均匀性和一致性。

(二)试样制备过程

1. 新鲜试样的制备

把由四分法得到的次级试样，用粉碎机、匀浆机或超声波破碎仪捣成浆状，混匀后得到新鲜试样。鲜样最好立即分析，分析结果注明鲜样基础(水分含量)。

2. 风干试样的制备

凡饲料原试样中不含有游离水，仅含有一般吸附于饲料中蛋白质、淀粉等的吸附水，其吸附水的含量在 15% 以下的称之为风干试样，如玉米、小麦、稻谷、米糠、麦麸、青干草、配合饲料。风干试样的制备主要包括粉碎、过筛和混匀。

(1)粉碎　主要用植物试样粉碎机或中草药粉碎机等设备进行。粉碎过程应防止温度过高引起水分散失和成分变性。

(2)过筛　饲料粉碎力度的大小影响饲料的混合均匀度，从而影响分析结果的准确性。试样粉碎粒度应与待分析的指标相一致。

饲料样本测定指标及其对应的粉碎粒度见表 1-3 所列。

表 1-3　饲料试样测定指标与其对应的粉碎粒度

指标	分析筛规格/目	筛孔直径/mm
微量元素、氨基酸、维生素、蛋白质溶解度	60	0.25
水分、粗蛋白质、粗脂肪、钙、磷	40	0.42
粗纤维、NDF、ADF、体外胃蛋白酶消化率	18	1.10

(3)混匀　粉碎过筛的试样经仔细混合均匀，然后装入磨口广口瓶中保存待测，并注明试样名称、制样日期和人员等。试样应保存于干燥通风避光的地方，以保证试样的稳定性，避免虫蛀、微生物及植物细胞的呼吸作用等。

3. 半干试样的制备

新鲜试样(如青饲料、青贮饲料)中含有大量的游离水和少量的吸附水,2 种水分占试样重的 79%~90%,不易粉碎和保存。新鲜试样按照几何法或四分法从新鲜试样中采集分析试样后分为两部分:一部分取 300~500g 鲜样用作初水分的测定,制成半干试样保存备用;另一部分可用来测定胡萝卜素等成分。

新鲜试样在 60~65℃恒温干燥箱中烘 8~12h,除去部分水分,然后回潮使其与周围环境条件下的空气湿度保持平衡,在这种条件下所失去的水分称为初水分;去掉初水分后的试样为半干试样。

初水分测定步骤:

① 称取鲜样 200~300g(m_1)于已知质量的瓷盘中。

② 放入 120℃烘箱中烘 10~15min(灭酶)。

③ 60~70℃烘箱中烘 8~12h(时间取决于试样含水量和试样数量)。

④ 取出放置空气中冷却 24h,充分回潮称重。

⑤ 再将装有试样的瓷盘放入 60~70℃烘箱内烘 2h,再回潮 24h,称重,2 次质量之差小于 0.5g 为止(m_2)。

⑥ 结果计算:

$$\omega = \frac{m_1 - m_2}{m_1} \times 100\%$$

式中:ω——初水分的含量,%;

m_1——新鲜试样的质量,g;

m_2——半干试样的质量,g。

4. 绝干试样的制备

饲料试样如各种籽实饲料、油饼、糠麸、秕壳、青干草、鱼粉、血粉等可以直接在(105±2)℃烘干,烘去饲料中蛋白质、淀粉及细胞膜上的吸附水,得到绝干试样。绝干试样可用风干或半干试样制成,也可用新鲜试样直接干燥制得。此时,饲料中易挥发的物质如挥发油已经损失掉,且部分蛋白质已经发生变性,所以绝干试样不适用于测定蛋白质和氨基酸含量等指标。

(三)试样的登记和保管

1. 试样的登记

制备好的风干试样、半干试样或绝干试样均应保存于干燥、洁净的磨口广口瓶或密封袋中,备用;同时在广口瓶或密封袋上登记上试样名称、制样日期和制样人等信息。对于青贮、秸秆等变异大的饲料还应标记收获时期、调制和贮存方法、生产阶段等信息。同时,还应备有专门的试样登记本,详细记录试样相关信息:

① 试样名称和种类:主要包括一般名称、学名、俗名以及试样的品种、质量等级。

② 试样的生长期、收获期、茬次。

③ 试样的调制方法、加工方法、贮存条件。

④ 试样的采样部位、采样人姓名、采样日期。

⑤ 试样的规格型号、批号、产地、生产厂家、批号、通信地址等。

⑥ 外观性状、混杂度。

2. 试样的保管

饲料试样应由专人负责采集、粉碎、登记、保管。试样保存时间的长短应有严格规定，主要取决于饲料原料更换的快慢、水分含量、油脂含量、试样的用途等。对于商品饲料，为了防止饲喂后出现问题的法律纠纷，该饲料试样应长期保存。试样保管时要求用不与其发生反应的材料包装，外加布袋或牛皮纸袋，贴上标签及封条，加盖公章；为特殊目的需长期保存的可用锡铝纸软包装，经抽真空充氮后密封，冷库中保存。试样保存室内的温度、湿度应尽量保持稳定，需要避光的试样应放置在干燥黑暗处。

思考题

1. 采样的目的和原则是什么？
2. 常用的采样方法有哪些？不同形态和种类的饲料应如何采样？
3. 简述风干试样、半干试样和绝干试样的区别。
4. 如何制备风干试样、半干试样和绝干试样？
5. 分析试样如何登记和保管？

（郭勇庆）

第二章
物理分析与显微镜检测

饲料的物理分析与显微镜检测是指通过感官或物理工具鉴别饲料原料的种类、质量或混杂物，根据已掌握的饲料形态特征、物理性状等知识对饲料品质进行判断。饲料的检测方法主要有感官检测、物理分析、化学鉴定、显微镜检测等。本章主要介绍感官检测、物理分析和显微镜检测。

一、感官检测与物理分析

(一)感官检测

1. 目的与原理

感官检测是最简单可行的检测方法，可以对饲料的质量进行初步筛选鉴定，该方法不用对试样添加任何处理，通过感官直接对饲料品质进行分析。其他任何检测方法也都需要感官检测的配合。

由于它是通过人的感官对饲料的形状、颜色、霉变、气味、口感、触感等进行检测，所以需要技术人员有一定的检测经验和熟练程度。

2. 方法与步骤

感官检测分为视觉检测、嗅觉检测、触觉检测、味觉检测等方法。

(1)视觉检测　通过眼睛对饲料的颗粒大小、形状、色泽、杂质、霉变与虫蛀等进行观察。

(2)嗅觉检测　用嗅觉鉴别饲料的气味，判断其是否有特殊气味，如霉味、腐烂味、氨臭味等。

(3)触觉检测　取适量的饲料试样，用手指触摸感受饲料颗粒的大小、软硬程度、水分含量和黏稠性等。

(4)味觉检测　用舌头和牙齿来检验饲料的口感、硬度、干燥度等。

3. 举例

介绍几种常见饲料的感官检测方法。

(1)玉米

① 视觉：观察玉米的颜色，饱满程度，有无杂质、霉变和虫蛀。质量较好的玉米呈黄色且颜色均匀一致，无杂色。玉米外表面和胚芽部分肉眼可见的黑色或灰色斑点为霉变，可去除表皮或掰开胚芽进行深入观察。

② 嗅觉：用手随机抓一把玉米，嗅其是否有异味。

③ 触觉：用指甲掐玉米胚芽部分，若很容易掐入，感觉较软，则水分较高；若掐不动，

感觉较硬，则水分较低。

④ 味觉：用牙齿咬玉米粒也可以感受到其软硬程度，从而判断水分含量。

(2) 豆粕

① 视觉：首先观察豆粕的颜色，质量较好的豆粕为黄色或浅黄色，且色泽一致。颜色较浅、有些偏白的豆粕较生；豆粕过熟时颜色较深，近似黄褐色(生豆粕和熟豆粕的脲酶均不合格)。然后观察豆粕的整体情况。质量良好的豆粕呈不规则碎片状，豆皮较少，且无结块、发酵、霉变和虫蛀现象。有霉变的豆粕一般都会伴有结块和发酵，用手掰开结块，可以看到类似面包的粉末和霉点。

② 嗅觉：闻豆粕的气味，是否有正常的豆香味，是否有生味、焦糊味、发酵味、霉味及其他异味。若味道很淡，则表明豆粕较陈旧。

③ 触觉：用手捏豆粕，感觉绵软的，说明含水分较高；感觉扎手的，说明含水分较低。双手用力揉搓豆粕，若手上沾有较多的油腻物，则表明油脂含量较高(油脂高会影响水分判定)。

④ 味觉：咀嚼豆粕，尝一尝是否有异味，如生味、苦味、霉味等。

(3) 鱼粉

① 视觉：优质鱼粉多为黄褐色或棕黄色，粉状或细短的肌肉纤维性粉状，细度均匀，含有少量鱼眼珠、鱼鳞碎屑、鱼刺、鱼骨或虾眼珠、蟹壳粉等，松散无结块，无自燃，无虫蛀等现象。而掺假鱼粉多为灰白色或灰黄色，极细，纤维状物较多，均匀度差。

② 嗅觉：正常鱼粉具有较浓烤鱼香味，略带鱼腥味、咸味，无异味、异臭、氨味，否则表明鱼粉放置过久，已经腐败，不新鲜。掺假的原料不同就带有不同的异味，如掺入尿素就略有氨味，掺入油脂就略有油脂味。

③ 触觉：抓一把鱼粉握紧，松开后能自动疏散开来，否则说明水分或油脂含量较高。掺假鱼粉手捻感到粗糙。

④ 味觉：口含少许能成团，咀嚼有肉松感，无细硬物，且短时间内能在口里溶化，若不化渣，则表明此鱼粉含沙石等杂物较重，味咸则表明盐分重，味苦则表明曾自燃或烧焦。

(二) 物理分析

1. 目的与原理

物理分析就是通过物理方法对饲料物理特性进行检验，根据正常饲料的物理性状来评定饲料试样的品质。该项检测技术主要是从物理特征对饲料质量进行检测，如对饲料大小、粒度、质量等内容进行质量检测。

2. 方法与步骤

(1) 筛别法　是指分别用不同孔径的分样筛，判断饲料的种类、饲料颗粒的大小、细粉和异物的含量。用这个方法可以分辨出用肉眼看不出的混入异物。

① 颗粒粒度测定：饲料颗粒的粒度会直接影响饲料原料的混合特性、制粒能力和饲料利用率，同时也是饲料或原料在散仓内堵塞或起拱的因素。

粒度测定的方法：先将饲料试样通过按孔径大小排序的一组分析筛(如筛孔直径分别为0.5、1、2mm)，然后测定停留在每一级分析筛的饲料试样的质量，按照公式计算饲料颗粒的平均粒度。也可以在测定的同时判断饲料试样中的异物种类和数量。

分级筛的层数有 4、8、15 层等。我国农业农村部关于饲料粉碎机的实验方法（NY/T 3336—2018）中，规定了使用 4 层筛法来测定饲料成品的粗细度。将 100g 饲料试样，用孔径为 2.00、1.10、0.42mm 和底筛（盲筛）组成的分析筛，在振动机上振动筛分，各层筛上物用感量为 0.1g 的天平分别称重，按下式计算算术平均粒径（d，mm）：

$$d = \frac{1}{100} \times \left\{ \frac{a_0 + a_1}{2} \times m_0 + \frac{a_1 + a_2}{2} \times m_1 + \frac{a_2 + a_3}{2} \times m_2 + \frac{a_3 + a_4}{2} \times m_3 \right\}$$

式中：a_0、a_1、a_2、a_3——由底筛上数各层筛的孔径（mm），筛比为 2~2.35；

a_4——假设的 2.00mm 孔径筛的筛上物能全部通过的孔径，此处按筛比为 2 计算时，$a_4 = 4.00$mm；

m_0、m_1、m_2、m_3——由底筛上数各层筛的筛上物的质量，g。

② 细粉含量测定：细粉含量主要与饲料的加工调制过程和颗粒饲料的黏结性有关，其大小可反映出颗粒饲料的加工质量。

测定方法：首先称量原始饲料试样的质量，然后将饲料试样通过一定孔径的分析筛，仔细收集筛出的细粉并称重，根据 2 次称得的数据计算细粉的质量分数。也可称取筛上物的质量，计算筛上物的质量分数。同一批生产的饲料的不同部分细粉含量差异很大，因此需要检测多个试样或多次检测试验，以获得代表该批产品的检测结果。

③ 结果：用筛别方法可以分辨出用肉眼看不出的混入异物。饲料颗粒的粒度会直接影响饲料原料的混合特性、制粒能力和饲料利用率，同时也是饲料或原料在散仓内堵塞或起拱的因素。细粉含量主要与饲料的加工调制过程和颗粒饲料的黏结性有关，其大小可反映出颗粒饲料的加工质量。

（2）容重法

① 容重及测定意义：各种饲料原料均有其一定的容重。容重是指单位体积的饲料所具有的质量，通常以 1L 体积的饲料质量计。容重检测主要是借助量筒对饲料容积开展测量，同时对同等容积的饲料进行称重并记录其数据，也需要对危害物质开展成分检测。

② 容重的测定方法：有排气式容重器测定法和简易测定法。下面介绍简易测定方法。

a. 试样制备：饲料试样无需粉碎，但是一定要混合均匀。

b. 仪器与设备：粗天平（感量 0.1g）；1 000mL 量筒 4 个；不锈钢盘（30cm×40cm）4 个；小刀、药匙等。

c. 测定步骤：

• 用四分法取样，然后将试样非常轻而仔细地放入 1 000mL 的量筒内，用药匙调整容积，直到正好达 1 000mL 刻度为止。注意：放入饲料试样时应轻放，不得击打。

• 将试样从量筒中倒出并称重。

• 反复测量 3 次，取平均值，即为该饲料的容重。

③ 结果：测定饲料试样的容重，并与标准纯品的容重进行比较，可判断有无异物混入和饲料的质量。如果饲料原料中含有杂质或掺杂物，容重就会改变（或大或小）。在判断时，应对饲料试样进行仔细观察，特别要注意细粉粒。一般来说，掺杂物常被粉碎得特别细小，以逃避检查。根据容重测定结果，可供检验分析人员做进一步的观察，如饲料的形状、颜色、粒度、软硬度、组织、气味、霉菌和污点等外观鉴别和化验分析。常见饲料的容重见表 2-1 所列。

表 2-1 常见饲料的容重　　　　　　　　　　　　　　　　g/L

饲料名称	容重	饲料名称	容重
麦(皮麦)	580	大麦混合糠	290
大麦(碎的)	460	大麦细糠	360
黑麦	730	豆饼	340
燕麦	440	豆饼(粉末)	520
粟	630	棉籽饼	480
玉米	730	亚麻籽饼	500
玉米(碎的)	580	淀粉槽	340
碎米	750	鱼粉	700
糙米	840	碳酸钙	850
麸	350	贝壳粉(粗)	630
米糠	360	贝壳粉(细)	600
脱脂米糠	426	盐	830

注：引自夏玉宇、朱丹编著，饲料质量分析检验，1994。

(3)颗粒耐久性指数测定

① 定义：颗粒耐久性指数(pellet durability index，PDI)是反映颗粒饲料品质的重要指标之一，该指数用来测定颗粒饲料在运送过程中抗破坏的相对能力。通常指翻转前或翻转后颗粒料或碎粒的质量。

② 影响因素：

a. 压模因素：模孔的有效长度、膜孔孔径、膜孔间距、膜孔形状等压模的几何参数都会影响饲料颗粒的耐久性。

b. 蒸汽与调质因素：蒸汽质量的优劣与进汽量的大小对饲料颗粒的质量产生较大的影响。饲料需要在压制前完成调质，而调质过程与蒸汽质量直接相关，调质中温度升高会导致淀粉糊化、蛋白质及糖分塑化，从而使水分增加，这些变化都会对饲料颗粒产生影响。

c. 环境因素：模辊的间隙、环模的转速、切刀的锋利程度和进料流量的大小，这些外部条件也是饲料颗粒耐久性指数的影响条件之一。

d. 原料因素：原料是影响颗粒耐久性指数最关键的因素。饲料原料的配方、容重、粒度、含水量和各种营养成分的含量等都会直接影响饲料颗粒的质量，从而影响其耐久性。

③ 测定方法：

a. 回转箱 PDI 测定方法(美国 Seedburo 公司的 PDT 型测定仪)：将颗粒饲料试样进行冷却和筛分，然后放入特制的回转箱中翻转，翻转一定时间后，模拟饲料的输送和搬运过程，然后将试样再次筛分，最后计算筛上物和总量的比值，即为颗粒饲料的耐久性指数。PDI 越大，表示饲料颗粒的抗破碎能力越强，颗粒的质量越好，利用率越高。

这项技术是由美国堪萨斯州立大学谷物科学技术系首创，后被美国农业工程协会采纳，并逐步被世界各国饲料行业所认同，随着科学技术的发展，该项技术也不断被改进。我国的该项指标有时也会用粉化率($\omega_{粉}$)来表示，其操作原理也是采用回转箱的方式，取细粉和总量的比值作为粉化率值，其值是 PDI 的倒数，表明粉化率值越大，颗粒的抗破碎能力越差，颗粒质量越差，其利用率越低。

b. 霍尔曼(Holmen)PDI 测定方法：此方法是由来自英国的 Holmen Chemicals Ltd. 20 世纪

70年代末发明的，原理是模拟颗粒饲料在气力输送条件下碰撞摩擦耐久性的情况，空气流连续冲击颗粒饲料硬的表面，从而得到颗粒饲料的耐久性结果，它的计算方法与回转箱法类似。

鼓风机使压力室中的气压达到70mbar(7 000Pa)，之后压力室中的气流通过吹管，会借力使饲料室中的颗粒饲料撞击筛网，以及颗粒饲料之间碰撞和摩擦，所产生的粉化饲料通过筛网落入细料室，最后计算筛网上颗粒饲料的质量和总量的比值，即为颗粒耐久性指数。

④ 计算方法：以上2种测定方法的计算方法相同。

a. 颗粒耐久性指数

$$PDI = m_{上}/m \times 100\%$$

b. 粉化率

$$\omega_{粉} = m_{下}/m \times 100\%$$

式中：$m_{上}$——颗粒试样经颗粒饲料耐久性测定仪翻转后，筛上物的质量，g；

$m_{下}$——颗粒试样经颗粒饲料耐久性测定仪翻转后，筛下物的质量，g；

m——总试样质量，g。

(4) 硬度测定

① 测定意义：借助专用仪器来测定颗粒的相对硬度。在测定时，需测定大量颗粒，以获得有代表性的平均数据。

② 测定方法：测定颗粒饲料硬度通常采用冲击式硬度计，先向单颗饲料施加径向压力将其破碎，这时所施加的压力即为该饲料颗粒的硬度。为减少误差，需要用多颗饲料颗粒的硬度的平均值来得到该饲料颗粒硬度值。

测定时要从1kg试样中选择20粒左右长度为6mm以上和长度差异不大的饲料颗粒，将硬度计压力指针归零后，用镊子把选取的饲料颗粒横放到载物台上，并且要正对着压杆下方。转动手轮，保持转动的速度能使顶杆匀速上升。在颗粒破碎后读取所显示的压力数值，得到所有数据后计算其平均值。

③ 结果：硬度均值$N=(x_1、x_2、x_3 \cdots x_{20})/20$，式中$x$为单个颗粒的硬度值($N$)。

二、显微镜检测

1. 目的与原理

饲料显微镜检测作为一种定性和定量检测，不仅能检测饲料中应有的成分、有害物质和其他杂质，并且能粗略估计某种成分所占比例，还能够补充其他方法对饲料分析的结果。

饲料显微镜检测是以动植物形态学(体视显微镜)、组织细胞学(生物显微镜)为基础，结合被检试样的外部形态特征(如形状、色泽、粒度、硬度等)和组织细胞的结构特点及饲料试样不同的染色特性，对饲料试样的种类、品质进行鉴定评价的一种方法。由于各种动植物性饲料在加工前后都可利用显微镜检测饲料在形态学上或者组织细胞结构上区别于其他饲料的特征，所以显微镜检测结果具有准确性。

2. 仪器设备

① 体视显微镜：光学放大倍数7.8~160×。

② 生物学显微镜：放大倍率50~500×。

③ 小型烘箱。

④ 镜检灯源。

⑤ 分样筛：可套在一起的10、20、40、60、80目筛及底盘。

⑥ 天平：分析天平(感量0.000 1g)、普通天平(感量0.1g)。

⑦ 电热干燥箱、电炉、酒精灯。

⑧ 研钵。

⑨ 点滴板：玻璃及陶瓷。

⑩ 小备件：载玻片、盖玻片、镜头纸及二甲苯、滴瓶、培养皿、表面皿、剪刀、探针、镊子、不锈钢匙、刷子、小烧杯、漏斗、滤纸。

⑪ 试剂：见本章相关内容。

3. 试样制备

(1) 正确采样　将试样充分混合使其具有代表性，若试样量较大，则采取四分法缩减用量直至分析用量。颗粒饲料应先用研杵在研钵中轻轻敲开。

(2) 观察并记录　首先将试样置于白纸上，浅色试样应放置在黑纸上，增加颜色的对比度，用肉眼或放大镜观察试样。在充足的光源下观察试样，可以将试样与标准品在同一光源下比对，增加试样辨识度。通过视觉、嗅觉、触觉直接检查饲料的颜色、粒度、气味、霉变、软硬程度等情况。观察中还应注重试样中的异物，当试样腐败时会干扰试样的原有气味。

(3) 试样分离

① 筛分处理：具有不同粒度的饲料(粉状)，镜检前应对试样进行筛分，通常使用10、20、30目的试样筛套在一起筛分，将每层筛面上的试样分别镜检。饼块、碎粒或颗边形态的试样必须用研钵研碎，不能用粉碎机粉碎。

② 四氯化碳或三氯甲烷浮选：该法是为了区分有机成分和无机成分。一般取约10g试样置于分液漏斗中，加入80mL四氯化碳或三氯甲烷，摇匀放置1min，将沉淀物和上浮物滤出、干燥。尤其是脂肪含量高的试样，表面通常会沾上细粉，直接观察会导致误差，应利用四氯化碳或者三氯甲烷脱脂。

4. 体视显微镜观察

将筛分后的试样置于培养皿上，观察时先用低倍镜再用高倍镜。观察试样要有顺序，在显微镜下从一边开始到另一边仔细观察。探针和镊子可以作为辅助，用来翻拨、分离试样。

检查过程中应将同种物质单独划分出来，第一遍检查未发现按照试样标识应存在的物质时，应取样重检。

还要注意衬板选择。观察同一试样先用浅色衬板检查一遍，再用深色衬板检查一遍，能够区分更彻底。

5. 生物显微镜观察

在饲料试样很细碎或利用体视显微镜无法鉴别的情况下，使用生物显微镜观察。试样也要根据性质做前处理，处理后通过涂布法制片、压片，偶尔也使用切片法观察。

(1) 前处理　动物类原料多用酸处理，碱处理会消化动物的肌肉组织，根据蛋白降解的难易程度，硫酸的浓度和处理时间都要做出相应的调整。甲壳类饲料经酸处理会溶解，植物类饲料经碱处理后消化掉淀粉等软物质，使得试样结构解离清楚，使用染色法会更容易区分饲料成分。

(2) 制片与观察　取少许试样于载玻片上，根据试样性质加2滴固定介质，用探针搅匀，使试样薄薄地平铺在玻片上并加盖玻片,用滤纸吸去多余固定介质。常用的固定介质是1∶1∶1混合的水、水合氯醛、甘油。

观察试样先用低倍镜调整视野,再用高倍镜顺序观察,防止漏样。通常一个试样看3张玻片,防止试样不均匀产生的误差。因为玻片中的试样相对较厚,所以观察时应该对不同层面进行对焦。由于饲料加工造成试样通常是不完整的,所以要求观察者熟知饲料特征,留意试样中不易破坏的部分。

6. 常见原料的特征物及显微特征

(1)谷实类产品的显微特征　谷实的皮层、胚、胚乳、果实的附属部分是观察谷实类饲料的重要显微特征。试样在镜检前处理进行筛分的时候,粒度大的壳、麸皮就会被截留下来。大量淀粉的存在不利于辨别纤维、木质类结构,所以谷实类饲料观察一遍之后再将试样中的淀粉水解掉,通常用13%氢氧化钾煮沸10~30min。植物饲料镜检时还可能用到碘染色法和间苯三酚染色法来增加试样的显色度,便于观察和区分试样。

① 玉米及其制品:饲用玉米通常是黄玉米和白玉米,玉米籽粒的形状主要有近圆形、椭圆形、略呈三角形等。玉米粒最外表为皮层,皮层内是胚乳,占籽粒重80%~85%。胚位于基部的一侧,紧贴胚乳。玉米粉碎后各部分特征较易观察。

体视显微镜下,玉米碎粒的形状不规则,颜色呈浅黄色,一面为玉米表皮,其余面是胚乳。玉米表皮薄、呈半透明,粉碎后成为不规则并带有光泽的硬片状。胚乳粉碎后,角质淀粉为黄色(白玉米为白色),边缘不规则,较硬;而粉质淀粉疏松且易破裂。玉米碎粒中还可见漏斗状的端帽和位于端帽和玉米芯之间的颖片。图2-1为体视显微镜下的玉米籽实。

生物显微镜下,玉米皮层较厚,皮层细胞呈扁长型,有厚壁,细胞排列紧密整齐并且含有色素。下层是包围着淀粉胚乳和胚芽的糊粉层。糊粉细胞为呈立方形的厚壁细胞,细胞中无淀粉、有糊粉粒。糊粉层内的胚乳有角质和粉质的区别,紧接糊粉层的角质胚乳细胞比近中部的粉质胚乳细胞小。角质胚乳中含有很多小的多边形淀粉粒,粉质胚乳细胞较大,淀粉粒多为圆形。

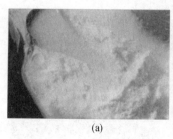  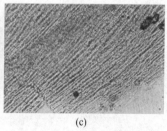

(a)　　　　　　　　　　　(b)　　　　　　　　　　　(c)

图2-1　体视显微镜下的玉米籽实

(a)玉米局部剖面(20×);(b)玉米碎粒(15×);(c)玉米种皮(15×)

② 小麦及其制品:小麦加工后的副产品在饲料原料资源中占有一定的比例。整粒小麦是浅黄色或黄褐色的卵圆形颗粒,顶端有麦毛。背面隆起,腹面较平,中间有内陷的纵沟。小麦主要由皮层、胚乳、胚芽组成。小麦磨成面粉时分离的带有部分胚乳的外皮叫作麦麸。

体视显微镜下,饲料中的小麦产品中总含有数量、大小不等的片状麦麸,麸皮表面粗糙有细纹,麸皮内表面有许多白色淀粉颗粒。小麦的胚芽扁平呈浅黄色,挤压会有油脂渗出。

图 2-2 为体视显微镜下的小麦籽实。

生物显微镜下，由于麸皮包含了果皮和种皮，所以显微镜下可以观察到小麦麸皮由多层细胞组成，其中有几层组织的细胞壁像串珠状。果皮从外向里由外果皮、下皮层、中层、横细胞、管状细胞组成。外围部分胚乳中淀粉粒小，不定形。近胚乳中部的淀粉粒除小粒以外还有大而呈圆形的淀粉粒，淀粉粒层纹与脐点一般不明显。

  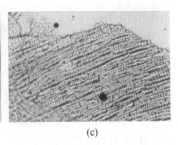

(a) (b) (c)

图 2-2 体视显微镜下的小麦籽实

(a)小麦剖面(15×)；(b)小麦麸皮(30×)；(c)小麦种皮(400×)

③ 高粱及其制品：高粱的品种及种植地气候因素，使高粱的颜色和形状有很大差异。整粒高粱为卵圆形，也有长圆形的，端部较圆。籽实色泽多样，有暗褐色、红色、橙红色、淡黄色、白色等，还有多色混杂的，外壳光泽较强。高粱胚芽端部有一颜色加深的小点。制作高粱粉时脱下的高粱皮层称作高粱糠，高粱的副产品还有胚芽粉。

体视显微镜下，饲料中的高粱粉常附着有高粱糠，而高粱糠可为红褐色、白色、淡黄色。高粱淀粉与玉米淀粉相似度最高，但高粱粉颜色更白，质地更硬，同时在粉碎成为高粱粉的过程中，高粱糠的产出小于玉米糠的产出。图 2-3 为体视显微镜下的高粱籽实。种皮色彩丰富，主要呈红褐色、红橙色等，有深色条纹和可见斑，可见一些圆形细胞。

生物显微镜下，高粱的种皮和淀粉颗粒是特征物，种皮颜色多样，不同品种的高粱其种皮细胞内分布有红褐色、橙红色和黄色色素。高粱的淀粉粒多为圆形或多角形，有明显的中心点及放射状条纹。

  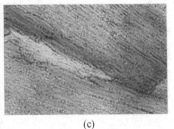

(a) (b) (c)

图 2-3 体视显微镜下的高粱籽实

(a)高粱粉(20×)；(b)高粱糠(20×)；(c)高粱种皮(400×)

④ 稻米及副产品：大米作为人类的主食之一，其副产品也是重要的饲料资源。稻米由糙米和稻壳组成。稻壳由糙米外的内外稃和稻谷底端的颖片组成，内外稃合称稻糠。糙米包括皮层、胚乳和胚 3 个部分。碎米是碾米时分离的大米碎粒。米糠(现行国家标准米糠)主要是由

果皮、种皮、外胚乳、糊粉层和胚加工制成的，是稻谷加工的主要副产品。

体视显微镜下，大部分稻谷副产品都含有稻壳。稻壳碎片形状不规则，外表面有光泽，黄褐色。米糠为含油的柔软小片状物，会结块成团。脱脂米糠则不结成团。碎米的截面为椭圆形，颜色呈白色或半透明。图 2-4 为体视显微镜下的稻壳和脱脂米糠，稻壳粉表面是纵横有序的突起/内面色浅光滑，有纵向条纹；脱脂米糠柔软、是有皱纹的半透明小薄片。

生物显微镜下，与其他谷物淀粉颗粒相比，大米淀粉颗粒非常小，且颗粒度均一。稻壳特征明显，可以观察到纵向排列的厚壁波形细胞。

图 2-4　体视显微镜下的稻壳和脱脂米糠
(a)稻壳粉(15×)；(b)脱脂米糠(20×)；(c)稻壳(150×)

⑤ 大豆及其制品：大豆是中国重要粮食作物之一，种子为椭圆形、近球形至长圆形，种皮光滑，颜色多种，如淡绿色、黄色、褐色和黑色等，豆皮上有明显的椭圆形种脐。豆饼是大豆压榨之后成为饼状的产品，而用浸提法脱油的产品叫豆粕，大豆饼粕是畜禽的常用饲料。

体视显微镜下，大豆产品饲料中可见明显的种皮，种皮外表面光滑，有针状的小孔和凹痕。种皮碎片坚硬且脆、会向内卷曲，种皮和种脐的颜色根据品种不同而有差异，但是内表皮为白色或淡黄色，并表现为多孔海绵状。浸出粕是边缘不规则的扁平小片，无光泽，不透明，呈奶油色或黄褐色。压榨饼因挤压而成团状，残留的油脂多，质地粗糙。图 2-5(a)为体视显微镜下的大豆粕，大豆皮外表面有针刺般小孔；内面白至淡黄色，呈多孔海绵状；图 2-5(b)为体视显微镜下的大豆饼粉，有压榨痕迹，含油较多；图 2-5(c)为体视显微镜下的大豆种皮，经碱解离后，大豆种皮的一层细胞分离开，显示为"哑铃型细胞"（又称沙漏状细胞），是大豆种皮典型特征之一。

生物显微镜下，大豆种皮在大豆产品中很容易辨别出来，种皮上有小花或者其他形状，像连绵的浮雕。种皮由栅状细胞、沙漏状细胞、海绵状组织和糊粉层组成。其中，第二层的沙漏状细胞是重要的鉴定特征。

图 2-5　体视显微镜下的大豆籽实
(a)大豆粕(15×)；(b)大豆饼粉(15×)；(c)大豆种皮(150×)

⑥ 花生饼粕：花生饼粕是花生经压榨提取花生油之后剩余的产品，主要由碎果仁组成，有的含有一些种皮和外壳，花生粕很容易感染黄曲霉菌而产生黄曲霉毒素，所以在检测的同时应注意饲料品质。

体视显微镜下可以观察到呈淡褐色或深褐色的碎花生果仁。在含有种皮和外壳的花生饼粕中，可以观察呈黄褐色的碎花生外壳，表面有成束纤维并呈网状结构，外壳内层呈不透明白色、质软且有光泽。花生种皮根据品种不同可能呈现淡黄色、粉色、紫色，种皮很薄，有时可看到种皮上的条纹。图 2-6 为体视显微镜下的花生籽实。

生物显微镜下，花生外壳上纵横交错的纤维更加明显，壳内面有凹陷的小孔，中果皮为薄壁组织，壁上有孔和突起状。

  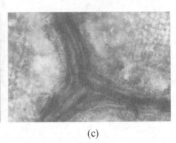
(a) (b) (c)

图 2-6 体视显微镜下的花生籽实
(a)花生壳粉(15×)；(b)花生粕(15×)；(c)花生壳(150×)

⑦ 棉籽饼粕：棉籽压榨取油后的产品称为棉籽饼，经工艺预榨浸出或直接浸出取油后的称为棉籽粕。棉籽脱油之前一般脱绒，有的也会有脱壳工序，棉籽饼粕主要由棉籽仁、少量的棉籽壳、棉纤维构成。

体视显微镜下，可见暗褐色的棉籽壳，较厚呈棕色，壳表面不平整有凹陷，断面的颜色不统一。棉仁粒为黄色，压榨后和棉籽壳叠在一起，不能清晰辨别其结构。棉纤维卷曲的贴附在棉籽壳表面。如果棉仁上有暗红色小点则是含有棉酚的色腺体。图 2-7 为体视显微镜下的压榨的棉籽壳、棉籽粕(棉仁上色腺体很清晰)和经碱解离的棉籽壳，棉籽壳就像由纤维条卷曲、紧压而成的板块。

生物显微镜下，棉籽种皮细胞壁厚，细胞排列呈带状，像纤维带一样。

  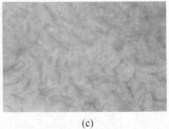
(a) (b) (c)

图 2-7 体视显微镜下的棉籽饼粕
(a)棉籽壳(20×)；(b)棉籽粕(25×)；(c)棉籽壳(400×)

⑧ 菜籽饼粕：菜籽饼是油菜籽榨油后的副产物，含有较高的蛋白质，质脆易碎。

体视显微镜下，种皮与碎片分离开来，种皮和籽仁不相连，易碎；种皮内表面为白色半透明，附着在饼粕上。饼粕为薄薄的一块，颜色为黄褐色或红棕色，表面光泽、有纹路(图 2-8)。

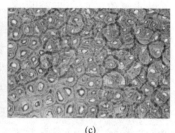

图 2-8　体视显微镜下的菜籽饼粕

(a)菜籽饼粉(20×)；(b)菜籽粕(20×)；(c)油菜籽种皮(150×)

生物显微镜下，种皮的栅状细胞形状易于区分，细胞排列紧密，细胞壁厚且空腔较大，细胞为四边形或五边形。

⑨ 葵花饼粕：葵花子榨油时，脱壳程度不同，葵花壳是鉴别葵花饼粕的重要特征。葵花壳表面有黑白相间的纵向条纹，由于壳中含有较高的纤维素、木质素，所以壳比较坚韧，断面不平整。葵花子仁为黄褐色或灰褐色，无光泽。高倍镜下可见种皮的表皮细胞。图 2-9 为体视显微镜下的葵花子粕，其壳为木质，较硬，易断裂。外表面呈条纹状，一般有黑白相间的花纹。

图 2-9　葵花子粕(15×)

(2)动物性饲料原料　观察动物性饲料时，动物的骨、毛、鳞片、肌肉组织是镜检时主要的观察对象，解离动物性饲料常用3%硫酸溶液。

① 鱼粉：是用一种或多种鱼类为原料，经去油、脱水、粉碎加工后的高蛋白质饲料原料。鱼粉中原料品种和选取位置的不同，如整鱼、鱼下脚料；以及加工方式的不同，如是否脱脂，使得显微镜观察的结果从颜色和组成成分上有很大差异。变质的鱼粉会有腐烂味。图 2-10(a) 为体视显微镜下的鱼粉，可见鱼肉、骨、眼的一般特征；图 2-10(b) 为体视显微镜下的鱼干粉，常见半透明颗粒，鱼皮的痕迹可见；图 2-10(c) 为体视显微镜下的鱼鳞，可见明显层纹。

体视显微镜下，鱼粉是浅黄色到黄褐色的无光泽小颗粒物，由小块状或条状的肌肉组织组成并夹杂一些鱼鳞、鱼骨和鱼眼。

鱼肌肉纤维粉碎之后大多是稍卷的片状，有纤维状结构。

鱼鳞是卷曲起来的薄片，表面有同心线纹。

鱼骨坚硬，粉碎之后鱼骨根据所在位置的不同(如头、尾部、躯干)保留一定的形状，鱼

图 2-10　体视显微镜下的鱼粉饲料

(a)鱼粉(20×)；(b)鱼干粉(20×)；(c)鱼鳞(15×)

骨颜色呈浅黄色或白色半透明状。

鱼眼呈球状颗粒，破裂的部分球体呈半透明、很硬。

② 肉骨粉和肉粉：肉骨粉是利用畜禽屠宰场不宜食用的家畜残余碎肉、骨、内脏等做原料，经高温蒸煮、脱脂、干燥、粉碎制得的产品。除正常生产过程中无法避免少量杂质外，肉骨粉还混有毛、角、蹄、粪便等杂质。而肉粉作为一种动物饲料添加剂，采用新鲜的动物皮、内脏组织等，经过特殊的工艺加工而成。肉粉与肉骨粉只是骨含量不同。肉骨粉、肉粉为黄至黄褐色油性粉状物，具肉骨粉固有气味。无腐败气味，无异味异臭。

体视显微镜下，肉骨粉质硬为不透明的浅白色，表面粗糙可能沾有血点或者血丝；肉为表面粗糙有纤维结构的黄色颗粒；血呈深紫色或黑色；动物毛为长条杆状，因为种类不同，存在卷曲和不卷曲两种。图 2-11 为体视显微镜下的肉骨粉。

生物显微镜下，平滑肌色较浅，呈条状，表面光滑。横纹肌多以团、束存在，肌纤维表面可见细小横纹。

图 2-11　体视显微镜下的肉骨粉

(a)肉骨粉(20×)；(b)肉粉(20×)

③ 水解羽毛粉：家禽屠体脱毛的羽毛及制作羽绒制品筛选后的毛梗，经清洗、高温高压水解处理、干燥和粉碎制成的粉粒状物质。

体视显微镜下，羽杆为中空管状，黄褐色，外表面光滑透明，质硬。羽毛的顶部称为羽片，羽片由羽支组成，每个羽支旁边有羽小支。羽毛粉碎后，羽支呈或长或短的蓬松小碎片，白色或黄色，若加工时温度过高羽支可变为黑色。羽小支为白色粉状，高倍显微镜下，羽小支的碎片聚集成团状，颜色呈白色或黄色。图 2-12(a) 为体视显微镜下的羽毛粉；图 2-12(b) 为体视显微镜下的水解羽毛粉，水解不彻底，显羽支残迹；图 2-12(c) 为体视显微镜下的彻底水解后再干燥、粉碎的羽毛粉，半透明，像松香样，易碎。

 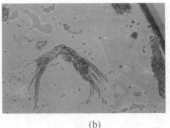 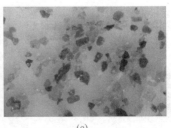

图 2-12　体视显微镜下的羽毛粉

(a)羽毛粉(15×)；(b)水解羽毛粉(150×)；(c)水解羽毛粉(20×)

④ 血粉：是一种非常规动物源性饲料，畜禽的血液凝成块后经高温蒸煮，压除汁液、晾晒、烘干后粉碎而成，因其较高的细菌含量，国内的血粉未经杀菌加工不可直接用于饲料的加工和混合。血粉是深巧克力色的粉状物，具有特殊气味。血粉的组织结构会根据加工方式不同而有变化。喷雾干燥的血粉（图 2-13）多为红色细小颗粒，外观莹亮；滚筒干燥的血粉为深红色块状，厚的地方颜色叠加呈黑色，有时会夹杂屠宰下脚料。

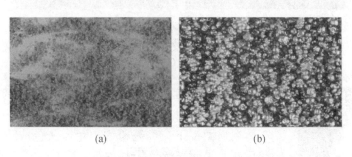

图 2-13　体视显微镜下的血粉

(a)血粉(20×)；(b)血粉(30×)

⑤ 虾壳粉：即用虾壳脱水干燥制成的粉，有的小虾不脱壳直接粉碎，所以虾壳粉包含了虾壳、虾肉组织、虾头破碎物，虾壳粉包含了大量作为饲料添加剂的甲壳素。

体视显微镜下虾须和虾的复眼是容易辨别的特征物质。长管状的虾须粉碎之后变成小段，表面有螺旋纹。虾眼破碎后是深色的颗粒物。虾肉半透明和虾壳黏附在一起。虾壳颜色为淡粉色或浅橘红色，虾躯体部位的壳片薄而透明，头部的壳片较厚且不透明。图 2-14(a)为体视显微镜下的虾壳粉，可见虾头、脚等碎片，虾壳外面较光滑，内面色浅、疏松呈泡沫状；图 2-14(b)为体视显微镜下的虾腿毛，虾腿毛主枝较细，直接分出细毛，细毛上下不再分支。

生物显微镜下虾腿片段为宽管状，带短毛或者不带毛，半透明。壳表面有平等线，中间有横纹。

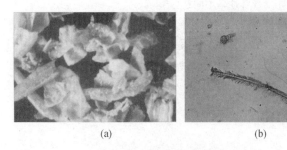

图 2-14　体视显微镜下的虾壳粉

(a)虾壳粉(15×)；(b)虾腿毛(150×)

⑥ 蟹壳粉：螃蟹食用完之后的壳及下脚物经干燥粉碎制成蟹壳粉，有蟹香味。

蟹壳粉的颜色根据品种不同可为橘红色、浅黄色。蟹壳粉含较多几丁质壳碎片，有些碎片很坚硬如蟹螯头部，有些为边缘卷曲的薄层。碎片的一面有花纹，而且多孔，另一面较粗糙、无光泽。图 2-15(a)为体视显微镜下的蟹壳粉，厚薄不一的几丁质碎片，较坚硬，外表面光滑有花纹并有小孔，内面较粗糙；图 2-15(b)为体视显微镜下的蟹脚尖。

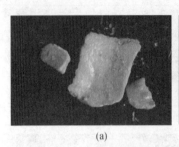

(a)　　　　　　　　　　(b)

图 2-15　体视显微镜下的蟹壳粉

(a)蟹壳粉(30×); (b)蟹脚尖(20×)

图 2-16　贝壳粉(15×)

⑦ 贝壳粉：是指贝壳经过粉碎研磨制成的粉末，作为饲料中钙源添加剂使用。

体视显微镜下，贝壳粉为白色、灰色或浅黄色的细小颗粒物，质硬，表面光滑，其中一面有同心、平行或者交错的线纹，部分贝壳碎片边缘为锯齿状。有些贝壳粉会含极少量砂。图 2-16 为体视显微镜下的贝壳粉，贝壳的表面显珠光，断面有平行斜线条。

思考题

1. 如何用感官方法对玉米进行质量检测？
2. 饲料颗粒粒度的测定方法和具体步骤有哪些？测定的意义？
3. 如何简易测定饲料试样的容重？
4. 什么是PDI？有哪些影响因素？
5. 如何测定饲料颗粒的硬度？
6. 体视显微镜和生物显微镜操作过程有什么不同？
7. 常见饲料原料的显微特征有哪些？
8. 试样在用生物显微镜观察前需要哪些处理？有什么作用？
9. 利用生物显微镜观察试样时，注意哪些事项？

（成艳芬）

第三章 常规成分的测定

测定饲料中营养物质得到的一般不是单纯某一化学成分的含量,而是性质相同或相似的多种成分的混合物,被称为饲料的概略养分或常规成分。目前,国际上通用的是德国 Weender 试验站科学家 Hanneberg 等 1864 年创立的"饲料概略养分分析方案"(feed proximate analysis)。尽管这套分析方案还存在某些不足或缺陷,但在科研和教学中被广泛采用,该分析方案所获数据在动物营养及饲料的科研与生产中起到了十分重要的作用,一直沿用至今。

随着科学技术的不断发展,一些新的有关饲料成分的分析测定方法不断发展和改进,逐渐形成了国际、国家或行业通用的标准方法。本章以我国有关的国家标准方法为基础,介绍饲料中常规成分的分析方法。

一、水分的测定

饲料中的水分分为游离水、吸附水和结合水3种形式。游离水也称为自由水或初水分,是吸附在饲料表面的水分,加热时易蒸发逸出。饲料试样在一定温度下加热一定时间失去游离水后的试样为风干试样(或半干试样)。吸附水是吸附在蛋白质、淀粉及细胞膜上的水分。结合水是与饲料的糖和盐类相结合的水。仅含有吸附水和结合水的饲料试样为风干试样,风干试样在一定温度下加热一定时间失去吸附水和结合水后的试样为绝干试样。由于结合态的水与饲料组分结合较紧密,不易分离,所以,一般方法测定的是风干试样中的吸附水,饲料分析中也被称为吸湿水。新鲜饲料中含有大量的游离水和少量的吸附水及结合水,称为总水分。

生产实践中测定饲料中的水分有重要的意义。水分的测定是比较不同饲料营养价值的基础,不同种类的饲料其含水量不同,干物质含量不同,因而其营养价值不同。饲料中水分含量高,会限制干物质的进食量。另外,饲料水分含量过高,容易被微生物污染,造成饲料发霉、酸败、腐烂。因此,饲料的原料和产品标准均对其水分含量做了一定的规定。饲料中水分的测定是监测饲料质量的重要手段之一。

不同的饲料其物质组成存在差异,水分的测定方法也不同。饲料中水分含量测定常用的方法主要有:加热干燥法(烘箱干燥法、烘干减量法)、真空干燥法、冷冻干燥法、蒸馏法和近红外分光光度法等。生产实践中,一般的饲料原料和产品,采用最多的是加热干燥法。本节主要介绍加热干燥法测定饲料中吸湿水的方法。

1. 适用范围

适用于单一饲料和配合饲料中水分含量的测定。不适用于奶制品、矿物质、动物和植物油脂。

2. 原理

风干试样置于(105 ± 2)℃的恒温干燥箱内,在 101.325kPa 下烘干至恒重,失重则为水分的质量。

3. 仪器设备

① 实验室用试样粉碎机。

② 标准筛：孔径0.42mm（40目）。

③ 分析天平：感量0.0001g。

④ 玻璃称量瓶：直径50mm、高30mm，直径70mm、高35mm，或能使试样铺开约0.3g/cm² 规格的其他耐腐蚀金属称量瓶（减压干燥法需耐负压的材质）。

⑤ 电热恒温干燥箱：温度可控制在(105±2)℃。

⑥ 干燥器：用变色硅胶或氯化钙作干燥剂。

⑦ 坩埚钳。

4. 试剂和溶液

凡士林。

5. 试样制备

① 选取有代表性的试样，其原始样量应在1 000g以上。

② 用四分法将原始试样缩分至500g，风干后粉碎至40目，再用四分法缩分至200g，装入密封容器，放在阴凉干燥处保存。

③ 如果试样是多汁的鲜样或无法粉碎时，应预先干燥处理，制成风干试样备用。详见第一章新鲜试样、风干试样的制备。

6. 测定步骤

① 准备称量瓶：将称量瓶洗净，放入电热式恒温干燥箱中在(105±2)℃烘干1h，取出后在干燥器中冷却至室温(30min)，称重(m_1)，精确至0.0001g。重复以上操作，直至2次质量之差小于0.0005g为恒重。

② 称样：在已知质量的称量瓶中称取两份平行试样，每份2~5g（含水量在0.1g以上，样厚4mm以下），精确至0.0001g（m_2）。

③ 烘干：将盛有试样的称量瓶放入电热式恒温干燥箱中，在(105±2)℃下烘干3h。

④ 冷却、称重：取出称量瓶，将盖盖严，放入干燥器中冷却至室温，称其质量。

⑤ 再烘干：重复以上第③④步，再烘干1h，冷却，称重(m_3)，直至2次质量之差小于0.002g为恒重。

7. 结果计算

计算公式如下：

$$水分(\%) = \frac{m_2 - (m_3 - m_1)}{m_2} \times 100\%$$

式中：m_1——称量瓶的质量，g；

m_2——试样的质量，g；

m_3——称量瓶和试样干燥后的质量，g。

8. 注意事项

① 应将称量瓶洗净并称至恒重。

② 不能用手拿取称量瓶，可戴上薄绒手套或用干燥吸水纸包裹拿取，还可用坩埚钳夹取。

③ 水分计算采用数次称重中的最高值，干物质计算值采用数次称重中的最低值。

④ 每个试样取2个平行试样进行测定，以其算数平均值为结果。2个平行样测定值相差不

得超过 0.2%，否则应重做。

二、蛋白质的测定

蛋白质是饲料中的重要营养成分，其含量的高低与饲料的营养价值有密切的关系。测定蛋白质的方法很多，在饲料行业常用的标准方法为 19 世纪初由丹麦人凯道尔建立的经典方法——凯氏定氮法，即首先测定出饲料中的含氮量，乘以一定的系数换算成蛋白质的含量。该方法测定出的含氮量，除了蛋白质之外，还包括氨基酸、核酸、生物碱、含氮脂类以及含氮的色素等非蛋白氮化合物中的氮，由此计算出的蛋白质为粗蛋白质。因此，本方法不能区别蛋白氮和非蛋白氮。一般蛋白质中含氮量平均为 16%，因此，将饲料中含氮量换算成粗蛋白质含量的系数一般为 6.25，该方法是我国目前采用的国家标准法。本节主要介绍凯氏定氮法测定饲料中粗蛋白质的方法。

（一）粗蛋白质的测定

1. 适用范围

适用于饲料原料、配合饲料、浓缩饲料、精料补充料和添加剂预混合饲料中粗蛋白质的测定。

2. 原理

在催化剂作用下，用硫酸破坏饲料有机物，使含氮物转化成硫酸铵。加入强碱进行蒸馏使氨逸出，用硼酸吸收后，再用酸滴定，测出氮含量，将结果乘以系数 6.25，计算出粗蛋白含量。其主要化学反应如下：

① $2NH_2(CH_2)_2COOH+13H_2SO_4 = (NH_4)_2SO_4+6CO_2\uparrow+12SO_2\uparrow+16H_2O$（丙氨酸）

② $(NH_4)_2SO_4+2NaOH = 2NH_3\uparrow+2H_2O+Na_2SO_4$

③ $4H_3BO_3+NH_3 = NH_4HB_4O_7+5H_2O$

④ $NH_4HB_4O_7+HCl+5H_2O = NH_4Cl+4H_3BO_3$

3. 仪器设备

① 标准筛：孔径 0.42mm（40 目）。

② 分析天平：感量 0.000 1g。

③ 消煮炉或电炉。

④ 酸式滴定管：25mL。

⑤ 凯氏烧瓶：100mL。

⑥ 凯式蒸馏装置：半微量凯氏定氮仪（图 3-1）。

⑦ 锥形瓶：150mL。

⑧ 容量瓶：100mL。

4. 试剂和溶液

除特殊注明外，本方法所有试剂均为分析纯和蒸馏水（或相应纯度的水）。

① 硫酸：含量为 98%，无氮。

② 混合催化剂：称取 0.4g 五水硫酸铜、6.0g 硫酸钾或硫酸钠，研磨混匀。

③ 40%氢氧化钠。

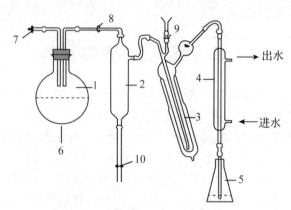

图 3-1 半微量凯氏定氮装置
1. 蒸汽发生器；2. 缓冲瓶；3. 反应室；4. 冷凝器；5. 蒸馏液接收瓶；6. 热源；7~10. 止水夹

④ 2%硼酸。
⑤ 混合指示剂：0.1%甲基红乙醇溶液，0.5%溴甲酚绿乙醇溶液，两溶液等体积混合，在阴凉处的保存期为3个月。
⑥ 盐酸标准溶液：邻苯二甲酸氢钾法标定，按 GB/T 601—2016 制备。
 a. 0.1mol/L 盐酸标准溶液：8.3mL 盐酸，注入 1 000mL 蒸馏水中。
 b. 0.02mol/L 盐酸标准溶液：1.67mL 盐酸，注入 1 000mL 蒸馏水中。
⑦ 蔗糖。
⑧ 硫酸铵：干燥。

5. 试样制备

取具有代表性的试样，粉碎至40目，用四分法缩分至200g，装于密闭容器中，防止试样成分的变化或变质。液体或膏状黏液试样应注意取样的代表性，用干净的放于凯氏烧瓶的小玻璃容器称量试样。

6. 测定步骤

（1）试样的消煮 平行做两份试样。
① 称样、装样：用洁净的硫酸纸称取试样 0.5~2g（含氮量 5~80mg），精确至 0.000 1g，将称样纸卷成筒状，小心无损地将试样送入洗净烘干的凯氏烧瓶底部；再加入混合催化剂 6.4g（普通天平），并与试样混合均匀。
② 消化：继续向凯氏烧瓶中加入 12mL 硫酸和 2 粒玻璃珠，将凯氏烧瓶置于电炉上加热，开始小火，待试样焦化、泡沫消失后，再加强火力（360~410℃）直至呈透明的蓝绿色，然后再继续加热，至少 2h，冷却至室温。
③ 定容：将试样消煮液冷却后，向凯氏烧瓶中分 3 次、共加入约 20mL 蒸馏水，并分次转入 100mL 容量瓶中，冷却至室温后用水稀释至刻度，摇匀，作为试样分解液备用。

（2）氨的蒸馏（半微量凯氏蒸馏法）
① 仪器安装及检查：依图 3-1 安装半微量凯氏定氮装置并检查其气密性，确定密封完好后，煮沸蒸汽发生器中的蒸馏水并接通冷凝水。
② 装置的清洗：冷凝管中蒸汽管道及保险球的清洗——打开止水夹 8、关闭止水夹 7，空蒸约 3min 后，用烧杯盛少量蒸馏水并使冷凝管中蒸汽管道末端浸入液面以下，然后打开止水

夹7、关闭止水夹8，则反应室和缓冲瓶内蒸汽冷却后造成的负压，使烧杯内蒸馏水经大气压作用通过保险球被压入反应室，最后入缓冲瓶。如此反复3~4次，若缓冲瓶内水满，可同时打开止水夹7、8、10(除此情况外，止水夹10处于关闭状态)将其放入废液杯中倒掉。反应室及试样入口的清洗——移走冷凝管末端放置的烧杯；打开止水夹7、关闭止水夹8，通过试样入口(打开止水夹9，除此情况时，止水夹9处于关闭状态)向反应室内加入15mL左右蒸馏水，然后打开止水夹8、关闭止水夹7，空蒸约3min后，再打开止水夹7、关闭止水夹8，则缓冲瓶内蒸汽冷却后造成的负压，使反应室内蒸馏水经大气压作用被压入缓冲瓶。如此反复3~4次。

③ 蒸馏：将半微量蒸馏装置的冷凝管末端浸入装有20mL硼酸吸收液和2滴混合指示剂的锥形瓶内(此时止水夹8开，止水夹7关)。蒸汽发生器的水中应加入甲基红指示剂数滴、硫酸数滴，在蒸馏过程中保此液为橙红色，否则需补加硫酸。准确移取试样分解液10~20mL(移取量视试样含氮量而定)，由试样入口注入(打开止水夹9)蒸馏装置的反应室中，用少量蒸馏水冲洗试样入口，关闭止水夹9，再加10mL氢氧化钠溶液，小心控制止水夹9使之缓慢流入反应室，关闭止水夹9后计时开始，且在入口处加水密封，防止漏气(每次由试样入口加水或样液时，止水夹10开；加样结束后，关闭止水夹10)。蒸馏4min降下锥形瓶，使冷凝管末端离开吸收液面，再蒸馏1min，用蒸馏水冲洗冷凝管末端，洗液均流入锥形瓶内，然后停止蒸馏。

(3) 滴定　蒸馏后的吸收液立即用0.1mol/L或0.02mol/L盐酸标准溶液滴定，溶液由蓝绿色变成灰红色为终点。

(4) 空白测定　称取蔗糖0.5g，代替试样，按前述方法进行空白测定，消耗0.1mol/L盐酸标准溶液的体积不得超过0.2mL。消耗0.02mol/L盐酸标准溶液的体积不得超过0.3mL。

7. 结果计算

计算公式如下：

$$粗蛋白质(\%) = \frac{(V_2 - V_1) \times c \times 0.014 \times 6.25}{m \times \frac{V''}{V}} \times 100\%$$

式中：V_2——滴定试样时所需标准盐酸溶液的体积，mL；

V_1——滴定空白时所需标准盐酸溶液的体积，mL；

c——盐酸标准溶液的浓度，mol/L；

m——试样质量，g；

V''——试样分解液蒸馏用体积，mL；

V——试样分解液总体积，mL；

0.014——与1.00mL盐酸标准溶液[$c(HCl) = 1.000$mol/L]相当的、以克表示的氮的质量；

6.25——氮换算成蛋白质的平均系数。

8. 注意事项

① 每个试样应取2个平行试样进行测定，以其算术平均值为结果。当粗蛋白质含量大于25%时，允许相对偏差为1%；当粗蛋白质含量在10%~25%时，允许相对偏差为2%；当粗蛋白质含量小于10%时，允许相对偏差为3%。

② 前述测定粗蛋白质含量的方法为半微量凯氏定氮法,其特点是称取试样量不多,耗用试剂量少,用于试样消化和蒸馏的时间较短。但在某些情况下可采取常量凯氏定氮法,其优点在于,凯氏烧瓶中试样消化完毕后即可加入定量蒸馏水,直接安装在凯氏蒸馏架上全部蒸馏,省去半微量法中先将消化液定容,而后再吸取部分消化液用于蒸馏等步骤。这个方法适用于测定鲜肉、鲜粪、羊毛等的粗蛋白质含量。

③ 蒸馏步骤的检验:精确称取0.2g硫酸铵,代替试样,按蒸馏步骤进行操作,测得硫酸铵的含氮量为$(21.19\pm0.2)\%$,否则应检查加碱、蒸馏和滴定各步骤是否正确。

(二)纯蛋白质的测定

真蛋白质又称为纯蛋白质,是由氨基酸组成的一类高分子有机化合物。常用的凯氏定氮法测定真蛋白质和非蛋白含氮化合物中氮的总量,其中有一些非蛋白含氮化合物中的氮是不能被单胃动物所利用,因此,粗蛋白质的含量不能反映饲料的真正价值。因此,为了评价饲料的真正价值,必须进行真蛋白质的测定。

1. 适用范围

本操作方法适用单一饲料、配合饲料和浓缩饲料。

2. 原理

硫酸铜在碱性溶液中,可将蛋白质沉淀,且不溶于热水,过滤和洗涤后,可将纯蛋白质的含氮化合物分离,再用凯氏定氮法测定沉淀中的纯蛋白质含量。

3. 仪器设备

① 烧杯:250mL。

② 定性滤纸。

③ 漏斗:直径为9~12cm。

④ 其余设备与粗蛋白测定法相同。

4. 试剂和溶液

① 100g/L 硫酸铜溶液。

② 25g/L 氢氧化钠溶液。

③ 2mol/L 盐酸溶液。

④ 10g/L 氯化钡溶液。

⑤ 其余试剂与一般粗蛋白测定法相同。

5. 测定步骤

① 称样:准确称取试样1g左右(精确至0.0001g),置于250mL烧杯中,加50mL水,加热至沸。试样中的非蛋白氮溶解于沸水中。

② 形成沉淀:向上述烧杯中加入20mL硫酸铜溶液,20mL氢氧化钠溶液,用玻璃棒充分搅拌,放置1h以上。

③ 过滤:用定性滤纸过滤,将形成沉淀的真蛋白质和溶于沸水中非蛋白氮分离。

④ 洗涤沉淀:用60~80℃热水洗涤沉淀5~6次,用氯化钡溶液5滴和盐酸溶液1滴检查滤液,直至不生成白色硫酸钡沉淀为止。

⑤ 烘干沉淀:将沉淀和滤纸放在65℃烘箱干燥2h。

⑥ 将烘干的沉淀和滤纸全部转移到凯氏烧瓶中,按照粗蛋白质的测定方法,消化后进行

定氮测定。

6. 结果计算

同粗蛋白测定。

三、纤维的测定

粗纤维是植物性饲料中细胞壁的主要成分，在碳水化合物中属于结构性多糖。粗纤维不是一个固定的或明确的化学实体，其主要成分为纤维素，并含有半纤维素、木质素和果胶等，是一组难以被动物消化利用的物质，还会影响其他营养物质的利用率，尤其对单胃动物如猪和鸡的影响较大。

饲料中粗纤维的常规测定方法是酸碱处理法，用该方法测定粗纤维的过程中，相当数量的半纤维素溶解于酸溶液中，并有相当数量的木质素溶于碱溶液中。测定的粗纤维含量中实际是以纤维素为主，同时含有部分半纤维素和木质素的混合物。因此，酸碱处理法所测粗纤维含量要低于实际含量，而计算得出的无氮浸出物含量则又高于实际含量。鉴于此，Van Soest 提出了中性洗涤纤维和酸性洗涤纤维的测定方法。

利用洗涤剂纤维分析法，可以准确地获得植物性饲料中所含纤维素、半纤维素、木质素和酸不溶灰分的含量。克服了传统的常规分析中测定粗纤维时的缺点，因此目前被广泛采用。

本节主要介绍酸碱处理法测定粗纤维的国家标准方法，同时也对中性洗涤纤维、酸性洗涤纤维及非淀粉多糖的测定方法进行了介绍。

(一)粗纤维的测定

1. 适用范围

适用于各种单一饲料、混合饲料、配合饲料、浓缩饲料等粗纤维的测定。

2. 原理

用浓度准确的酸和碱，在特定条件下消煮脱脂试样，再用醚、丙酮除去醚溶物，经高温灼烧扣除矿物质的量，所余量为粗纤维。它不是一个确切的化学实体，只是在公认强制规定的条件下测出的概略成分，其中以纤维素为主，还有少量半纤维素和木质素。

3. 仪器设备

① 实验室用试样粉碎机。

② 分析天平：感量 0.000 1g。

③ 标准筛：孔径 1.10mm(18 目)。

④ 电加热器(电炉)：可调节温度。

⑤ 电热恒温干燥箱：可控制温度在 130℃。

⑥ 高温炉：有高温计且可控制炉温在(550±20)℃。

⑦ 烧杯：400mL、带刻度。

⑧ 抽滤装置：抽真空装置、吸滤瓶和抽滤漏斗(滤器使用 200 目不锈钢网或尼龙滤布)。

⑨ 古氏坩埚：30mL，预先加入酸洗石棉悬浮液 30mL(内含酸洗石棉 0.2~0.3g)，再抽干，以石棉厚度均匀，不透光为宜。上下铺两层玻璃纤维有助于过滤。

⑩ 干燥器：以氯化钙或变色硅胶为干燥剂。

4. 试剂和溶液

除特殊注明外，本方法所有试剂均为分析纯和蒸馏水（或相应纯度的水）。标准溶液按 GB/T 601—2016 制备。

① 1.25%硫酸溶液：(0.128 ± 0.005) mol/L，氢氧化钠标准溶液标定。

② 1.25%氢氧化钠溶液：(0.313 ± 0.005) mol/L，邻苯二甲酸氢钾法标定。

③ 酸洗石棉：把石棉置于33%盐酸溶液中煮沸45min，过滤（或直接购得市售中等长度酸洗石棉），将其置于蒸发皿中，在550℃高温炉中灼烧16h。取出冷却后用1.25%的硫酸溶液浸没石棉，煮沸30min，过滤并用蒸馏水洗净酸。同样用1.25%的氢氧化钠溶液煮沸30min，过滤并用少量1.25%的硫酸溶液洗一次，再用蒸馏水洗净碱。烘干后于550℃灼烧2h，烧去有机物质。每克酸洗石棉含粗纤维应低于1mg。

④ 95%乙醇。

⑤ 乙醚。

⑥ 消泡剂：正辛醇。

5. 试样制备

取具有代表性的试样，粉碎至40目，用四分法缩分至200g，放入密封容器，防止试样成分变化和变质。

6. 测定步骤

① 称样：称取1~2g试样，精确至0.0001g，为试样质量（记为m）。用石油醚脱脂，（含脂肪大于10%必须脱脂，含脂肪不大于10%可不脱脂），放入烧杯中。

② 酸处理：向烧杯中加入150mL硫酸，立即加热，尽快使其沸腾后，使溶液保持微沸(30 ± 1)min，如果出现泡沫，则加数滴消泡剂，注意保持硫酸浓度不变（可补加沸蒸馏水）。应避免试样离开溶液沾到杯壁上。随后用铺有滤布的抽滤漏斗抽滤，残渣用沸蒸馏水洗至中性（可用蓝色石蕊试纸检验）后抽干。

③ 碱处理：用浓度准确且已沸腾的氢氧化钠溶液将残渣转移至原烧杯中并加至150mL，立即加热，使其尽快沸腾，保持沸腾状态(30 ± 1)min，立即在铺有滤器辅料的坩埚上过滤，残渣无损失地转移到坩埚中，用沸蒸馏水洗至中性（可用红色石蕊试纸检验）。

④ 乙醇处理：再用15mL乙醇分2次洗涤试样，抽干。

⑤ 乙醚处理：若试样为脱脂样，可省去此步。若未经脱脂处理，则应用15mL乙醚进行洗涤，抽干。

⑥ 烘干：将装有试样的坩埚放入烘箱，于(130 ± 2)℃下烘干2h，取出后在干燥器中冷却30min，称重，为130℃烘干后坩埚及试样残渣质量（记为m_1）。

⑦ 灰化：将装有试样的坩埚于(550 ± 20)℃高温炉中灼烧30min，取出后于干燥器中冷却30min，称重，为550℃灼烧后坩埚及试样残渣质量（记为m_2）。

7. 测定结果的计算

计算公式如下：

$$粗纤维(\%)=\frac{m_1-m_2}{m}\times100\%$$

式中：m_1——130℃烘干后坩埚及试样残渣质量，g；

m_2——550℃灼烧后坩埚及试样残渣质量，g；

m——试样质量，g。

8. 注意事项

① 每个试样应取 2 个平行试样进行测定，以其算术平均值为结果。当粗纤维含量小于 10% 时，允许绝对值相差 0.4；粗纤维含量大于 10% 时，允许相对偏差为 4%。

② 粗纤维的测定是在公认强制规定的条件下进行的，因此测定时要严格按照实验中所要求的试剂规格、操作程序进行，否则数据无意义。

③ 能量饲料如玉米、大麦等淀粉含量高，在所称适量(1~2g)试样中加入 0.5g 处理过的石棉，然后再进行酸处理，这样便于过滤。

(二)中性洗涤纤维和酸性洗涤纤维的测定

1. 中性洗涤纤维

中性洗涤纤维(neutral detergent fiber，NDF)是指用中性洗涤剂去除饲料中的脂肪、淀粉、蛋白质和糖类等成分后，残留的不溶解物质的总称。

(1)原理　饲料(如一般饲料、牧草和粗饲料)在一定温度下，经中性洗涤剂处理，可洗涤溶解大部分细胞内溶物，其中包括脂肪、蛋白质、淀粉和糖，统称为中性洗涤可溶物(NDS)。而不溶物的残渣为 NDF，主要为细胞壁成分，其中包括半纤维素、纤维素、木质素及少量硅酸盐等杂质。

(2)仪器设备

① 分析天平：感量 0.000 1g。

② 电热恒温干燥箱(烘箱)。

③ 高温炉。

④ 消煮器：配冷凝球，600mL 高型烧杯或配冷凝管的锥形瓶。

⑤ 玻璃砂漏斗。

⑥ 干燥器：无水氯化钙或变色硅胶为干燥剂。

⑦ 抽滤装置：500~1 000mL 抽滤瓶和真空泵或水抽泵。

⑧ 量筒：100mL。

⑨ 标准筛：孔径 0.42mm(40 目)。

⑩ 实验室用试样粉碎机或研钵。

(3)试剂和溶液

① 十二烷基硫酸钠($C_{12}H_{25}NaSO_4$)：化学纯。

② 乙二胺四乙酸二钠($C_{10}H_{14}N_2O_8Na_2 \cdot 2H_2O$)：化学纯。

③ 四硼酸钠($Na_2B_4O_7 \cdot 10H_2O$)：化学纯。

④ 无水磷酸氢二钠(Na_2HPO_4)：化学纯。

⑤ 乙二醇乙醚($C_4H_{10}O_2$)：化学纯。

⑥ 正辛醇($C_8H_{18}O$，消泡剂)：化学纯。

⑦ 丙酮(CH_3COCH_3)：化学纯。

⑧ α-高温淀粉酶(活性 100kU/g，105℃)：工业级。

⑨ 中性洗涤剂(3%十二烷基硫酸钠)：准确称取 18.6g 乙二胺四乙酸二钠和 6.8g 硼酸钠放入烧杯中，加入少量蒸馏水，加热溶解后，再加入 30g 十二烷基硫酸钠和 10mL 乙二醇乙

醚；再称取4.56g无水磷酸氢二钠置于另一烧杯中，加入少量蒸馏水微微加热溶解后，倒入前一烧杯中，在容量瓶中稀释至1 000mL，其pH值约为6.9~7.1(pH值一般无须调整)。

(4)试样制备　将采样的试样用四分法缩分至200g，风干或65℃烘干，用植物粉碎机将试样粉至过0.42mm筛(40目)，封入试样袋，作为试样。

(5)测定步骤

① 消煮：准确称取1g试样(通过40目筛)置于高型烧杯中，用量筒加入100mL中性洗涤剂和2~3滴正辛醇(如果饲料中淀粉含量过高，可加0.2mL α-高温淀粉酶)；将烧杯放在消煮器上，套上冷凝装置，快速加热至沸消煮，并持续保持微沸1h。

② 洗涤：煮沸完毕后，取下高型烧杯，将杯中溶液倒入安装在抽滤瓶上的已知质量的玻璃砂漏斗中进行过滤，将烧杯中的残渣全部移入，并用沸水冲洗烧杯与残渣，直洗至滤液清澈无泡沫(中性)为止；用20mL丙酮冲洗剩余物3次，抽滤至滤出液无色为止。

③ 称重：将玻璃砂漏斗和剩余物置于105℃烘箱中烘干3~4h后，在干燥器中冷却30min称重，再烘干30min，冷却，称量，直称至2次称量之差小于0.002g为恒量。

(6)结果计算　NDF含量的计算：

$$NDF(\%) = \frac{m_1 - m_2}{m} \times 100\%$$

式中：m_1——玻璃砂漏斗和剩余物质的总质量，g；

m_2——玻璃砂漏斗质量，g；

m——试样质量，g。

2. 酸性洗涤纤维

酸性洗涤纤维(acid detergent fiber，ADF)是指用酸性洗涤剂去除饲料中的脂肪、淀粉、蛋白质和糖类等成分后，残留的不溶解物质的总称。

(1)原理　植物性饲料经酸性洗涤剂浸煮，再用水、丙酮洗涤后不溶解的残渣为酸性洗涤纤维。

(2)仪器设备

① 分析天平：感量0.000 1g。

② 电热恒温干燥箱(烘箱)。

③ 可调温电炉或电热板。

④ 消煮器：配冷凝球，600mL高型烧杯或配冷凝管的三角烧瓶。

⑤ 玻璃砂漏斗。

⑥ 干燥器：无水氯化钙或变色硅胶为干燥剂。

⑦ 抽滤装置：500~1 000mL抽滤瓶和真空泵或水抽泵。

⑧ 量筒：100mL。

⑨ 标准筛：孔径1.10mm。

⑩ 实验室用试样粉碎机或研钵。

(3)试剂和溶液

① 硫酸：化学纯。

② 丙酮(CH_3COCH_3)：化学纯。

③ 十六烷基三甲基溴化铵($C_{19}H_{42}NBr$，CTAB)：化学纯。

④ 1.00mol/L硫酸溶液：按GB/T 625—2007配制并标定。

⑤ 酸性洗涤剂(2%十六烷基三甲基溴化铵)：称取20g十六烷基三甲基溴化铵溶于1 000mL 1.00mol/L硫酸溶液中，搅拌溶解。

(4)测定步骤

① 消煮：准确称取1g试样(通过40目筛)置于高型烧杯中，加入100mL酸性洗涤剂；将烧杯放在消煮器上，套上冷凝装置，快速加热至沸消煮，并持续保持微沸1h。

② 洗涤：煮沸完毕后，趁热用已知质量的玻璃坩埚抽滤，并用沸水反复冲洗玻璃砂漏斗及残渣，至滤液清澈无泡沫(中性)为止；用20mL丙酮冲洗剩余物3次，抽滤至滤出液无色为止。

③ 称重：将玻璃砂漏斗和剩余物置于105℃烘箱中烘干3~4h后，在干燥器中冷却30min称重，再烘干30min，冷却，称量，直称至2次称量之差小于0.002g为恒量。

(5)结果计算 ADF含量的计算：

$$ADF(\%) = \frac{m_1 - m_2}{m} \times 100\%$$

式中：m_1——玻璃砂漏斗和剩余物质的总质量，g；

m_2——玻璃砂漏斗质量，g；

m——试样质量，g。

(三)非淀粉多糖的测定

非淀粉多糖(non-starch polysaccharides，NSP)是指淀粉以外的多糖，主要有纤维素、半纤维素、木质素等。

1. 原理

ADF经72%硫酸处理，纤维素被溶解，剩余的残渣为木质素和硅酸盐，从ADF值中减去72%硫酸处理后的残渣为饲料的纤维含量。将72%硫酸处理后的残渣灰化，其灰分为饲料中硅酸盐的含量，在灰化过程中逸出的部分为酸性洗涤木质素(ADL)的含量。

2. 测定步骤

① 同酸性洗涤纤维测定步骤。

② 将酸性洗涤纤维加入72%硫酸，在20℃消化3h后过滤，并冲洗至中性。消化过程中溶解部分为纤维素，不溶解的残渣为酸性洗涤木质素，将残渣烘干并灼烧灰化后即可得出酸性洗涤木质素的含量。

3. 结果计算

(1)半纤维素含量的计算

$$半纤维素(\%) = NDF(\%) - ADF(\%)$$

(2)纤维素含量的计算

$$纤维素(\%) = ADF(\%) - 经72\%硫酸处理后的残渣(\%)$$

(3)酸性洗涤木质素含量的计算

$$ADL(\%) = 残渣(\%) - 灰分(硅酸盐,\%)$$

4. 注意事项

① 消煮试样时要不时摇动锥形瓶，以充分混合内容物，并避免试样沾到锥形瓶壁上。

② 洗涤滤器中的残渣时，加入沸水不能过满，以滤器体积的 2/3 为宜。

③ 洗涤滤器中的残渣时，应打碎残渣的团块，并浸泡 15~30s 后抽滤，使溶剂能浸透纤维。

四、脂类的测定

脂肪是饲料中的三大有机物质之一，是动物体和饲料的重要组成成分，具有重要的营养生理功能。脂肪含量较高的饲料具有较高的生理热能，但该类饲料贮存过久，其中的脂肪经光、热、水、空气或微生物的作用容易产生酸败。酸败的脂肪有刺激性异味，影响饲料的适口性，并且脂肪酸败的产物如低分子的醛、酮对动物有一定的毒性，可能会引起动物的中毒。因此，准确测定饲料的脂肪具有重要的意义。

脂肪的测定方法有很多，目前多采用低沸点的有机溶剂直接提取。最常用的提取溶剂有无水乙醚、石油醚或氯仿等。用无水乙醚提取饲料中的脂肪时，除了甘油酯外，还有游离的脂肪酸、磷脂、色素以及脂溶性维生素等，因此，测定的脂肪被称为粗脂肪或醚浸出物。与其他概略养分分析相似，用有机溶剂提取饲料中的脂肪的测定方法准确度不高，谷实类饲料的乙醚提取物中真脂肪约为 86%，而青饲料的乙醚提取物中的真脂肪很少，大部分为叶绿素等色素。本节主要介绍国家标准中使用的索氏提取法测定饲料中粗脂肪的方法，并附有脂肪酸的测定方法。

(一) 粗脂肪的测定

1. 适用范围

各种单一饲料、配合饲料、预混料、畜体、畜产品及粪。

2. 原理

根据饲料试样中的油脂可溶于有机溶剂如乙醚，在索氏脂肪提取器中用乙醚反复提取试样，使溶于乙醚中的脂肪随乙醚流注于盛醚瓶中，由于乙醚和脂肪的沸点不同，通过控制水浴温度，蒸发掉盛醚瓶中的乙醚，则盛醚瓶所增加的质量即为该试样的脂肪量。

3. 仪器设备

① 实验室用试样粉碎机或研钵。

② 标准筛：孔径 0.42mm（40 目）。

③ 分析天平：感量 0.000 1g。

④ 电热恒温水浴锅：室温~100℃。

⑤ 电热恒温干燥箱：50~200℃。

⑥ 索氏脂肪提取器（图 3-2）。

⑦ 滤纸或滤纸筒：中速，脱脂。

⑧ 称量瓶：直径 60mm、高 30mm。

⑨ 干燥器：用氯化钙（干燥试剂）或变色硅胶作干燥剂。

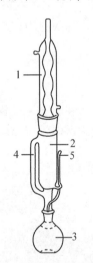

图 3-2 索氏脂肪提取器
1. 冷凝器；2. 抽脂腔；3. 盛醚瓶；
4. 蒸汽管；5. 虹吸管

4. 试剂和溶液

无水乙醚(分析纯)。

5. 试样制备

选取具有代表性的试样,用四分法将试样缩分至 500g。粉碎至过 40 目筛,再用四分法缩分至 200g,装于密封容器中保存,放于阴凉干燥处,以防试样成分变化和变质。

6. 测定步骤

① 索氏脂肪提取器的清洗、安装及检查:将全套索氏脂肪提取器洗净,在 100~105℃ 的烘箱内烘干;依图 3-2 安装索氏脂肪提取装置,并检查其严密性。

② 滤纸包恒重及称样:将折叠好的滤纸包(折叠方法见说明中相关内容),放入洗净并与滤纸包编号一致的称量瓶内。用硫酸纸准确称取试样 1~5g(记为风干试样质量 m),精确至 0.000 1g,装入已编号的滤纸包内,与对应称量瓶一起放入 (105 ± 2)℃ 烘箱中烘干 3h,取出恒重,方法同干物质的测定,以较低的数值作为"空滤纸包+称量瓶+全干试样"总重(记为 m_1)。

③ 粗脂肪的抽提:

a. 装样:用长柄镊子将滤纸包放入抽提腔内,由抽提腔上口加乙醚,加至虹吸管高度 2/3 处即可,然后浸泡过夜。

b. 抽提:抽提前,先将乙醚加至虹吸管高度处,则乙醚自动流入盛醚瓶中,再加乙醚至虹吸管 2/3 处;然后,在 60~75℃(冬季可适当提高水浴温度)的水浴(用蒸馏水)上加热,并打开冷凝水,使乙醚回流,控制乙醚回流次数约为 10 次/h,共回流约 50 次(含粗脂肪高的试样约 70 次)或检查抽提管流出的乙醚挥发后不留下残痕为抽提终点。

④ 残样包的恒重:抽提完毕后,取出滤纸包放入称量瓶中,称量瓶盖稍留缝隙,先置通风橱中 10~30min,使残样包中的乙醚挥发,然后放入烘箱中。先使烘箱门开 1/5,在 60℃ 左右烘约 30min,以驱出残样包中残余的乙醚(严格遵守此操作规程,否则会酿成严重事故)。然后再升高温度至 (105 ± 2)℃,烘干 2h,在干燥器中冷却 30min,精确至 0.000 1g。再烘干 1h,同样冷却,称重,直至 2 次质量之差小于 0.000 5g 为恒重。并以较低的数值作为"空滤纸包+称量瓶+残样"质量(记为 m_2)。

⑤ 乙醚回收:取出滤纸包后,将索氏脂肪提取装置安装好,再回流一次,以冲洗抽提管。继续蒸馏,当抽提管中乙醚到虹吸管高度的 2/3 时,向虹吸管一侧倾斜抽提管,则可由抽提管下口回收乙醚。如此反复,直至盛醚瓶中乙醚约为原来的 1/5 时为止。

7. 结果计算

计算公式如下:

$$粗脂肪(\%) = \frac{m_1 - m_2}{m} \times 100\%$$

式中:m_1——"空滤纸包+称量瓶+全干试样"总质量,g;

m_2——"空滤纸包+称量瓶+残样"质量,g;

m——风干试样质量,g。

8. 注意事项

① 每个试样应取 2 个平行试样进行测定,以其算术平均值为结果。当粗脂肪含量大于 10%(含 10%)时,允许相对偏差为 3%;当粗脂肪含量小于 10%时,允许相对偏差为 5%。

② 索氏脂肪提取器应于实验前洗净并烘干，否则会因试样中某些养分溶于水而造成误差。实验所用乙醚也应为无水乙醚。

③ 试样的粗脂肪含量不同时，抽提时间不尽相同，可参照表 3-1 经验数据决定。

表 3-1　样本抽提时间与粗脂肪含量的关系

估计粗脂肪含量/%	抽提时间/h	估计粗脂肪含量/%	抽提时间/h
<5	8	>20	16
5~20	12		

④ 滤纸包的折叠方法如图 3-3 所示：a. 将所给直径 15cm 的滤纸纵折一半，在距开口一侧 1.5cm 处连续向内折叠 2 次，即得到一个宽为 4.5cm 的双层滤纸条（图 3-3a、b）。b. 将此双层滤纸条的下端向右直角折叠，使横边宽 4.5cm（图 3-3c）。c. 再将突出部分折向背侧（图 3-3d），在滤纸条下方即可得一等边直角三角形。d. 将该三角形的下侧方的一角向上沿滤纸条垂直方向折起约 3.5cm，则形成一纸袋（图 3-3e）。e. 将突出的小角向内折叠插入纸袋（图 3-3f），即完成滤纸包一端的封闭。然后，同样的方法可将滤纸包的另一端封闭。另外，折叠或装样于滤纸包时，必须将手洗净或戴上干净手套操作。

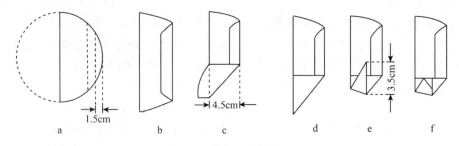

图 3-3　滤纸包的折叠方法

(二)脂肪酸的测定

1. 适用范围

适用于动植物脂肪、配制动物饲料的油类和混合脂肪酸，以及配合饲料脂肪的提取物中脂肪酸的测定。

2. 仪器设备

① 分析天平：感量 0.000 1g。

② 振荡器。

③ 电热恒温水浴锅。

④ 试管：50mL 带封盖。

⑤ 气相色谱仪：色谱柱为 DB-23（J & W Scientific，60.0m×250μm×0.25μm）；进样口：分流比 20∶1，250℃；载气：氦气，1.0mL/min；FID 检测器：工作温度 280℃；氢气流速 40mL/min；空气流速 450mL/min；尾吹气(He)流速 50mL/min；升温程序：180℃保持 15min，3℃/min 升温至 230℃保持 5min。

3. 试剂和溶液

① 氯乙酰甲醇溶液：将 10.0mL 氯乙酰在磁力搅拌下缓慢滴加到 100mL 无水甲醇中。

② 正己烷：分析纯。
③ 60g/L 碳酸钾溶液：称取 6g 分析纯碳酸钾，溶解于 100mL 蒸馏水中。
④ 1mg/mL 内标溶液：溶解 100mg 十九碳脂肪酸甲酯（或十七碳脂肪酸甲酯）于约 80mL 正己烷中，定容至 100mL。

4. 测定步骤

① 准确称取 50~500mg（含脂肪 10~50mg）干样于 50mL 带密封盖的试管中。
② 依次加 1mg/mL 内标溶液 5mL，氯乙酰甲醇溶液 3~4mL，拧紧盖子，在振荡器上振荡 1min。
③ 80℃水浴 2h，取出冷却。
④ 加入 60g/L 碳酸钾溶液 5mL，振荡 1min，静置或离心分层，取上层液上机测定。

5. 结果计算

（1）方法 1

$$\omega_i = \frac{A_i \times m_{C19:0}/A_{C19:0}}{m} \times 100\%$$

式中：ω_i——第 i 某种脂肪酸占试样的质量分数；
A_i——第 i 种脂肪酸的峰面积；
$m_{C19:0}$——内标物质量；
$A_{C19:0}$——内标峰面积；
m——试样质量。

（2）方法 2

$$\omega_i = \frac{A_i}{\sum A_i - A_{C19:0}} \times 100\%$$

式中：ω_i——第 i 某种脂肪酸占试样总脂肪的质量分数；
A_i——第 i 种脂肪酸的峰面积；
$A_{C19:0}$——内标峰面积。

五、灰分的测定

灰分为饲料经高温（550℃）灼烧后残留的无机物或矿物质的总称，主要成分为氧化物和无机盐。此外，还有混入的泥沙等杂质，因此在饲料分析中称为粗灰分。酸不溶灰分即灰分中不能被酸（一般指非氧化性酸，如盐酸、稀硫酸）溶解的部分。本节主要介绍饲料中粗灰分的测定方法，并附有酸不溶灰分的测定方法。

（一）粗灰分的测定

1. 适用范围

各种单一饲料、配合饲料、浓缩饲料、畜体、畜产品、粪、尿。

2. 原理

试样在 550℃灼烧后所得残渣，称为灰分（矿物质）。残渣中主要是氧化物、盐类等矿物质,也包括混入饲料中的沙石、土等,故称粗灰分。在灼烧过程中,试样中的有机物质因被氧化而逸失。

3. 仪器设备

① 实验室用试样粉碎机或研钵。
② 标准筛:孔径0.42mm(40目)。
③ 分析天平:感量0.0001g。
④ 高温炉。
⑤ 坩埚:瓷质,容积50mL。
⑥ 干燥器:用氯化钙(干燥试剂)或变色硅胶作干燥剂。

4. 试样制备

选取具有代表性的试样,粉碎至40目,用四分法缩分至200g,装入密封容器中,放在阴凉干燥处,以防试样组分变化或变质。

5. 测定步骤

① 坩埚恒重:新购坩埚用25%盐酸溶液浸泡煮沸1~2h,取出后用水冲洗干净晾干。将编好号的坩埚放入高温炉中,在(550±20)℃下灼烧30min,取出,放入干燥器冷却30min,称重。再重复灼烧、冷却、称重,直至2次质量之差小于0.0005g为恒重,并以较低数值为坩埚质量(记为m_0)。

② 称样及炭化:用已恒重的坩埚称取2~5g试样(精确至0.0001g),并记录试样质量(记为风干试样重m)。在高温炉内小心炭化,并注意将坩埚盖打开一部分,便于气体流通。在炭化过程中,应先在低温条件下进行,否则可能由于物质进行剧烈的干馏而使部分试样颗粒被逸出的气体带走(这点非常重要,须特别注意)。待试样灼烧至无烟后升温灼烧,进行灰化。

③ 灰化:炭化后将炉温升至(550±20)℃下灼烧3h,至试样无碳粒,取出,在空气中冷却约1min,放入干燥器冷却30min,称重。再同样灼烧1h,冷却,称重,直至2次质量之差小于0.001g为恒重,并以较低数值为灰化后"坩埚+灰分"质量(记为m_1)。

6. 结果计算

计算公式如下:

$$粗灰分(\%) = \frac{m_1 - m_0}{m} \times 100\%$$

式中:m_0——坩埚质量,g;
m_1——灰化后"坩埚+灰分"质量,g;
m——风干试样质量,g。

7. 注意事项

① 每个试样应称2份平行试样进行测定,以其算术平均值为分析结果。当粗灰分含量大于5%时,允许相对偏差为1%;粗灰分含量小于5%时,允许相对偏差为5%。
② 若为新坩埚,则需用三氯化铁墨水编号。
③ 坩埚加高热后,坩埚钳应烧热后再夹坩埚。
④ 用电炉炭化时应小心,以防炭化过快,试样飞溅。
⑤ 灰化后试样应呈白灰色,但其颜色与试样中各元素含量有关,含铁高为红棕色,含锰

高为淡蓝色。如有黑色碳粒时,为灰化不完全,可在冷却后加几滴硝酸或过氧化氢,在电炉上烧干后再放入高温炉灼烧直至呈白灰色。

(二)酸不溶灰分的测定

1. 适用范围

适用于有机的单一饲料、配合饲料中的酸不溶灰分的测定。

2. 原理

通过灰化将试样中的有机物分解,获得的灰分用盐酸处理,过滤混合物,然后干燥,称其残渣的质量。

3. 仪器设备

① 分析天平:感量 0.000 1g。

② 高温炉。

③ 电热恒温干燥箱:温度控制在(105±2)℃。

④ 电热板、燃烧器或电炉。

⑤ 煅烧器皿:铂或铂金制品(如10%铂、90%金)或在实验条件下不受影响的其他材质(如50mL 瓷坩埚)。

⑥ 干燥器:盛有有效的干燥剂。

4. 试剂和溶液

① 3mol/L 盐酸溶液。

② 200g/L 三氯乙酸溶液。

③ 10g/L 三氯乙酸溶液。

5. 试样制备

试样制备按 GB/T 20195—2006 执行。

6. 测定步骤

① 称样:器皿放入高温炉,于550℃灼烧至少 30min,移入干燥器中冷却至室温,称重,精确至 0.000 1g,称量 5g 试样至恒重的器皿,精确至 0.000 1g。

② 测定:将盛有试样的器皿放于电热板、燃烧器或电炉上,逐渐加热至试样炭化,转入炉内,设定温度为 550℃灼烧 3h。仔细观察灰分中是否有碳粒,如果无碳粒,将器皿继续放于高温炉中灼烧 1h。如果有碳粒或怀疑有碳粒,让器皿冷却并用蒸馏水润湿,在(105±2)℃的干燥箱中将其小心蒸发至干,再将器皿放入炉内灼烧 1h,于干燥器中冷却至室温。

③ 将得到的灰分用 75mL 稀盐酸转移到 250~400mL 烧杯中,在电热板、燃烧器或电炉上小心加热沸腾 15min,用不含灰分滤纸过滤,热水冲洗滤纸与残渣,直至洗液中不呈酸性。将带有残渣的滤纸置于煅烧器皿上,置于干燥箱中,(105±2)℃烘 2h,将器皿放入高温炉,550℃灼烧 30min。放入干燥器内冷却后称重,精确至 0.000 1g。再次放于高温炉内,550℃灼烧 30min。于干燥器内冷却至室温,称重,精确至 0.000 1g。

④ 同一试样应取 2 份进行平行测定。

7. 结果计算

计算公式如下:

$$酸不溶灰分(\%) = \frac{m_2 - m_0}{m_1 - m_0} \times 100\%$$

式中：m_2——煅烧器皿与盐酸不溶灰分的总质量，g；

m_0——空煅烧器皿质量，g；

m_1——煅烧器皿与试样的总质量，g。

六、无氮浸出物的计算

无氮浸出物为饲料中的可溶性碳水化合物的总称，主要包括淀粉、葡萄糖、果糖、蔗糖、糊精、有机酸和不属于纤维素的其他碳水化合物，如半纤维素及部分木质素。不同种类的饲料上述成分的比例差异很大。

(一)无氮浸出物的计算

1. 适用范围

饲料、粪。

2. 原理

饲料中无氮浸出物主要包括淀粉、双糖、单糖、低分子有机酸和不属于纤维素的其他碳水化合物等。由于无氮浸出物的成分比较复杂，一般不进行分析，仅根据饲料中其他营养成分的分析结果，采用差减法计算而得，饲料中各种营养成分都包括在干物质中，因此饲料中无氮浸出物含量可按下式计算：

无氮浸出物(%) = 干物质(%) − [粗蛋白质(%) + 粗脂肪(%) + 粗纤维(%) + 粗灰分(%)]

由于不同种类饲料的无氮浸出物所含上述各种养分的比例差异很大，特别是木质素，因此无氮浸出物的营养价值也相差悬殊。

3. 结果计算

① 风干试样中无氮浸出物含量的计算：根据风干试样中各种营养成分的分析结果，直接代入公式计算。

② 新鲜试样中无氮浸出物含量的计算：如果试样是新鲜饲料，首先需计算总水分，得出新鲜试样的干物质含量，然后根据下式，将测得的风干试样各种营养成分含量的结果换算成新鲜饲料中各种营养成分含量。

$$新鲜试样中某营养成分(\%) = 风干试样中该营养成分(\%) \times \frac{新鲜试样中干物质(\%)}{风干试样中干物质(\%)}$$

新鲜试样中干物质、粗蛋白质、粗脂肪、粗纤维和粗灰分的含量均换算完毕后，便可代入公式计算新鲜试样中的无氮浸出物含量。

4. 注意事项

① 参与计算的各种概略养分的含量，必须是在水分含量一致的情况下的含量，否则应进行同一基础换算。

② 动物性饲料因不含有无氮浸出物，可不计算其含量。

(二)可溶性糖的测定

1. 适用范围

各种单一饲料、配合饲料和浓缩饲料。

2. 原理

还原糖是指含有自由醛基或酮基、具有还原性的糖类。黄色的3,5-二硝基水杨酸(DNS)试剂与还原糖在碱性条件下共热后,自身被还原为棕红色的3-氨基-5-硝基水杨酸。在一定范围内,反应液里棕红色的深浅与还原糖的含量成正比,在波长为540nm处测定溶液的吸光度,查标准曲线并计算,便可求得试样中还原糖的含量。不具还原性的部分双糖或多糖经酸水解后可彻底分解为具有还原性的单糖。通过对试样中的总糖进行酸水解,测定水解后还原糖含量,可计算出试样的含量。由于多糖水解为单糖时,每断裂一个糖苷键需加入一分子水,所以在计算多糖含量时应乘以系数0.9。

3. 仪器设备

① 分光光度计。
② 电热恒温水浴锅。
③ 试管及试管架。
④ 容量瓶。
⑤ 移液器。
⑥ 量筒。
⑦ 分析天平:感量0.000 1g。

4. 试剂和溶液

① 1mg/mL葡萄糖标准液:准确称取80℃烘至恒重的分析纯葡萄糖100mg,置于小烧杯中,加少量蒸馏水溶解后,转移到100mL容量瓶中,用蒸馏水定容至100mL,混匀,4℃冰箱中保存备用。

② DNS试剂:将6.3g DNS和262mL 2mol/L的氢氧化钠溶液,加到500mL含有185g酒石酸钾钠的热水溶液中,再加5g结晶酚和5g亚硫酸钠,搅拌溶解,冷却后加蒸馏水定容至1 000mL,贮于棕色瓶中,7~10d后使用。

5. 测定步骤

① 葡萄糖标准曲线制作:取9支具塞刻度试管,编号,按表3-2分别加入浓度为1mg/mL的葡萄糖标准液、蒸馏水和DNS试剂,配成不同浓度的葡萄糖反应液。

表3-2 葡萄糖标准曲线制作

试 剂	0	1	2	3	4	5	6	7	8
葡萄糖标准溶液/mL	0	0.2	0.4	0.6	0.8	1.0	1.2	1.4	1.6
蒸馏水/mL	2	1.8	1.6	1.4	1.2	1.0	0.8	0.6	0.4
DNS/mL	1.5	1.5	1.5	1.5	1.5	1.5	1.5	1.5	1.5
葡萄糖含量/mg	0	0.2	0.4	0.6	0.8	1.0	1.2	1.4	1.6
OD_{540}									

将以上溶液，封口置沸水浴煮 5min，冷却后，定容至 25mL，以 0 号管为对照，在 540nm 下测定吸光值，以葡萄糖质量为 Y 轴，吸光值为 X 轴，拟合曲线。

② 试样中还原糖的提取：准确称取 1.00g 试样，放入 100mL 烧杯中，先用少量蒸馏水调成糊状，然后补足至 50mL 蒸馏水，搅匀，煮沸 5min，使还原糖浸出。将浸出液（含沉淀）转移到 50mL 离心管中，于 4 000r/min 离心 5min，沉淀可用 20mL 蒸馏水洗一次，再离心，将 2 次离心的上清液收集在 100mL 容量瓶中，用蒸馏水定容至刻度，混匀，即为稀释 100 倍的还原糖待测液（实验时可根据需要稀释至适当倍数）。

③ 试样中总糖的水解和提取：准确称取 1.00g 试样，放入 100mL 锥形瓶中，加 15mL 蒸馏水及 10mL 6mol/L 的盐酸溶液，置沸水浴中加热水解 30min（1 滴酚酞试剂检测呈微红）。待锥形瓶中的水解液冷却后，加入 1 滴酚酞指示剂，用 6mol/L 的氢氧化钠溶液中和至微红色（中性），用蒸馏水定容在 100mL 容量瓶中，混匀，即为稀释 100 倍总糖待测液（实验时可根据需要稀释至适当倍数）。

④ 还原糖和总糖的测定：取 4 支具塞试管，编号 0、1、2、3。以制作标准曲线相同的方法，在 1~3 号试管分别加入 1mL 待测液、1mL 蒸馏水、1.5mL DNS（保证与葡萄糖标准曲线制作相同的反应体系），而对照的 0 号管内则加 2mL 蒸馏水、1.5mL DNS。封口置沸水浴煮 5min，冷却，定容至 25mL。在 540nm 下测吸光值（表 3-3）。

表 3-3　试样还原糖测定

试　剂	0	1	2	3
试样溶液/mL	0	1.0	1.0	1.0
蒸馏水/mL	2.0	1.0	1.0	1.0
DNS/mL	1.5	1.5	1.5	1.5
通过标准曲线计算得到的还原糖量/mg				
OD_{540}				
试样中还原糖或总糖质量分数/%				

6. 结果计算

计算光密度的平均值，根据所得标准曲线即可得到还原糖的质量，按下式计算试样还原糖和总糖的含量。计算公式如下：

$$\omega_1(\%) = \frac{c \times V}{m} \times 100\%$$

$$\omega_2(\%) = \omega_1 \times 0.9$$

式中：ω_1——还原糖（以葡萄糖计）的质量分数，%；

ω_2——总糖的质量分数，%；

c——还原糖或总糖提取液浓度，mg/mL，本公式中 c 即为根据标准曲线计算得到的还原糖毫克数（测定时取用体积为 1mL）；

V——提取液的总体积，mL（提取液的总体积即为稀释倍数）；

m——试样质量，mg。

7. 注意事项

试样的稀释倍数要保证计算得到的葡萄糖浓度在标准曲线线性关系良好范围内。OD_{540} 在 0.1~0.4 范围内数据较为真实。

思考题

1. 简述饲料中常规营养成分分析方法的局限性。
2. 饲料中的水分有几种存在形态？生产中测定饲料中水分有何意义？
3. 简述凯氏定氮法测定饲料中粗蛋白质含量的原理和主要步骤。
4. 凯氏定氮法测定饲料中粗蛋白质含量时，"蒸馏和吸收"的操作中应注意哪些问题？
5. 简述索氏浸提法测定饲料中粗脂肪的原理。
6. 简述酸碱水解法测定饲料中粗纤维含量的缺点和强制公认的条件是什么？
7. 测定饲料中粗灰分的操作过程中，从高温电炉中取出坩埚时为什么要在空气中冷却1min？
8. 饲料中的无氮浸出物包括哪些成分？如何确定其含量？

（曹阳春）

第四章
饲料能值的测定

测定饲草饲料、粪、尿、动物产品的能值是研究动物体能量代谢利用效率的前提。通过测定饲料的总能(gross energy，GE)、消化能(digestible energy，DE)、代谢能(metabolizable energy，ME)和净能(net energy，NE)，在不同的层次上评价饲料的能值。

本章以 GR-3500 型氧弹式热量计为例，介绍其结构、主要功能和使用方法；简介 Parr 6300 型自动热量计的操作规程。

一、氧弹式热量计测定

(一)适用范围

本方法适用于饲草饲料、配合饲料、动物粪、尿、产品及其机体组织。

(二)原理

根据热力学第一定律，不同形式的能量在传递与转换过程中守恒的定律。一个热化学反应，只要其开始与终末状态一定，则反应的热效应就一定，有机物几乎都能完全氧化，且反应很快，因此便可以准确地测定燃烧热。所测的燃烧热也可以计算反应的热效应和化合物的生成热。

单位质量某物质的燃烧热即为该物质的热价，通常以 kJ/g 或 MJ/kg 为单位。饲料的热能即饲料的燃烧热，是饲料中有机化合物完全氧化后释放的热量，也称总能。

测定热量的仪器称为热量计，包括恒温式热量计和绝热式热量计两大类。目前使用较多的是等温氧弹式及其改进型的热量计，其测定原理是：将易压制的待测试样压制成一定硬度的锭状，不易压制的饲料试样放入易燃烧的聚乙烯袋中，装于充有 2.0~2.5MPa 纯氧弹中完全燃烧，温度上升，放出的热量被氧弹周围已知质量的蒸馏水及整个热量计体系吸收。根据燃烧前后温度的变化和热量计的热容量，即可算出该试样所含的热量。

(三)仪器设备

① 氧弹式热量计(以 GR-3500 型为例)。
② 氧气钢瓶(附氧气减压阀)及支架(氧气纯度 99.5%，不允许使用电解氧)。
③ 分析天平：感量 0.000 1g。
④ 天平：感量 0.5g。
⑤ 引火丝：直径 0.1mm 左右的铝、铁、铜、镍铬丝或其他已知热值的金属丝。
⑥ 碱式滴定管。

⑦ 烧杯：250mL。
⑧ 量筒：10mL。

(四) 试剂和溶液

① 苯酸钾：分析纯。
② 0.1mol/L 氢氧化钠标准液。
③ 10g/L 酚酞指示剂。

(五) 试样制备

(1) 风干试样
① 普通试样：试样风干后粉碎过 40 目标准筛后贮存。测定时，试样用压样机压制成锭状，约 1~1.5g。同时，测定试样的含水量，换算成干物质基础的热价。为防止试样在压制过程中的湿度增加或损失，应采取一定的预防措施以便最近测定的试样水分含量能被用于将来的计算。
② 脂肪含量较高的风干试样：不能使用压样机，应将试样放入易燃烧的聚乙烯袋中，将试样随着聚乙烯袋一起放入燃烧。

(2) 液体试样　将已知热值的聚乙烯袋称重，精确至 0.1mg。将聚乙烯袋放入烧杯中称重，待测液体试样倒入聚乙烯袋中再次进行称重，在室温下放入真空箱将液体蒸发干，或将液体冻干。直至完全干燥后，将试样放入有引火丝的坩埚中，再一起放入氧弹中。

(3) 新鲜试样
① 粪样：将粪样风干后，压制成锭状，测量方法同风干样。
② 尿样：将收集的尿样先过滤，按照尿样：硫酸(1∶4)放入加有 0.036mol/L 硫酸进行酸化，并加入少量的 5-甲基-2-异丙基苯酚或氟化钠密封保存；取 25mL 的尿样，倒入含有已知热值和质量的聚乙烯袋的烧杯中，称量。再按液体试样的方法将尿样进行干燥处理，干燥处理时，应小心抽真空，因为酸化的尿样中含有许多溶解的二氧化碳。

(六) 氧弹式热量计结构

氧弹式热量计型号很多，自动化程度越来越高，但基本上都是在 GR-3500 型的基础上发展起来的，下面以 GR-3500 型氧弹式热量计为例，介绍其结构及操作步骤。

氧弹式热量计的主体部分主要由氧弹、金属内筒和外筒组成。此外还有压样器、贝克曼温度计、中心控制箱、弹头座、电动搅拌器、氧气瓶、氧气减压阀及氧气过滤器等附件。GR-3500 型氧弹式热量计结构示意如图 4-1 所示。

1. 氧弹

氧弹是热量计的核心，由耐酸的不锈钢制成，包括弹体和弹头两部分，容积约 300mL。

(1) 弹体　是一个厚壁圆筒，筒口有螺纹。螺帽与弹头间嵌有耐酸橡皮圈。当试样燃烧时，弹内压力增加，弹头压紧螺帽，使橡皮圈向侧面膨胀从而与弹体筒口壁密合。弹内压力越大，则气密性也越严。

(2) 弹头　弹头上有进气阀、放气阀和电极栓。进气阀在弹头内有止围阀，止围阀可防止

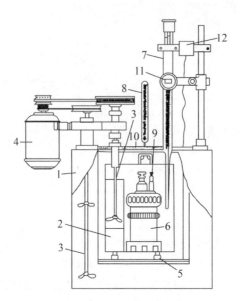

图 4-1 GR-3500 型氧弹式热量计结构示意
1. 外筒；2. 内筒；3. 搅拌器；4. 搅拌马达；5. 绝热支架；6. 氧弹；7. 贝克曼温度计；
8. 玻套温度计；9. 电极；10. 盖子；11. 放大镜；12. 电动振动装置

弹内氧气溢出。燃烧后的弹内气体可通过放气阀排出。进气阀下连一根金属进气管，可同时作充氧和电极用。金属棒上装有坩埚架，用来放置坩埚。氧气由进气阀经进气管充入弹体。弹头上还另有一独立电极（电极栓），向下有一个金属棒与进气管一起构成 2 个电极。金属棒上装有坩埚架，用来放置坩埚。待测试样置于坩埚内，通电后由连在两电极间的引火丝点燃试样。进气管上固定有遮板，防止试样燃烧时火焰直接喷向弹头，并使产生的热流经遮板反射后，较均匀地分布于氧弹内。

GR-3500 型氧弹式热量计氧弹的纵剖面示意如图 4-2 所示。

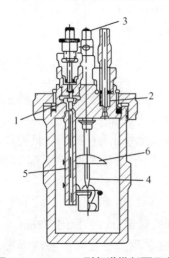

图 4-2 GR-3500 型氧弹纵剖面示意
1. 充氧阀门；2. 放氧阀门；3. 电极；
4. 电极及坩埚架组件；5. 充气管；
6. 燃烧挡板

2. 外筒与内筒

（1）外筒 为热量计的隔热装置，是铜制的双壁套筒。实验时通过注水口注满蒸馏水，通过套筒搅拌器，使筒内水温均匀，形成恒温环境。注水口用橡皮塞固定一支普通温度计用来测量外筒水温。

（2）内筒 呈梨形，是双壁镀镍的铜制容器。实验时，内筒中装入一定质量的蒸馏水，放在外筒中央的绝热支架上，氧弹放在其中。

3. 搅拌装置

内、外筒搅拌器由同一搅拌马达同步驱动。内筒搅拌器可拆卸。外筒搅拌器转速为 300r/min；内筒为 500r/min。通过搅拌系统的运动，可加速水的循环，使水温很快均匀一致。

4. 测温装置

GR-3500 型氧弹式热量计测温装置包括贝克曼温度计及其固定支架、放大镜、振动器和照明灯等。

贝克曼温度计为精密的测温仪器，没有固定的度数，只用于测量温度差，温度计上最小刻度为 0.01℃，通过放大镜可估读到 0.001℃。温度计的刻度范围很小，仅 0~5℃ 或 0~6℃。温度计一端有回线形储备泡，以贮存多余的水银，通过调节储备水银量可使温度计在 0~50℃ 范围内使用。

振动器、放大镜、照明灯都是用于准确读取温度计度数的。在温度升高的同时，温度计中的水银柱也会随之上升，然而水银上升时会与管壁发生摩擦，发生停滞现象进而影响测温的准确性。为消除这一影响，GR-3500 装有振动器，通过电磁作用定时振动，一定程度上消除水银的停滞现象。

5. 引燃装置与控制箱

引燃装置由控制箱上的点火开关控制，点火电压 24V，通过调节电流旋转按钮，通电后引火丝熔断，将试样点燃。使引火丝熔断的时间不超过 2s。

控制箱为一配电装置，可控制点火、振动、总电源、指示灯等。

6. 充氧装置

充氧装置由氧气瓶、氧气减压阀、氧气过滤器、导管及氧弹进气阀组成。氧弹充氧时仅需 (2.5±0.5)MPa 压力，氧气瓶的压力一般较高，所以有必要安装减压装置。减压阀当中有 2 个压力表，一个显示氧气瓶的瓶内压，另一个显示冲氧过程中的压力。减压阀可控制氧弹充氧时所需的压力。

氧气过滤器为一镀铬合金钢制成的厚壁圆筒，开端有塑料垫作密封圈，用螺帽扭紧，具有良好的密封性。筒内含有硅胶和氢氧化钠（各占一半）。硅胶用来吸收筒内的水分，氢氧化钠用来吸收二氧化碳。降压的氧气通过过滤器可除去可能存在的二氧化碳、水及其他酸性气体杂质，不用时将螺母拧紧，以防硅胶吸水而溶化。过滤剂每隔 90~180d 应更换 1 次。

充氧装置各连接部分，禁止使用润滑油。新仪器在使用前或任一连接部分被油污污染时，必须用汽油或乙醇洗净并吸干，以免通氧时发生意外爆炸。

7. 压样器

压样器将普通试样压成圆形锭状。为了防止生锈，可在易生锈的地方涂上凡士林，易于长时间保存。

8. 弹头座

弹头座专供放置弹头用，便于连接引火丝、取坩埚等操作。

(七) 测定步骤

1. 准备工作

测定前应擦净氧弹各部污物及油渍，以防试验时发生危险。氧气瓶应放在阴凉安全处，防止滑倒。检查热量计各部件是否齐全完好。

(1) 内、外筒水的准备　将纯水从外筒的注水口加注至上缘的 1.5cm 左右，放置 1d 以上，等待水温与室温大致相同才能使用（温差小于 0.5℃）。如筒中的水长期不用则下次使用时应全部换掉。

内筒水：将内筒洗净称量后放入 3kg（GR-3500）左右的蒸馏水，并调节水温。使内筒的温度略低于外筒温度 0.5~0.7℃，然后再准确称量，使内筒水的质量为 3kg，精确至 0.1~0.5g，并进行校正。

测定发热量过低的试样时，内筒水的初始温度不要求一定要低于外筒温度，只要终点温度能超过外筒温度 0.5~1.0℃，以使终点时温度有明显下降即可。

注意：每次试验时的用水量应与标定仪器热容量时的用水量一致。

(2) 压样、称样、连接引火丝　将坩埚洗净后放置电炉上灼烧 3~4min，放入干燥器中冷却备用。取 1~1.5g 的饲料试样（精确至 0.000 1g，过 40 目筛），用压样器压制成锭状，并放入已知质量的坩埚中，试样的高度应低于坩埚的高度。同时检测试样含水量，以便换算成绝干基础的热价。

量取 10cm 引火丝并准确称重（一般可量取 10 根以上引火丝，一次称重，取其平均值）。再换算成引火丝每厘米的热值，放置于弹头座上。将盛有试样的坩埚放置于坩埚支架上，并将引火丝固定于 2 个电极上使引火丝与试样接触，且保持一定距离防止易燃或易飞溅的试样溅出。

注意：切勿将引火丝接触坩埚，以免造成短路导致烧毁整个坩埚和支架。

(3) 加水及充氧　取 10mL 左右的蒸馏水注入弹体中，主要用来吸收试样燃烧中生成的五氧化二氮和三氧化硫气体，生成硝酸和硫酸。因此，在计算实际发热量时应当减去，注入的水量应与测定热量计热容量时相一致，可用量筒量取。

将弹头安装在弹体上后再将螺母拧紧。氧气瓶的导管接头与进气阀的螺口相连接，无需过分用力，防止造成磨损漏气。打开放气阀，往氧弹内充入氧气将装好引火丝和坩埚的氧弹头小心移到弹体上，用螺母将弹头与弹体拧紧，先充氧约 0.5MPa，使氧弹内空气排尽，然后关闭放气阀，调节减压阀，使充氧压力逐渐增至 2.5~3.0MPa，需时约 30s。当钢瓶中氧气压力不足 5MPa 时，充氧时间应适当延长，不足 4MPa 时则不能使用。

(4) 调整准备贝克曼温度计　贝克曼温度计水银柱在运动时，管壁之间发生摩擦而产生温度停滞现象，影响测温的准确性。为了防止上述现象发生，需要将振动器安置在温度计的支架上。

(5) 热量计的安装　调好水温，把准确称量好水的内筒放在外筒内的绝缘支架上，再把充好氧的氧弹小心地放入内筒，注意不要使水损失，以免影响试验的准确性。加入的水位应达到氧弹进气阀螺帽高度的 2/3 处。检查氧弹的气密性，如有气泡出现，表明氧弹漏气，应找出原因，加以纠正，重新操作。将电极、搅拌器安装好，外筒盖盖上，装上温度计，并使水银球中心位于氧弹高度的 1/2 处。温度计和搅拌器均不得接触氧弹和内筒。

一切准备就绪后，先检查控制箱上的点火开关是否处于关的位置，然后打开总电源、振动器、计时器等开关，开动搅伴器，搅拌 3~5min 后开始测定。

2. 测定工作

测定工作分为 3 期：燃烧前期、燃烧期、燃烧后期。

(1) 燃烧前期　也称初期，是试样燃烧之前的阶段，用以了解热由外筒传入内筒的速率。在搅拌机开始搅动的 3~5min 时，用放大镜观测筒内温度计的水温。温度上升至恒定时，开始读取数值即为初期初温。然后每隔 1min 读取一次，共 5min 读取 6 个温度数值。最后一次为初期末温，精确至 0.001℃。

读取温度时，应使视线、放大镜的中线和温度计水银柱表面位于同一水平上，将温度计上最小刻度通过放大镜估计成 10 个相等部分。读取温度值的位数如下：每 30 秒的温度升高大于 0.5℃时，观测到 0.1℃；每 30 秒的温度升高 0.1~0.5℃时，观测到 0.01℃；每 30 秒的温度升高小于 0.1℃时，观测到 0.001℃。每次读数前 5s 应振动贝克曼温度计，以便克服妨碍水银升降的毛细管张力的影响。

（2）燃烧期　也称主期，是试样的定量燃烧，产生的热量传给热量计，使量热体系温度上升的阶段。

燃烧前期（初期）读取最后一次温度的同时按点火按钮。此次读温作为燃烧前期的末温（初期末温），也是燃烧期初温（主期初温）。燃烧期内每30秒读记温度一次，直至温度不再上升而开始下降的第一次温度为止，表示燃烧结束，此时的温度作为燃烧期末温（主期末温）。

点火时的电压为24V，由于点火而进入热量计体系的电热通常可以忽略，但通电的时候每次都应相同，不应超过2s。如通电时间过久，则因点火而产生的热会影响测定结果的准确性。

（3）燃烧后期　也称末期。燃烧期结束即为燃烧后期（末期）的开始，其目的是测定热由内筒传向外筒的速率。在主期读取最后一次温度后，每分钟读记温度1次，共读取5次。主期的末温即为末期的初温，而末期最后一次读温即是末期末温。

整个测定工作集中在燃烧期，在这一阶段观察温度应该准确、迅速。燃烧前期与燃烧后期的工作主要是为了校正量热体系与周围环境间的热交换关系。

为了提高读数的准确性，已经有GR-3500型的改进型号，不再使用贝克曼温度计，而是通过精密测温探头自动显示温度读数。

3. 结束工作

在最后一次读温结束后，将搅拌器、电源关闭，先取出温度计，打开外筒盖取出搅拌器和氧弹。缓缓打开氧弹上的放气阀，5min左右放尽氧弹中的气体，检查氧弹，如氧弹中有黑粒或未燃烧尽的试样，则此次实验失败。如实验成功，则可取出剩下的引火丝，精确地测量其长度和质量。用蒸馏水仔细冲洗干净仪器的各个部分，将冲洗液和燃烧后的灰分移入干净的烧杯中，用于测定酸和硫的含量，以校正酸的生成热，但一般情况下酸的生成热非常小，约40J，通常可忽略不计。

氧弹、内筒、搅拌器等在使用后应用干布擦干净。各阀门应保持不关闭状态，并用电吹风将其接触部分吹干，防止阀门生锈漏气。

每次燃烧结束后，应清除坩埚中的残余物。普通坩埚在600℃烧3~4min即可去除可能存在的污物；铂金坩埚可在盐酸中煮沸，也可用氢氟酸加热去污；石英坩埚只能擦拭，因加热或用氢氟酸处理，都对石英有损害。

（八）结果计算

1. 饲料燃烧热计算

饲料燃烧热（Q）计算公式：

$$Q = \frac{KH[(T+R)-(T_0+R_0)+\Delta T]-qb}{m}$$

式中：Q——饲料或其他试样的燃烧热，J/g；

K——热量计的热容量，J/℃；

H——贝克曼温度计升高1℃相当于实际温度值，℃；

T——主期末温，℃；

T_0——主期初温，℃；

R——在T温度计刻度的校正值，℃；

R_0——在T_0温度计刻度的校正值，℃；

ΔT——热量计量体系与周围环境的热交换校正值，℃；

m——试样质量，g；
q——引火丝的热值，J/g 或 J/cm；
b——引火丝的质量或长度，g 或 cm。

试样测定的精确度：相对偏差不超过 0.2%，或试样 2 次平行测定结果允许相差不超过 150J/g。

引火丝热值：铁丝 6 700J/g；镍丝 3 242J/g；铜丝 2 500J/g；铝丝 420J/g。

2. 热交换校正值 ΔT

由于整个热量计在测定的过程中并非处于绝热状态，所以与周围环境存在着热交换。在点火燃烧前，内筒水温低于外筒 0.5~0.7℃，热由外筒向内筒辐射。点火燃烧之后，内筒温度上升超过外筒温度后，热则由内筒向外辐射。由于此种辐射的影响，观察的温度需要校正，内、外筒热辐射的关系如图 4-3 所示。

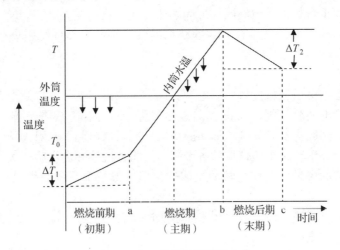

图 4-3　内、外筒热辐射的关系

对热交换值 ΔT，可用奔特公式校正，公式如下：

$$\Delta T = \frac{(V+V_1)}{2}W + V_1 r$$

式中：V——燃烧前期每 30 秒温度平均变化速率（负值）（以 10 次为标准）；
　　　V_1——燃烧后期每 30 秒温度平均变化速率（正值）（以 10 次为标准）；
　　　W——主期快速升温次数（每 30 秒温度上升超过 0.3℃ 的次数），其中点火后 30s 读取的一个数不管温度升高多少都记在 W 中；
　　　r——主期慢速升温次数（每 30 秒温度上升低于 0.3℃）。

奔特公式的依据：当点火燃烧之初，内筒水温迅速上升时，热量计体系和环境（外筒水温）之间热交换速度相当于燃烧前期和后期温度变化速率的算术平均数。而当温度上升较慢时，则相当于燃烧后期的冷却速度。

3. 热量计的热容量

(1) 量热体系　指热量计在测定过程中发生的热效应所能分布到的部位，由于考虑到水的变数（温度、质量），未将内筒水列入量热体系，所以现在规定用同一仪器测定热容量和发热量时，内筒水温基本一致，质量相同，这样使仪器热容量的测定变得简单、易行。

(2) 热容量　使整个量热体系温度升高 1℃ 所需的热量，即仪器的热容量，也称水当量，即与量热体系具有相同热容量的水的质量。仪器的热容量不是一个不变的常数，它会随着周围环境温度的变化而变化。在测定时，需先测知在该环境温度下仪器的热容量。贝克曼温度计所示的温度不是单纯表示水的温度，而是代表热量计整个体系的温度。

① 热容量的测定方法：用一定质量已知热值的纯有机化合物作为标样来代替饲料试样。其种类与热值分别为：苯甲酸 26 460J/g，水杨酸 21 945J/g，蔗糖 16 506J/g。

一般使用最多的是苯甲酸。苯甲酸应是经国家计量机关检定并注明热值的基准量热物。测定时先将苯甲酸研细，在 100~105℃ 烘箱中干燥 3~4h，再放到盛有浓硫酸的干燥器中干燥，直到每克苯甲酸的质量变化不大于 0.000 5g 时为止（一般应放置 3d 以上）。如果表面出现针状结晶，应用小刷刷掉，以防燃烧不完全。称取此苯甲酸 1.0~1.2g。用压样机压成片（有的标样已制成片），准确称重后按上述操作步骤进行测定。

② 其他热量来源的校正：使热量计量热体系温度发生变化的热量来源，除了苯甲酸燃烧产生的热量外，还包括引火丝本身燃烧产生的热量，酸的生成热及其水中的溶解热，以及因含硫不同而产生的不同硫酸生成热等，都必须加以校正。一般只校正引火丝的发热量和酸的生成热与溶解热，其他可忽略不计。

引火丝的发热量 = 引火丝的热值(J/g) × 实际燃烧的引火丝质量(g)
　　　　　　　 = 引火丝单位长度热值(J/cm) × 实际燃烧长度(cm)

为了测定酸的生成热和溶解热，应将测定结束后弹筒洗液（150~200mL）加盖微沸 5min。冷却后加 2 滴 1% 酚酞指示剂，以 0.1mol/L 氢氧化钠溶液滴定到粉红色并保持 15s 不变为止。酸的生成热与溶解热按每毫升 0.1mol/L 氢氧化钠溶液相当于 5.98J 热量计算。

热容量计算公式：

$$K = \frac{Qm + qb + 5.98V_{NaOH}}{H[(T+R) - (T_0+R_0) + \Delta T]}$$

式中：Q——苯甲酸的热值，J/g；

　　　m——苯甲酸的质量，g；

　　　V_{NaOH}——氢氧化钠的消耗量，mL；

　　　其他同前。

热量计的热容量应进行 5 次以上的重复试验，每 2 次间的极差不应超过 42J/g，若前 4 次间的极差不超过 21J/g 可以省去第 5 次测定。否则，再做 1 次或 2 次试验，取上述符合要求的测定结果的算术平均数，作为仪器的热容量。热容量值为正值，精确至 1J/℃。测定试样的条件应与测定热容量的条件相同。

③ 注意事项：

a. 测定仪器热容量时，如果 5 次测定的任何 2 次结果的极差都超过 42J/℃。则应对试验条件和操作技术仔细检查并纠正问题后，再重新进行标定，舍弃已有的全部结果。

b. 热容量标定值的有效期为 90d，超过此期限应进行复查。

c. 更换热量计大部件（如贝克曼温度计、氧弹、内筒、弹头或外筒盖等），热容量应重新测定（由厂家供给的或自制的相同规格的小部件如氧弹的密封圈、电板柱、螺母等不在此列）。

d. 标定热容量和测定发热量时的内筒温度相差超过 5℃，以及热量计位置有了较大变动等情况，热容量都应重新测定。

4. 酸生成热的校正

在充有高压氧的氧弹内，饲料试样中的氮燃绕时可生成五氧化二氮，并溶于水中形成硝酸,每生成 1mol 硝酸则产生 59.83kJ 热量。因此有必要对硝酸产热进行校正。

(九)热量测定实验记录表(GR-3500)

测定日期_____
试样名称_____
坩埚及试样质量_____g　　　　室内温度_____℃
水分含量_____%　　　　　　　坩埚质量_____g
外筒温度_____℃　　　　　　　热容量_____J/℃
试样质量_____g　　　　　　　内筒温度_____℃
前期每 30 秒温度平均变化 $V=$ _____℃
后期每 30 秒温度平均变化 $V_1=$ _____℃
主期快速升温(每 30 秒≥0.3℃)次数 $W=$ _____次
主期慢速升温(每 30 秒<0.3℃)次数 $r=$ _____次
热交换校正值 $\Delta T = \dfrac{(V+V_1)}{2}W + V_1 r$ _____℃
贝克曼温度计每升高 1℃相当于实际温度 $H=$ _____℃
主期的最终温度 $T=$ _____℃
T 时的温度计校正值 $R=$ _____℃
主期的最初温度 $T_0=$ _____℃
T_0 时的温度计校正值 $R_0=$ _____℃
点火丝校正值 $qb=$ _____J
弹筒发热量计算:

$$Q = \frac{KH[(T+R)-(T_0+R_0)+\Delta T]-qb}{m}$$

热量记录表见表 4-1 所列。

表 4-1　热量记录表

序号 (每隔30s记录一次)	温度/℃	序号 (每隔30s记录一次)	温度/℃
1		14	
2		15	
3		16	
4		17	
5		18	
6		19	
7		20	
8		21	
9		22	
10		23	
11		24	
12		25	
13			

(十)氧弹热量计检定过程的常见问题及排除

1. 氧弹充氧不足

氧弹充氧量不足,会影响到氧弹内部所试试样燃烧是否充分,直接影响测量结果是否准确。可在进行仪器检测前,对仪器所配套的氧弹充氧后浸入水中进行漏气试验,如发现漏气,检查漏气位置,及时更换密封圈后即可解决氧弹漏气问题。

2. 热容量重复性差

在标定仪器热容量的过程中,连续几次标定后,会有部分仪器热容量重复性较差。造成检测员无法进行后续的检定步骤。首先,标定仪器热容量时,保持室温恒定,室温波动在1℃以内。其次,检查仪器是否缺水。

3. 热值误差大

在完成仪器的热容量标定后需要对苯甲酸进行发热量的测定,在仪器测得的发热量减去苯甲酸的硝酸生成热后,得到苯甲酸2次发热量的平均值与苯甲酸标准值的误差应小于60J/g。若误差较大,一方面可能是因为温度计的测量线性较差,在温度升高的过程中影响到实际温度测量值,进而影响计算程序而造成的发热量计算出现偏差;另一方面可能是因为仪器的计算程序出现偏差。

二、Parr 6300 氧弹量热仪操作说明

① 打开量热仪主机(图4-4)、打印机及水循环器电源开关,接通水冷却器电源插头,打开氧气调压阀开关,调整氧气压力至450psi(3MPa)。

② 等待至量热仪显示主菜单后,点击"Calorimeter Operation"(量热仪操作)键,进入子菜单,点击"Heater and Pump"(加热和泵)键使其由"Off"(关)状态变为"On"(开)。此时,"Jacket Temperature"(外桶温度)开始升高,当外桶温度升高至(30±0.5)℃且达到平衡状态后,"Start"(开始)键和"Start Pretest"(预测试开始)键将会由灰暗变为高亮,此时就可以进行预测试和测试。

③ 每天开机后进行第一次试样测试前应首先运行"Start Pretest"(预测试)以检查仪器各部分状况,装上氧弹弹头,盖上仪器盖子,点击"Start Pretest"键即可进行预测试了,整个预测过程中应无报错信息。

④ 将试样用压样机制成块,转移至燃烧皿中并准确称重(精确至0.1mg),试样质量一般不超过1.5g或预计发热量不超过33 000J。将称好的试样放在坩埚中,将坩埚放置在氧弹弹头的坩埚支架上,安装好点火棉线并保证其与试样充分接触,安装氧弹弹头,盖上量热仪盖子,按下"Start"(开始)键开始测试,量热仪会提示操作

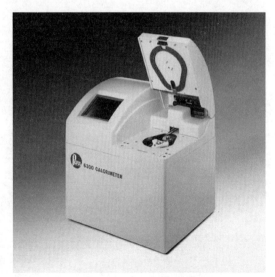

图4-4 Parr 6300型氧弹式自动热量计

者输入试样编号、氧弹号、试样质量、助燃剂质量等参数。

⑤ 测试开始后，显示屏下部状态栏将会依次显示 Fill（充氧）、Pre Period（点火前期）、Fire（点火）、Post Period（点火后期）、Cool/Rinse（冷却/冲洗）几种状态，直至测试结束后恢复为 Idle（空闲）状态，同时状态条也将由红色恢复为绿色，此时测试结束，打印机会自动打印出测试结果。

⑥ 测试结束后，打开量热仪盖子，取下氧弹弹头，放置于铁架台上，取下坩埚，用纱布擦干弹头，就可以进行下一个试样的测试了。

⑦ 每天测试工作结束后，用专用镊子将弹筒底部过滤筛取出，冲洗上面残留的燃烧产物，然后用去离子水或纯净水冲洗后放回弹筒底部，关掉氧弹量热仪主机、打印机、水循环器电源，拔掉水冷却器电源插头，关闭氧气阀门开关。

思考题

1. 简述总能的定义。
2. 简述氧弹式热量计测定饲料热能的基本原理，GR-3500 型氧弹式热量计的主要构造和功能。
3. 简述测定饲料热能的主要步骤及每个步骤测定时的注意事项。
4. 什么是热量计的热容量？如何测定及有哪些注意事项？
5. 简述用氧弹式热量计测定饲料热值时需要校正的热量来源。

（朱　雯）

第五章
氨基酸的测定

氨基酸是含有氨基(—NH$_2$)和羧基(—COOH)的一类有机化合物，是构成蛋白质的基本单位，赋予蛋白质特定的分子结构形态，使蛋白质分子具有生化活性。氨基酸在机体内各自具有独特的营养功能，在代谢过程中又密切联系，共同参加、推动和调节生命活动。氨基酸在动物体内能够发挥生理调节作用，对动物正常的生长发育具有重要意义。

常规的分析化学手段都可用于氨基酸分析，包括化学分析法、光谱分析法、电化学分析法、毛细管电泳法和色谱分析法等，其中应用最多的方法是高效液相色谱法(high performance liquid chromatography，HPLC)，HPLC在氨基酸测定中主要是柱前衍生法和柱后衍生法应用最多。氨基酸的分析同样能够利用高效液相色谱技术进行。目前，利用HPLC进行氨基酸分析主要是将氨基酸衍生化，再通过对衍生化产物的分离与测定，进而达到氨基酸测定的目的。氨基酸的衍生化反应通常在碱性条件下与衍生化试剂进行，常用的衍生化试剂包括：邻苯二甲醛(o-phthalaldehyde，OPA)、异硫氰酸苯酯(phenylisothiocyanate，PITC)、氯甲酸-9-芴甲酯(9-fluorenylmethyl chloroformate，FMOC-Cl)和6-氨基喹啉-N-羟基琥珀酰亚胺基-氨基甲酸酯(6-aminoquinolyl N hydroxysuccinimdyl carbamate，AQC)等。氨基酸的衍生化包括柱前衍生和柱后衍生。

本章将分别介绍柱前衍生法、柱后衍生法以及几种饲料添加剂氨基酸的质量标准与检测。

一、柱前衍生法

柱前衍生法(pre-column derivatization method)是指被测组分通过衍生化反应，使原来不能直接被检测的组分转化成能够用检测器检测的物质；被测组分与衍生化试剂有选择地参加反应，而与试样中其他组分分离，改变被测组分在色谱柱的出峰次序，使之更有利于分离。

本节主要介绍由Waters公司推出的，以AQC作为衍生化试剂的AccQ-Tag法。

1. 原理

氨基酸与6-氨基喹啉-N-羟基琥珀酰亚胺基-氨基甲酸酯(6-aminoquinolyl-N-hydroxysuccinimdyl carbamate，AQC)发生衍生化反应，由此形成稳定的荧光衍生物，再经AccQ-Tag分离柱进行分离，最后用荧光或紫外检测器进行测定。该过程反应原理如图5-1所示。

2. 仪器设备

① 分析天平：感量0.0001g。

② 电热恒温干燥箱：能控温在55℃和(110±1)℃。

③ 旋转蒸发器或浓缩器。

④ pH计。

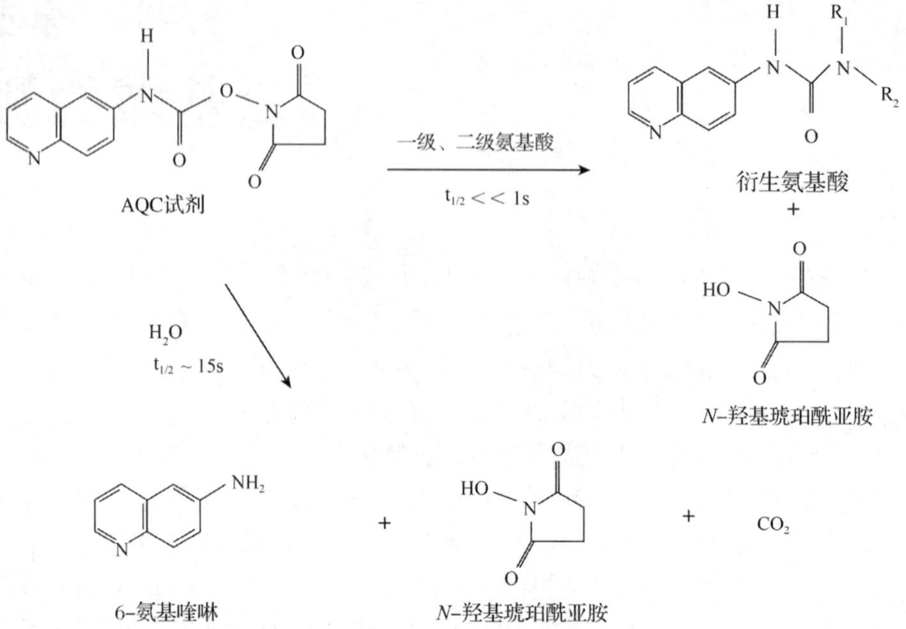

图 5-1　AQC 柱前衍生反应原理

⑤ 超声波水浴。
⑥ 涡旋发生器。
⑦ 液相色谱仪：有二元泵，可做梯度淋洗。
⑧ AccQ-Tag 氨基酸分析柱：NovaPak™ C18 型柱，3.9mm×150mm、粒度 4μm。
⑨ 微量移液器。
⑩ 玻璃器皿：水解管、衍生试管(6mm×50mm)、量筒、容量瓶、刻度试管、移液管。

3. 试剂和溶液

① 实验用水：超纯水。
② Waters 氨基酸水解标样(或其他同类产品)：17 种氨基酸浓度均为 2.5μmol/mL(胱氨酸为 1.25μmol/mL)。
③ 标准储备液的制备：

a. 2.5μmol/mL α-氨基丁酸(AABA)内标储备液：称取 25.8mg AABA 置于 100mL 容量瓶中，稀释至刻度。

b. 2.5μmol/mL 磺基丙氨酸储备液：称取 4.23mg 磺基丙氨酸置于 10mL 容量瓶中，稀释至刻度。

c. 2.5μmol/mL 蛋氨酸砜储备液：称取 4.53mg 蛋氨酸砜置于 10mL 容量瓶中，稀释至刻度。

④ 标准液的制备：准确吸取 1mL 17 种氨基酸标准液，1mL 磺基丙氨酸储备液，1mL 蛋氨酸砜储备液，1mL 水，制成 0.5μmol/mL 氨基酸标准液。

⑤ 标准工作液的制备：将不同体积的氨基酸标准液、AABA 标准储备液和水混合制成一系列不同浓度的氨基酸标准液(表 5-1)。

表 5-1　不同浓度氨基酸标准液配制

溶液名称	移液体积/μL				
氨基酸标准液	200	800	1 200	1 600	1 800
AABA 内标储备液	200	200	200	200	200
超纯水	1 600	1 000	600	200	0
浓度/(μmol/mL)	0.05	0.20	0.30	0.50	0.45

⑥ 流动相 A 液：称取 19.04g 三水合乙酸钠($CH_3COONa \cdot 3H_2O$)，加 1 000mL 高纯水溶解，用稀磷酸(1:1)调 pH 值至 5.2，加 1mL 乙二胺四乙酸二钠溶液(1mg/mL)、0.1g 叠氮化钠(NaN_3)和 2.37mL 三乙胺，用稀磷酸调 pH 值至 4.95，用 0.45μm 水相滤膜过滤，使用前超声脱气。

⑦ 流动相 B 液：经 0.45μm 有机滤膜过滤的色谱纯乙腈，与超纯水按 3:2 比例配制。在超声水浴中脱气 20s。

⑧ 6.0mol/L 盐酸水解液。

⑨ 过甲酸溶液：88%甲酸与 30%过氧化氢按 9:1 混合，室温下放置 1h 后移至 0℃下保存。

⑩ 40%氢溴酸。

⑪ Waters AccQ-Tag 氨基酸测定试剂盒：包括 AccQ-Flour 氨基酸衍生剂。

4. 测定步骤

(1) 试样水解液的制备　参照《饲料中氨基酸的测定》(GB/T 18246—2019)及《饲料中含硫氨基酸的测定　离子交换色谱法》(GB/T 15399—2018)中试样水解方法进行。

(2) 水解工作液的制备　冷却试样水解液并过滤，取 1~2mL 水解液(视试样中蛋白质的量而定)置于浓缩管中，在 50℃条件下浓缩分至干。再向试管中加入 200μL AABA 储备液、1.8mL 超纯水，涡旋混合 20s。并将此溶液密封置于 4℃条件下贮存备用。

(3) 衍生

① 移取 10μL 标准或水解工作液于 6mm×50mm 试管的底部。

② 加入 70μL 硼酸盐缓冲液涡旋 10s。

③ 边涡旋边加入 20μL AQC，并彻底振摇。

④ 将衍生物转移至自动进样器试样瓶中，密封盖好。

⑤ 置于 55℃烘箱中保温 10min。

注：衍生剂的配制，在打开 AccQ-Flour 试剂盒中的 2A 瓶之前，轻轻弹击，确保所有粉末全部落入瓶底，由 2B 瓶中吸取 1mL 稀释剂放入 2A 瓶中，加盖密封，振摇 10s 后放入 55℃加热装置中，至衍生剂粉末全部溶解。加热时间不超过 10min。该衍生剂于干燥器中，室温下可保存一周。

(4) 色谱条件　柱温：针对一般氨基酸分析，柱温设为 37℃；对于含硫氨基酸，分析柱温设为 47℃；检测器：荧光检测器(激发波长 245nm，发射波长 385nm)或紫外检测器(波长 248nm)；梯度设置：HPLC 系统配置不同，所用梯度也不同，可参见 Waters AccQ-Tag 用户手册。若采用 Millemmium 2010 软件，则在"Quickset Control"窗口下设置运行时间为 45min。表 5-2 是 510 系统的梯度表，可供参考。

表 5-2　用于饲料水解氨基酸测定的梯度（510×2 系统）

时间/min	普通氨基酸/%		含硫氨基酸/%		曲线
	A	B	A	B	
0	100	0	100	0	6
17	93	7	92	8	6
21	90	10	83	17	6
32	66	34	73	27	6
34	66	34	50	50	6
35	0	100	50	50	6
37	0	100	0	100	6
38	100	0	100	0	6
45	100	0	100	0	6

注：进样体积为 10μL，流速为 1mL/min。

5. 结果计算

试样中某氨基酸的质量分数（ω）按下式计算。

$$\omega(某氨基酸) = \frac{\rho(某氨基酸)}{m} \times 10^{-6} \times D$$

式中：ρ——上机水解液中氨基酸的质量浓度，ng/mL；

　　　m——试样质量，mg；

　　　D——试样稀释倍数。

以 2 个平行试样测定结果的算数平均值报告，保留小数点后 2 位有效数字。

允许差：对于氨基酸含量高于 0.5% 时，2 个平行试样测定值得相对偏差不大于 5%；含量低于 0.5% 时，不低于 0.2% 时，2 个平行试样测定值相差不大于 0.03%；含量低于 0.2%，相对偏差不大于 5%。

二、柱后衍生法

柱后衍生法（post-column derivatization）是将经过色谱柱分离出的物质，再通过衍生反应使之衍生为具有可见/紫外光吸收效应的物质或者生成荧光基团，以此实现可见/紫外光检测器或者荧光检测器鉴别。使被测物与相应的试剂分析反应，以改变其物理或化学性质，使其被检测到。

本节主要介绍茚三酮柱后衍生法。

1. 原理

食品中的蛋白质经盐酸水解成为游离氨基酸，经氨基酸分析仪的离子交换柱分离后，与茚三酮溶液产生显色反应，再通过分光光度计测定氨基酸含量，在 570nm 处吸收峰最大。脯氨酸和羟脯氨酸与茚三酮反应产生黄色物质，在 440nm 处吸收峰最大。该过程反应原理如图 5-2 所示。

2. 仪器设备

① 分析天平：感量 0.000 1g。

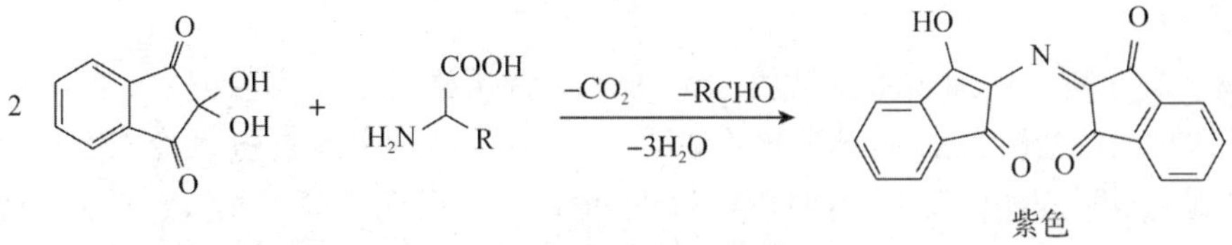

图 5-2 氨基酸与茚三酮反应原理

② 电热恒温干燥箱：能控温在 55℃和(110±1)℃。
③ 真空泵。
④ 旋转蒸发器或浓缩器。
⑤ 涡旋发生器(均化器)。
⑥ 微量移液器。
⑦ 玻璃器皿：水解管、量筒、容量瓶、刻度试管、移液管。水解管需用去离子水冲洗干净并烘干。
⑧ 氨基酸自动分析仪。

3. 试剂和溶液

除特殊注明外，本方法所有试剂均为分析纯，实验用水为去离子水。
① 浓盐酸：优级纯。
② 6mol/L 盐酸溶液：浓盐酸与水 1∶1 混合。
③ 苯酚：须重蒸馏。
④ 0.002 5mol/L 混合氨基酸标准液。
⑤ 缓冲液：

a. pH=2.2 的柠檬酸钠缓冲液：称取 19.6g 柠檬酸钠($Na_3C_6H_5O_7 \cdot 2H_2O$)和 16.5mL 浓盐酸加水稀释到 1 000mL，用浓盐酸或者 500g/L 氢氧化钠溶液调节 pH 值至 2.2。

b. pH=3.3 的柠檬酸钠缓冲液：称取 19.6g 柠檬酸钠和 12mL 浓盐酸加水稀释到 1 000mL，用浓盐酸或者 500g/L 氢氧化钠溶液调节 pH 值至 3.3。

c. pH=4.0 的柠檬酸钠缓冲液：称取 19.6g 柠檬酸钠和 9mL 浓盐酸加水稀释到 1 000mL，用浓盐酸或者 500g/L 氢氧化钠溶液调节 pH 值至 4.0。

d. pH=6.4 的柠檬酸钠缓冲液：称取 19.6g 柠檬酸钠和 46.8g 氯化钠(优级纯)加水稀释到 1 000mL，用浓盐酸或者 500g/L 氢氧化钠溶液调节 pH 值至 6.4。

⑥ 茚三酮溶液：

a. pH=5.2 的乙酸锂溶液：称取氢氧化锂($LiOH \cdot H_2O$)168g，加入冰乙酸(优级纯)279mL，加水稀释至 1 000mL，用浓盐酸或者 500g/L 氢氧化钠溶液调节 pH 值至 5.2。

b. 茚三酮溶液：取 150mL 二甲基亚砜(C_2H_6OS)和乙酸锂溶液 50mL 加入 4g 水合茚三酮($C_9H_4O_3 \cdot H_2O$)和 0.12g 还原茚三酮($C_{18}H_{10}O_6 \cdot 2H_2O$)搅拌至完全溶解。

⑦ 高纯氮气：纯度 99.99%。
⑧ 冷冻剂：市售食盐与冰按 1∶3 混合。

4. 测定步骤

① 称样：准确称取一定量均匀性好的试样，精确至 0.000 1g(使试样蛋白质含量在 10~20mg 范围内)；均匀性差的试样，为减少误差可适当增大称样量，测定前再稀释。将称好的试

样放于水解管中。

②水解：在水解管内加6mol/L盐酸10~15mL（视试样蛋白质含量而定），含水量高的试样可加入等体积的浓盐酸，加入新蒸馏的苯酚3~4滴，再将水解管放入冷冻剂中，冷冻3~5min，再接到真空泵的抽气管上，抽真空（接近0Pa），然后充入高纯氮气；再抽真空充氮气，重复3次后，在充氮气状态下封口或拧紧螺丝盖将已封口的水解管放在(110±1)℃的恒温干燥箱内，水解22h后，取出冷却。

打开水解管，将水解液过滤后，用去离子水多次冲洗水解管，将水解液全部转移到50mL容量瓶内，用去离子水定容。吸取1mL滤液至5mL容量瓶内，用真空干燥器在40~50℃干燥，残留物用1~2mL水溶解，再干燥，反复进行2次，最后蒸干，用1mL pH 2.2的缓冲液溶解，供仪器测定用。

③测定：准确吸取0.200mL混合氨基酸标准液，用pH 2.2的缓冲液稀释到5mL，此标准稀释液浓度为5.00nmol/50μL，作为上机测定用的氨基酸标准，用氨基酸自动分析仪以外标法测定试样的氨基酸含量。

5. 结果计算

氨基酸测定结果按下式计算：

$$\omega = \frac{c \times \frac{1}{50} \times F \times V \times M}{m \times 10^9} \times 100$$

式中：ω——试样氨基酸的含量，g/100g；

c——试样测定液中氨基酸含量，nmol/μL；

F——试样稀释倍数；

V——水解后试样定容体积，mL；

M——氨基酸分子质量；

m——试样质量，g；

$\frac{1}{50}$——折算成每升试样测定的氨基酸含量，μmol/L；

10^9——将试样含量由纳克折算成克的系数。

三、饲料添加剂的氨基酸质量标准与检测

（一）DL-蛋氨酸及其类似物

蛋氨酸（methionine），又叫甲硫氨酸，是人体唯一的含硫必需氨基酸，分为L型和D型。在动物体内，L型易被肠壁吸收，D型要经酶转化成L型后才能参与蛋白质的合成。

化学名称：2-氨基-4-甲硫基丁酸

化学分子式：$C_5H_{11}NO_2S$

化学结构式：$CH_3S—(CH_2)_2—CH(NH_2)—COOH$

相对分子质量：149.21（按2007年国际相对原子质量）

1. 质量标准

① 理化性质：白色或浅灰色粉末或片状结晶，具有微弱的含硫化合物的特殊气味。易溶于稀酸或稀碱溶液，略溶于水中，极微溶解于乙醇。熔点为281℃，其1%水溶液的pH值为5.6~6.1。

② 技术指标：饲料添加剂DL-蛋氨酸的技术指标应符合表5-3规定。

表5-3　饲料添加剂的DL-蛋氨酸的技术指标

指标名称	要　求	指标名称	要　求
DL-蛋氨酸含量	≥98.5%	重金属(以Pb计)	≤20mg/kg
干燥失重	≤0.5%	砷(以As计)	≤2mg/kg
氯化物(以NaCl计)	≤0.2%		

2. 鉴别方法

(1)试剂和溶液

① 饱和无水硫酸铜硫酸溶液：取无水硫酸铜加入浓硫酸中搅拌直至出现沉淀。

② 200g/L氢氧化钠溶液。

③ 100g/L亚硝基铁氰化钠溶液。

④ 10%盐酸溶液。

(2)测定步骤

① 称取试样25mg，加入1mL饱和无水硫酸铜硫酸溶液，溶液立即显黄色。

② 称取试样5mg，加入2mL氢氧化钠溶液，振荡混匀，加0.3mL亚硝基铁氰化钠溶液，充分摇匀，在35~40℃条件下放置10min，冷却，加入10mL盐酸溶液，摇匀，溶液显赤色。

3. DL-蛋氨酸含量的测定

(1)原理　在中性介质中加入过量的碘溶液，将2个碘原子加到蛋氨酸的硫原子上，过量的碘溶液用硫代硫酸钠标准滴定液回滴，通过淀粉指示剂判断滴定终点。

(2)试剂和溶液

① 500g/L磷酸氢二钾溶液。

② 200g/L磷酸二氢钾溶液。

③ 200g/L碘化钾溶液。

④ 0.1mol/L碘溶液：称取13g碘及碘化钾溶于水中，稀释至1 000mL，摇匀。

⑤ 0.100 0mol/L硫代硫酸钠标准滴定溶液。

⑥ 10g/L淀粉溶液。

(3)仪器设备　分析天平：感量0.000 1g。

(4)测定步骤　称取试样0.23~0.25g(精确至0.000 2g)移入500mL碘量瓶中，加入100mL去离子水，然后分别加入下列试剂：10mL磷酸氢二钾溶液、10mL磷酸二氢钾溶液、10mL碘化钾溶液，待全部溶解后准确加入50.00mL碘溶液，盖上瓶盖，水封，充分摇匀，于暗处放置30min，用硫代硫酸钠标准滴定溶液滴定过量的碘，近终点时加入1mL淀粉指示剂，滴定至无色并保持30s为终点，同时做空白试验。

(5)结果计算　DL-蛋氨酸质量分数(ω)按下式计算：

$$\omega(\text{DL-蛋氨酸}) = \frac{c(V_0 - V) \times 0.074\ 6}{m} \times 100\%$$

式中：c——硫代硫酸钠标准滴定溶液的试剂浓度，mol/L；

V_0——空白消耗的硫代硫酸钠标准滴定溶液的体积，mL；

V——滴定试样时消耗的硫代硫酸钠标准滴定溶液的体积，mL；

m——试样的质量，g；

0.074 6——与 1.00mL 硫代硫酸钠标准滴定溶液[$c(Na_2S_2O_3)=1mol/L$]相当的、以克表示的 DL-蛋氨酸的质量。

计算结果应保留小数点后 1 位有效数字。

(二)L-赖氨酸盐酸盐

此方法适用于以淀粉、糖质为原料，经发酵提取制得的 L-赖氨酸盐酸盐纯度的测定。

化学分子式：$C_6H_{16}Cl_2N_2O_2$

化学结构式：$NH_2—(CH_2)_4—CH(NH_2)—COOH$

相对分子质量：182.65(按 1983 年国际相对原子质量)

1. 质量标准

① 理化性质：白色或淡褐色粉末，无味或有特殊气味。易溶于水，难溶于乙醇、乙醚。有旋光性。其 10g/L 水溶液的 pH 值为 5.0~6.0。

② 技术指标：饲料级 L-赖氨酸盐酸盐的技术指标应符合表 5-4 规定。

表 5-4 饲料级 L-赖氨酸盐酸盐的技术指标

指标名称	要求	指标名称	要求
L-赖氨酸盐酸盐含量	≥98.5%	铵盐(以 NH_4^+ 计)	≤0.04%
比旋光度$[\alpha]_D^{20}$	+18.0°~+21.5°	重金属(以 Pb 计)	≤0.003%
干燥失重	≤1.0%	砷(以 As 计)	≤0.000 2%
灼烧残渣	≤0.3%		

2. 鉴别方法

(1)试剂和溶液

① 1g/L 茚三酮溶液。

② 0.1mol/L 硝酸银溶液。

③ 10%硝酸溶液。

④ 33%氢氧化铵溶液。

(2)测定步骤

① 氨基酸的鉴别：称取试样 0.1g 溶于 100mL 水中，吸取 5mL 此溶液并加入 1mL 1g/L 茚三酮溶液，加热 3min 后，加 20mL 水，静置 15min，溶液呈红紫色。

② 氯化物的鉴别：称取试样 1g，溶于 10mL 水中，加入 0.1mol/L 硝酸银溶液，产生白色沉淀，取该白色沉淀加稀硝酸，沉淀不溶解；另取此沉淀加过量的氢氧化铵溶液则溶解。

3. L-赖氨酸盐酸盐含量的测定

(1)原理　在非水溶液介质中，L-赖氨酸盐酸盐与乙酸汞反应生成氯化汞沉淀，用高氯酸标准滴定液定量滴定电离出的氯化汞，根据消耗高氯酸的体积计算 L-赖氨酸盐酸盐的含量。

(2) 试剂和溶液

① 甲酸。

② 冰乙酸。

③ α-萘酚苯基甲醇指示剂：0.2g α-萘酚苯基甲醇，溶于 100mL 冰乙酸。

④ 60g/L 乙酸汞冰乙酸溶液。

⑤ 0.1mol/L 高氯酸标准滴定溶液。

(3) 测定步骤　105℃ 条件下，预先干燥试样至恒重，称取干燥试样 0.2g，精确至 0.0002g，加入 3mL 甲酸和 50mL 冰乙酸，再加入 5mL 乙酸汞冰乙酸溶液。加入 10 滴 α-萘酚苯基甲醇指示剂，用 0.1mol/L 高氯酸标准滴定溶液滴定，滴定终点为试样液由橙黄色变成黄绿色。用同样方法做空白试验以校正。

(4) 结果计算　L-赖氨酸盐酸盐含量(ω) 按下式计算：

$$\omega(\text{L-赖氨酸盐酸盐}) = \frac{0.09132 \times c(V_0 - V)}{m} \times 100\%$$

式中：c——高氯酸标准滴定溶液的试剂浓度，mol/L；

V_0——空白消耗的高氯酸标准滴定溶液的体积，mL；

V——滴定试样时消耗的高氯酸标准滴定溶液的体积，mL；

m——试样的质量，g。

计算结果应保留小数点后 1 位有效数字。

思考题

1. 氨基酸的分析方法有哪些？各自适用于什么条件？
2. 柱前衍生法与柱后衍生法的原理是什么？
3. 氨基酸试样分析的水解方法有哪些？
4. 在利用高效液相色谱法分析氨基酸时，如何进行氨基酸的洗脱？

(王佳堃)

第六章
矿物元素的测定

矿物元素是动物营养中的一大类无机营养素，广泛地参与动物体内多种代谢活动，是多种酶的激活剂或组成成分，对于维持正常的组织、细胞的渗透性和组织兴奋性，机体内的酸碱平衡起着重要作用。

本章介绍了常量元素钙、磷、氯化物、钾、镁准确和快速定量测定方法；微量元素铁、铜、锰、锌的测定；饲料中无机有毒有害物质铬、镉、铅、汞、钼、砷、氟的检测。

一、常量元素的测定

(一)饲料中钙的测定(高锰酸钾法)

1. 适用范围

适用于饲料原料、配合饲料、浓缩饲料、精料补充料和添加剂预混合饲料。检出限为 0.015%，定量限为 0.05%。

2. 原理

将试样有机物破坏，钙变成溶于水的离子，与盐酸反应生成氯化钙，在溶液中加入草酸铵溶液，使钙成为草酸钙白色沉淀，然后用硫酸溶液溶解草酸钙，再用高锰酸钾标准溶液滴定草酸根离子。根据高锰酸钾标准溶液的用量，计算出试样钙含量。

主要化学反应式如下：

$$CaCl_2+(NH_4)_2C_2O_4 = CaC_2O_4\downarrow +2NH_4Cl$$

$$CaC_2O_4+H_2SO_4 = CaSO_4+H_2C_2O_4$$

$$2KMnO_4+5H_2C_2O_4+3H_2SO_4 = 10CO_2\uparrow +2MnSO_4+8H_2O+K_2SO_4$$

3. 仪器设备

① 实验室用试样粉碎机或研钵。

② 分析天平：感量 0.000 1g。

③ 高温炉。

④ 坩埚：瓷质 50mL。

⑤ 容量瓶：100mL。

⑥ 酸氏滴定管：25mL 或 50mL。

⑦ 玻璃漏斗：直径 6cm。

⑧ 烧杯：200mL。

⑨ 凯氏烧瓶：250mL 或 500mL。

⑩ 移液管：10mL、20mL。

⑪ 定量滤纸：中速，7~9cm。

4. 试剂和溶液

除特殊注明外，本方法所有试剂均为分析纯和蒸馏水（或相应纯度的水）。

① 浓硝酸。

② 高氯酸：70%~72%。

③ 盐酸溶液：1∶3。

④ 硫酸溶液：1∶3。

⑤ 氨水溶液：1∶1；1∶50。

⑥ 42g/L草酸铵溶液：溶解42g分析纯草酸铵溶于水中，稀释至1 000mL。

⑦ 0.05mol/L高锰酸钾标准溶液。

⑧ 1g/L甲基红指示剂：称取0.1g分析纯甲基红溶于100mL 95%乙醇中。

⑨ 有机微孔滤膜：0.45mm。

5. 试样制备

取具有代表性试样至少2kg，用四分法缩分至250g。粉碎，过0.42mm筛，混匀，装入试样瓶中。密闭，保存备用。

6. 测定步骤

（1）试样提取

① 干法：称取试样0.5~5g于坩埚中，精确至0.000 1g，在电炉上低温炭化，再放入高温炉于(550±20)℃下灼烧3h，在坩埚中加入1∶3盐酸溶液10mL和浓硝酸数滴，小心煮沸。将此溶液转入100mL容量瓶，冷却至室温，用水稀释至刻度，摇匀，即为试样分解液。

② 湿法：称取试样0.5~5g于250mL凯式烧瓶中，精确至0.000 2g，加入浓硝酸10mL，加热煮沸，至二氧化氮黄烟逸尽，冷却后加入70%~72%高氯酸10mL，小心煮沸至溶液无色，不得蒸干，冷却后加水50mL，并煮沸驱逐二氧化氮，冷却后转入100mL容量瓶中，用水定容至刻度，摇匀，为试样分解液。

警示：小火加热煮沸过程中如果溶液变黑需立即取下，冷却后补加高氯酸，小心煮沸至溶液无色；加入高氯酸后，溶液不得蒸干，蒸干可能发生爆炸。

（2）试样测定

① 草酸钙的沉淀及其洗涤：用移液管准确吸取试样分解液10~20mL（含钙量20mg左右）于200mL烧杯中，加水100mL，甲基红指示剂2滴，滴加1∶1氨水溶液至溶液呈橙色，若滴加过量，可加1∶3盐酸溶液调至橙色，再多加2滴使其呈粉红色（pH值为2.5~3.0），小心煮沸，慢慢滴加热草酸铵溶液10mL，且不断搅拌。如溶液变橙色，则应补加1∶3盐酸溶液使其呈红色，煮沸2~3min，放置过夜使沉淀陈化（或在水浴上加热2h）。

用定量滤纸过滤上述沉淀溶液，用1∶50的氨水溶液洗沉淀6~8次，至无草酸根离子（用试管接取滤液2~3mL，加1∶3硫酸溶液数滴，加热至80℃，加高锰酸钾标准溶液1滴，溶液呈微红色，且30s不褪色）。

② 沉淀的溶解与滴定：将沉淀和滤纸转入原烧杯中，加1∶3硫酸溶液10mL，水50mL，加热至75~80℃，立即用0.05mol/L高锰酸钾标准溶液滴定至溶液呈微红色，且30s不褪色为终点。

③ 空白试验：在干净烧杯中加滤纸1张，1∶3硫酸溶液10mL，水50mL，加热至75~80℃后，立即用0.05mol/L高锰酸钾标准液滴至粉红色且30s不褪色为终点。

7. 结果计算

(1)计算公式

$$\omega(\%) = \frac{(V-V_0) \times c \times 0.02}{m \times \dfrac{V'}{100}} \times 100$$

式中：ω——试样中钙的含量，%；

c——高锰酸钾标准溶液的浓度，mol/L；

m——试样的质量，g；

V——试样消耗高锰酸钾标准溶液的体积，mL；

V_0——空白消耗高锰酸钾标准溶液的体积，mL；

V'——滴定时移取试样分解液体积，mL；

0.02——与1.00mL高锰酸钾标准溶液[$c(1/5KMnO_4)=1.000mol/L$]相当的以克表示的钙的质量。

(2)结果表示　测定结果用平行测定的算术平均值表示，结果保留3位有效数字。

(3)重复性　含钙量10%以上时，允许相对偏差3%；含钙量在5%~10%时，允许相对偏差5%；含钙量1%~5%时，允许相对偏差9%；含钙量在1%以下，允许相对偏差18%。

8. 注意事项

① 高锰酸钾标准溶液浓度以$c(1/5KMnO_4)$表示。由于它不稳定，至少每月标定1次。

② 每种滤纸空白值不同，消耗高锰酸钾标准溶液的用量不同，至少每盒滤纸做1次空白测定。

③ 洗涤草酸钙沉淀时，必须沿滤纸边缘向下洗，使沉淀集中于滤纸中心，以免损失。每次洗涤过滤时，都必须等上次洗涤液完全滤净后再加，每次洗涤不得超过漏斗体积的2/3。

(二)饲料中总磷的测定(分光光度法)

1. 适用范围

适用于饲料原料及饲料产品。当取样量5g，定容至100mL时，检出限20mg/kg，定量限为60mg/kg。

2. 原理

试样中的总磷经消解，在酸性条件下与钼钒酸铵生成黄色的钒钼黄[$(NH_4)_3PO_4NH_4VO_3 \cdot 16MoO_3$]络合物。钒钼黄的吸光度值与总磷的浓度成正比，在波长400nm处测定试样溶液中钒钼黄的吸光度值，与标准系列比较定量。

3. 仪器和设备

① 分析天平：感量0.0001g。

② 紫外-可见分光光度计：带1cm比色皿。

③ 高温炉。

④ 电热干燥箱：可控温度在±2℃。

⑤ 可调温电炉：1 000W。

4. 试剂和溶液

除特殊注明外，本方法所有试剂均为分析纯和蒸馏水(或相应纯度的水)。

① 盐酸溶液：1∶1。
② 硝酸。
③ 高氯酸。
④ 钒钼酸铵显色剂：称取偏钒酸铵 1.25g，加水 200mL 加热溶解，冷却后再加入 250mL 硝酸；另称取钼酸铵 25g，加水 400mL 加热溶解，在冷却条件下将此溶液倒入上溶液，加水定容至 1 000mL，避光保存。如生成沉淀则不能继续使用。
⑤ 磷标准储备液：将磷酸二氢钾在 105℃ 干燥 1h，在干燥器中冷却后称 0.219 5g，溶解于水中，定量转入 1 000mL 容量瓶中，加硝酸 3mL，用水稀释到刻度，摇匀，即成 50μg/mL 的磷标准溶液。置聚乙烯瓶中 4℃ 下可贮存 1 个月。

5. 试样制备

取有代表性试样至少 2kg，用四分法将试样缩分至 200g。粉粹，过 0.42mm 筛，装入磨口瓶中，备用。

6. 测定步骤

(1) 试样的前处理

① 干灰化法：称取试样 2~5g 于坩埚中，精确至 0.000 1g，在电炉上低温炭化，再放入高温炉于 (550±20)℃ 下灼烧 3h（或测粗灰分后继续进行），取出冷却，在坩埚中加入 1∶1 盐酸溶液 10mL 和硝酸数滴，小心煮沸约 10min。冷却后转入 100mL 容量瓶中，并以热蒸馏水洗涤坩埚及漏斗中滤纸，冷却至室温后，定容，摇匀，即为试样溶液。

② 湿法消解法：称取试样 0.5~5g 于凯式烧瓶中，精确至 0.000 1g，加入硝酸 30mL，小心加热煮沸至二氧化氮黄烟逸尽，稍冷，加入高氯酸 10mL，继续加热至高氯酸冒白烟（不得蒸干），溶液基本无色，冷却，加水 30mL，煮沸驱逐二氧化氮，冷却后转入 100mL 容量瓶中，用水定容至刻度，摇匀，即为试样溶液。

③ 盐酸溶解法（适用于微量元素预混料）：称取试样 0.2~1g 于 100mL 烧杯中，精确至 0.000 1g，缓缓加入 1∶1 盐酸溶液 10mL，加热使其全部溶解，冷却后转入 100mL 容量瓶中，用水稀释至刻度，摇匀，即为试样溶液。

(2) 磷标准工作液的制备　准确移取磷标准储备液 0、1.0、2.0、5.0、10.0、15.0mL 于 50mL 容量瓶中（即相当于含磷量为 0、50、100、250、500、750μg），于各容量瓶中分别加入钒钼酸铵显色试剂 10mL，用水稀释至刻度，摇匀，常温下放置 10min 以上。以 0mL 磷标准溶液为参比，用 1cm 比色皿，在 400nm 波长下，用分光光度计测定各溶液的吸光度。以磷含量为横坐标，吸光度为纵坐标，绘制工作曲线。

(3) 试样测定　准确移取试样分解液 1.0~10.0mL（含磷量 50~750μg）于 50mL 容量瓶中，其余步骤同 6(2)。以空白作为参比，测定试样溶液的吸光度。通过工作曲线计算试样溶液的磷含量。若试样溶液磷含量超过磷标准工作曲线范围，应对试样溶液进行稀释。

7. 结果计算

(1) 计算公式

$$\omega = \frac{m_1 \times V}{m \times V_1 \times 10^6} \times 100$$

式中：ω——试样中磷的含量，%；
　　　m——试样的质量，g；

m_1——通过工作曲线计算出试样溶液中磷的含量，μg；

V——试样溶液的总体积，mL；

V_1——试样测定时所移取试样分溶液的体积，mL；

10^6——换算系数。

(2) 结果表示　每个试样称取 2 个平行样进行测定，以其算术平均值为结果，所得到的结果应保留小数点后 2 位有效数字。

(3) 重复性　含磷量在 0.5% 以上（含 0.5%），允许相对偏差 3%，含磷量在 0.5% 以下，允许相对偏差 10%。

8. 注意事项

① 比色时待测液中磷含量不宜过高，最好控制在每毫升含磷 0.5mg 以下。

② 显色时温度不能低于 15℃，否则显色缓慢。

③ 待测液在加入试液后应静置 10min，再进行比色，但不能静置过久。

(三) 饲料中水溶性氯化物的检测（沉淀滴定法）

1. 适用范围

饲料中水溶性氯化物。

2. 原理

氯离子溶解于水溶液中，如果试样含有机物质，需将溶液澄清，然后用硝酸稍加酸化，并加入硝酸银标准溶液使氯化物生成氯化银沉淀，过量的硝酸银溶液用硫氰酸铵或硫氰酸钾标准溶液滴定。

3. 仪器设备

① 回旋振荡器：35~40r/min。

② 容量瓶：250mL、500mL。

③ 移液管。

④ 滴定管。

⑤ 分析天平：感量 0.0001g。

⑥ 中速定量滤纸。

4. 试剂和溶液

除特殊注明外，本方法所有试剂均为分析纯和蒸馏水（或相应纯度的水）。

① 丙酮。

② 正己烷。

③ 硝酸：$\rho_{20}(HNO_3) = 1.38g/mL$。

④ 活性炭：不含有氯离子也不能吸收氯离子。

⑤ 硫酸铁铵饱和溶液：用硫酸铁铵 $[NH_4Fe(SO_4)_2 \cdot 12H_2O]$ 制备。

⑥ Carrez Ⅰ：称取 10.6g 亚铁氰化钾 $[K_4Fe(CN)_6 \cdot 3H_2O]$，溶解并用水定容至 100mL。

⑦ Carrez Ⅱ：称取 21.9g 乙酸锌 $[Zn(CH_3COO)_2 \cdot 2H_2O]$，加 3mL 冰乙酸，溶解并用水定容至 100mL。

⑧ 0.1mol/L 硫氰酸钾标准溶液。

⑨ 0.1mol/L 硫氰酸铵标准溶液。

⑩ 0.1mol/L 硝酸银标准滴定溶液。

5. 试样制备

采集有代表性的试样至少 2kg，用四分法缩分至 250g。粉碎，过 0.42mm 筛，混匀，装入密闭容器中，避光低温保存备用。

6. 测定步骤

(1) 步骤的选择　如果试样不含有机物，按 6(2) 执行。如果试样是有机物，按 6(3) 执行。但熟化饲料、亚麻粉饼或富含亚麻粉的产品和富含黏液或胶体物质(如糊化淀粉)试样需按 6(4) 执行。

(2) 不含有机物试样试液的制备　称取不超过 10g 试样，精确至 0.001g，试样所含氟化物不超过 3g，转移至 500mL 容量瓶中，加入 400mL 温度约 20℃ 的水，混匀，在回旋振荡器中振荡 30min，用水稀释至刻度(V_i)，混匀，过滤，滤液供滴定用，按 6(5) 执行。

(3) 含有机物试样试液的制备[6(4)列出的产品除外]　称取 5g 试样(质量 m)。精确至 0.001g，转移至 500mL 容量瓶中，加入 1g 活性炭，加入 400mL 约 20℃ 的水和 5mL Carrez Ⅰ 溶液，搅拌，然后加入 5mL Carrez Ⅱ 溶液混合，在振荡器中摇 30min，用水稀释至刻度(V_i)，混匀，过滤，滤液供滴定用，按 6(5) 执行。

(4) 熟化饲料、亚麻饼粉或富含亚麻粉的产品和富含黏液或胶体物质(如糊化淀粉)试样试液的制备　称取 5g 试样，精确至 0.001g，转移至 500mL 容量瓶中，加入 1g 活性炭，加入 400mL 约 20℃ 的水和 5mL Carrez Ⅰ 溶液，搅拌，然后加入 5mL Carrez Ⅱ 溶液混合，在振荡器中摇 30min，用水稀释至刻度(V_i)，混合。轻轻倒出(必要时离心)，用移液管吸移 100mL 上清液至 200mL 容量瓶中，加丙酮混合，稀释至刻度，混匀并过滤，滤液供滴定用。

(5) 滴定　移液管移取一定体积滤液至锥形瓶中，大约 25~100mL(V_a)，其中氯化物含量不超过 150mg。必要时(移取的滤液少于 50mL)，用水稀释到 50mL 以上，加 5mL 硝酸，2mL 硫酸铁铵饱和溶液，并从加满硫氰铵或硫氰酸钾标准滴定溶液至 0 刻度的滴定管中滴加 2 滴硫氰酸铵或硫氰酸钾溶液(注：剩下的硫氰酸铵或硫氰酸钾标准滴定溶液用于滴定过量的硝酸银溶液)。用硝酸银标准溶液滴定直至红棕色消失，再加入 5mL 过量的硝酸银溶液(V_{s1})，剧烈摇动使沉淀凝聚，必要时加入 5mL 正己烷，以助沉淀凝聚。用硫氰酸钾或硫氰酸铵溶液滴定过量硝酸银溶液，直至产生红棕色能保持 30s 不褪色，滴定体积为(V_{t1})。

(6) 空白试验　需与测定平行进行，用同样的方法和试剂，但不加试样。

7. 结果计算

(1) 计算公式

$$\omega_{wc} = \frac{M \times [(V_{s1} - V_{s0}) \times c_s - (V_{t1} - V_{t0})] \times c_t}{m} \times \frac{V_i}{V_a} \times f \times 100$$

式中：ω_{wc}——试样中水溶性氯化物的含量，%；

M——氯化钠的摩尔质量($M = 58.44$g/mol)；

V_{s1}——测试溶液滴加硝酸银溶液体积，mL；

V_{s0}——空白溶液滴加硝酸银溶液体积，mL；

c_s——硝酸银标准溶液浓度，mol/L；

V_{t1}——测试溶液滴加硫氰酸铵或硫氰酸钾溶液体积，mL；

V_{t0}——空白溶液滴加硫氰酸铵或硫氰酸钾溶液体积，mL；

c_t——硫氰酸钾或硫氰酸铵溶液浓度，mol/L；

V_i——试液的体积，mL；

V_a——移出液的体积，mL；

f——稀释因子：$f=2$，用于熟化饲料、亚麻粉饼或富含亚麻粉的产品和富含黏液或胶体物质的试样；$f=1$，用于其他饲料。

（2）结果表示　水溶性氯化物含量小于 1.5% 时，精确至 0.05%；水溶性氯化物含量大于或等于 1.5% 时，精确至 0.10%。

（3）重复性　在同一实验室由同一操作人员，用同样的方法和仪器设备，在很短的时间间隔内对同一试样测定获得的 2 次独立测试结果的绝对差值，大于式中计算得到的重复性限(r)的概率不超过 5%。

$$r = 0.314(\overline{\omega}_{wc})0.521$$

式中：r——重复性限，%；

$\overline{\omega}_{wc}$——2 次测定结果的平均值，%。

（4）再现性　在不同实验室由不同的操作人员，用同样的方法和不同的仪器设备，对同一试样测定获得的 2 次独立测试结果的绝对差值，大于式中计算得到的再现性限(R)的概率不超过 5%。

$$R = 0.552\% + 0.135\overline{\omega}_{wc}$$

式中：R——再现性限，%；

$\overline{\omega}_{wc}$——2 次测定结果的平均值，%。

8. 注意事项

① 在标定硝酸银标准溶液时，或滴定试样滤液时，速度应快，且又不要过分剧烈摇动，以防止下列反应发生：

$$AgCl + SCN^- = AgSCN + Cl^-$$

这样会因氯化银沉淀转化成硫氰酸银沉淀，使消耗的硫氰酸铵溶液体积增加，而使结果偏低。

② 本法是根据氯离子来计算氯化钠含量的，但由于添加到配合饲料、浓缩饲料和添加剂预混合饲料中的氨基酸、维生素和抗生素等添加剂都可能带入氯离子，所以通过此法测定的氯化钠的含量往往比实际添加的氯化钠的量高。

（四）饲料中钾的测定（火焰光度法）

1. 适用范围

适用于饲料原料、配合饲料、浓缩饲料、精料补充料和添加剂预混合饲料。本方法的检出限为 2mg/kg，定量限为 200mg/kg。

2. 原理

用干法灰化饲料原料、配合饲料、浓缩饲料、精料补充料，在酸性条件下溶解残渣，定容制成试样溶液；用酸浸提法处理添加剂预混合饲料，定容制成试样溶液，将试样溶液导入火焰光度计中，经火焰原子化后测定其在 766.5nm 处钾的发射强度，并与对应标准曲线的发射强度比较，计算饲料中钾的含量。

3. 仪器设备

① 分析天平：感量为 0.000 1g。
② 高温炉。
③ 瓷坩埚：50mL。
④ 调温电炉。
⑤ 火焰光度计或带火焰光度的原子吸收分光光度计。
⑥ 离心机：转速大于 5 000r/min。
⑦ 磁力搅拌器。

4. 试剂和溶液

除特殊注明外，本方法所有试剂均为分析纯和符合 GB/T 6682—2008 规定的三级水。
① 盐酸：优级纯。
② 硝酸溶液：1∶1。
③ 盐酸溶液：1∶1。
④ 盐酸溶液：1∶10。
⑤ 盐酸溶液：1∶100。
⑥ 钾标准溶液。
⑦ 1 000μg/mL 钾标准储备溶液：（有证标准物质）钾单元素标准溶液或多元素混标溶液。
⑧ 钾标准中间溶液：取钾标准储备溶液 5mL 于 100mL 容量瓶中，用 1∶10 盐酸溶液稀释定容、摇匀、贮存于聚乙烯瓶中。此溶液 1mL 相当于 50μg 的钾。
⑨ 钾标准工作溶液：取钾标准中间溶液 0.00、1.00、2.00、3.00、4.00、5.00mL 分别置于 100mL 容量瓶中，用 1∶100 盐酸溶液定容配成 0.00、0.50、1.00、1.50、2.00、2.50μg/mL 的标准工作溶液。
⑩ 标准筛：孔径为 0.42mm。

5. 试样制备

取有代表性试样至少 2kg，用四分法将试样缩分至 250g。粉粹，过 0.42mm 筛，混匀装于密封容器，备用。

6. 测定步骤

（1）提取

① 饲料原料、配合饲料、浓缩饲料、精料补充料试样的处理：称取 1~2g 试样，精确至 0.000 1g，置于 50mL 瓷坩埚中，调温电炉上小火炭化，500℃高温炉中灰化 2h，若仍有少量碳粒，可滴入硝酸溶液使残渣润湿，继续于 500℃高温炉中灰化至无碳粒，取出冷却，向残渣中滴入少量水，润湿，再加入 1∶1 盐酸溶液 10mL，并加水至 15mL，煮沸 2~3min 后放冷，转移至适当体积的容量瓶中定容，过滤，得试样溶液，备用。同时制备试样空白溶液。

② 添加剂预混合饲料试样处理：称取 1~3g 试样，精确至 0.000 1g，置于 250mL 具塞锥形瓶中，加入 1∶10 盐酸溶液 100mL，再用磁力搅拌器搅拌提取 30min，再用离心机以 5 000r/min，离心分离 5min，取其上层清液为试样溶液，或于搅拌提取后，取过滤所得溶液作为试样溶液，同时制备试样空白溶液。

（2）测定　分别取适量的钾标准工作溶液和试样溶液导入火焰光度计，在波长 766.5nm 处测定其发射强度，同时测定试样空白溶液发射强度。待测样液中钾的发射强度应在标准曲线范围内,超出标准曲线范围则应重新调整后再进行测定,由标准曲线求出试样溶液中钾的含量。

7. 结果计算

(1) 计算公式

$$\omega = \frac{(c_2 - c_1) \times V \times N}{m}$$

式中:ω——试验中钾的含量,mg/kg;

c_2——标准曲线上查得的测定试样溶液中钾的浓度,μg/mL;

c_1——标准曲线上查得的试样空白溶液中钾的浓度,μg/mL;

V——试样溶液的体积,mL;

N——稀释倍数;

m——试样的质量,g。

(2) 结果表示 测定结果用平行测定的算术平均值表示,结果保留 3 位有效数字。

(3) 重复性 在重复性条件下获得的 2 次独立测试结果的绝对差值不大于这 2 个测定值的算数平均值的 20%。

(五) 饲料中镁的测定(原子吸收光谱法)

1. 适用范围

适用于饲料原料、配合饲料、浓缩饲料试样。

2. 原理

用干法灰化饲料原料、配合饲料、浓缩饲料试样,在酸性条件下溶解残渣,定容制成试样溶液;用酸浸提法处理预混合饲料试样,定容制成试样溶液;将试样溶液导入原子吸收分光光度计中,测定其在 285.2nm 处的吸光度。

3. 仪器设备

① 原子吸收分光光度计:波长范围 190~900nm。

② 离心机:转速为 3 000r/min。

③ 磁力搅拌器。

④ 硬质玻璃烧杯。

⑤ 具塞锥形瓶。

4. 试剂和溶液

① 盐酸:1:10;1:100。

② 硝酸。

③ 乙炔。

④ 干扰抑制剂溶液:称取氯化锶 152.1g 溶于 420mL 盐酸,加水至 1 000mL 摇匀,备用。

⑤ 镁标准溶液:

a. 镁标准储备溶液:准确称取镁(光谱纯)(1.000 0±0.000 1)g 于高型烧杯中,加 10mL 盐酸溶解,移入 1 000mL 容量瓶中,用水定容,摇匀,此液 1mL 含 1.00mg 镁。

b. 镁标准中间工作溶液:取镁标准储备溶液 2.00mL 于 100mL 容量瓶中,用 1:100 盐酸稀释定容,摇匀,此液 1mL 含 20μg 镁。

c. 镁标准工作溶液:取镁标准中间工作溶液 0.00、1.00、2.50、5.00、7.50、10.0mL 分

别置于100mL容量瓶中,加入干扰抑制剂溶液10mL,用1∶100盐酸稀释定容,配制成0.00、0.20、0.50、1.00、1.50、2.00μg/mL的标准工作溶液。

5. 试样制备

采集有代表性的试样至少2kg,用四分法缩分至250g。粉碎,过40目筛,装入试样瓶内密封,保存备用。

6. 测定步骤

(1)饲料原料、配合饲料、浓缩饲料、含金属螯合物的预混合饲料试样的处理　准确称取2~5g试样,精确至0.000 1g,于100mL硬质玻璃烧杯中,在电炉或电热板上缓慢加热炭化,然后于高温炉中500℃下灰化16h,若仍有少量的碳粒,可滴入硝酸使残渣润湿,加热烘干,再于高温炉中灰化至无碳粒。取出冷却,向残渣中滴入少量水润湿,再加10mL盐酸并加30mL煮沸数分钟后放冷,移入100mL容量瓶中,用水定容,过滤,得试样分解液,备用,同时制备试样空白溶液。

(2)预混合饲料试样处理　准确称取1~3g试样,精确至0.000 1g,于250mL具塞锥形瓶中,加入1∶10盐酸100mL,置于磁力搅拌器上,搅拌提取30min,再以离心机以3 000r/min离心5min,取其上层清液,为试样分解液;或是搅拌提取后,取过滤所得溶液作为试样分解液,同时制备试样空白溶液。

(3)工作曲线的绘制　将标准工作溶液导入原子吸收分光光度计,在波长285.2nm处测定其吸光度,绘制工作曲线。

(4)试样测定　将试样测定液导入原子吸收分光光度计,在波长285.2nm处测定其吸光度,同时测定试样空白液的吸光度,并由工作曲线求出试样测定液、空白液的浓度。

7. 结果计算

(1)计算公式

$$\omega = \frac{(c-c_0)}{m} \times V$$

式中:ω——试样中镁的含量,mg/kg;

　　　c——由工作曲线求得的试样测定液中镁的浓度,μg/mL;

　　　c_0——由工作曲线求得的试样空白液中镁的浓度,μg/mL;

　　　m——试样的质量,g;

　　　V——试样测定溶液的体积,mL。

(2)结果表示　测定结果表示到0.001mg/kg。

(3)重复性　含镁量10mg/kg以上时,允许相对偏差15%;含镁量在1~10mg/kg时,允许相对偏差25%;含镁量在1mg/kg以下时,允许相对偏差50%。

二、微量元素铜、铁、锰和锌的测定

1. 适用范围

适用于配合饲料、浓缩饲料、精料补充料、添加剂预混合饲料和饲料原料。检出限为5mg/kg。

2. 原理

试样在高温炉(550±20)℃下灰化之后，用盐酸溶解残渣并稀释定容，然后导入原子吸收分光光度计的空气-乙炔火焰中。测量每个待测元素的吸光度，并与对应元素标准曲线的吸光度比较定量。

3. 仪器设备

所有的容器，包括配制标准溶液的吸管，在使用前用 6mol/L 盐酸溶液冲洗。如果使用专用的灰化坩埚和玻璃器皿，每次使用前不需要用盐酸溶液煮沸。

① 分析分平：感量 0.000 1g。

② 瓷坩埚(内层光滑没有被腐蚀)：上部直径为 4~6cm，下部直径为 2~2.5cm，高 5cm 左右，使用前用盐酸溶液(6mol/L)煮沸。

③ 硬质玻璃器皿：使用前用盐酸溶液(6mol/L)煮沸，并用水冲洗净。

④ 电热板。

⑤ 高温炉。

⑥ 原子吸收分光光度计：带有空气-乙炔火焰和背景校正功能。

⑦ Cu、Fe、Mn、Zn 空心阴极灯或无极放电灯。

⑧ 定量滤纸。

4. 试剂和溶液

除特殊注明外，本方法所有试剂均为分析纯和蒸馏水(或相应纯度的水)。

① 盐酸。

② 6mol/L 盐酸溶液。

③ 0.6mol/L 盐酸溶液。

④ Cu、Fe、Mn、Zn 的标准储备液：取 100mL 水，125mL 盐酸于 1L 容量瓶中，混匀。称取下列试剂于容量瓶中溶解并用水定容：392.9mg 硫酸铜($CuSO_4 \cdot 5H_2O$)、702.2mg 硫酸亚铁铵[$Fe(NH_4)_2(SO_4)_2 \cdot 6H_2O$]、307.7mg 硫酸锰($MnSO_4 \cdot H_2O$)、439.8mg 硫酸锌($ZnSO_4 \cdot 7H_2O$)，此储备液中 Cu、Fe、Mn、Zn 的含量均为 100μg/mL。

注：可以使用市售的标准溶液。

⑤ Cu、Fe、Mn、Zn 的标准溶液：准确移取 20mL 的储备液加入 100mL 容量瓶中，用水稀释定容。此标准溶液中 Cu、Fe、Mn、Zn 的含量均为 20μg/mL。该标准溶液使用时当天配制。

5. 试样制备

采集有代表性的试样至少 2kg，用四分法缩分至 250g。粉碎，过 40 目筛，装入试样瓶内密封，保存备用。

6. 测定步骤

(1) 检查是否含有有机物　用平勺取一些试样在火焰上加热。如果试样融化没有烟，即不存在有机物。如果试样颜色有变化，并且不融化，即试样含有机物。

(2) 试样　根据估计含量称取 1~5g 试样，精确至 0.000 1g，放进坩埚中。含有机物的试样，从 6(3) 操作。不含有机物的试样，直接从 6(4) 操作。

(3) 干灰化　将坩埚放在电热板上加热，直到试样完全炭化(要避免试样燃烧)。将坩埚转到 550℃ 预热 15min 以上的高温电阻炉中灰化 3h，冷却后用 2mL 水湿润坩埚中内试样。如果有碳粒，则将坩埚放在电热板上缓慢小心蒸干，然后放到高温电阻炉中再次灰化 2h，冷却后再加 2mL 水湿润坩埚内试样。

注：含硅化合物可能影响复合预混合饲料灰化效果，使测定结果偏低。此时称取试样后宜从 6(4) 开始操作。

(4)溶解　取 6mol/L 盐酸溶液 10mL，开始慢慢一滴一滴加入，边加边旋动坩埚，直到不冒泡为止(可能产生二氧化碳)，然后再快速加入，旋动坩埚并加热直到内容物接近干燥，在加热期间避免内容物溅出。用 6mol/L 盐酸溶液 5mL 加热溶解残渣后，分次用 5mL 左右的水将试样溶液转移到 50mL 容量瓶。冷却后用水稀释定容并用滤纸过滤。

(5)空白溶液　每次测量，均按照 6(2)、6(3) 和 6(4) 步骤制备空白溶液。

7. 铜、铁、锰、锌的测定步骤

(1)测量条件　调节原子吸收分光光度计的仪器测试条件，使仪器在空气-乙炔火焰测量模式下处于最佳分析状态。Cu、Fe、Mn、Zn 的测量波长如下：

Cu：324.8nm；Fe：248.3nm；Mn：279.5nm；Zn：213.8nm。

(2)标准曲线　用 0.6mol/L 盐酸溶液稀释标准溶液，配制一组适宜的标准工作溶液。测量 0.6mol/L 盐酸溶液的吸光度和标准溶液的吸光度。用标准溶液的吸光度减去 0.6mol/L 盐酸溶液的吸光度，以吸光度校正值分别对 Cu、Fe、Mn、Zn 的含量绘制标准曲线。

(3)试样测定　在同样条件下，测量试样溶液和空白溶液的吸光度，试样溶液的吸光度减去空白溶液的吸光度，由标准曲线求出试样溶液中元素的浓度，按公式计算含量。必要时用 0.6mol/L 盐酸溶液稀释试样溶液和空白溶液，使其吸光度在标准曲线线性范围之内。

8. 结果计算

(1)计算公式　按照表 6-1 修约：

$$\omega = \frac{(c-c_0) \times 50 \times N \times 1\,000}{m \times D}$$

式中：ω——Cu、Fe、Mn、Zn 元素的含量，mg/kg 或 g/kg；

c——试样溶液中元素的浓度，μg/mL；

c_0——空白溶液元素的浓度，μg/mL；

N——稀释倍数；

m——试样的质量，g；

D——数值以 mg/kg 表示时，10^3；以 g/kg 表示时，10^6。

表 6-1　结果计算的修约

含量	修约到	含量	修约到
5~10mg/kg	0.1mg/kg	1~10g/kg	100mg/kg
10~100mg/kg	1mg/kg	10~100g/kg	1g/kg
100~1g/kg	10mg/kg		

(2)重复性　同一操作人员在同一实验室，用同一方法使用同样设备对同一试样在短时间内所做的 2 个平行样结果之间的差值，超过表 6-2 或表 6-3 重复性限的情况，不大于 5%。

(3)再现性　不同分析人员在不同实验室，用不同设备使用同一方法对同一试样所得到的 2 个单独试验结果之间的绝对差值，超过表 6-2 或表 6-3 再现性限的情况，不大于 5%。

表 6-2　预混料的重复性限(r)和再现性限(R)

元素	含量/(mg/kg)	r	R
Cu	200~20 000	$0.07\bar{x}$	$0.13\bar{x}$
Fe	500~30 000	$0.06\bar{x}$	$0.21\bar{x}$
Mn	150~15 000	$0.08\bar{x}$	$0.28\bar{x}$
Zn	3 500~15 000	$0.08\bar{x}$	$0.20\bar{x}$

注：$\bar{x}$ 为 2 个结果的平均值(mg/kg)。

表 6-3　其他饲料的重复性限(r)和再现性限(R)

元素	含量/(mg/kg)	r	R
Cu	10~100	$0.27\bar{x}$	$0.57\bar{x}$
Fe	50~1 500	$0.08\bar{x}$	$0.32\bar{x}$
Mn	15~150	$0.06\bar{x}$	$0.40\bar{x}$
Zn	25~500	$0.11\bar{x}$	$0.19\bar{x}$

注：$\bar{x}$ 为 2 个结果的平均值(mg/kg)。

表 6-2 和表 6-3 给出的重复性限和再现性限对各元素和范围用一个计算式表示。式中的系数是实验室测定结果的平均值。某些试样的测定值偏高，在统计时没有包括这些偏高的数据。大多数情况下这些离群值可能是由于试样的均匀度不好引起的。

9. 注意事项

① 试样灰化分解时要充分，否则影响测定结果。

② 标准工作溶液配制准确，工作曲线的吸光率与浓度的相关系数达 0.999 以上。

③ 试样待测液中元素含量应控制在仪器要求的测定范围之内。否则，无法进行测定。

三、其他元素的测定

(一)饲料中铬的测定(原子吸收光谱法)

1. 适用范围

适用于饲料原料(包括饲料用皮革粉、水解皮革粉)、微量元素预混料、复合预混料、浓缩料和配合饲料。石墨炉原子吸收光谱法最低检出限为 0.005μg/kg；光焰原子吸收光谱法最低检出限为 150μg/kg。

2. 原理

试样经高温灰化，用酸溶解后，注入原子吸收光谱检测器中，在一定浓度范围，其吸收值与铬含量成正比，与标准系列比较定量。

3. 仪器设备

所有玻璃器具及坩埚均用 20∶80 硝酸溶液浸泡 24h 或更长时间后，用纯净水冲洗，晾干。

① 实验室用试样粉碎机或研钵(无铬)。

② 超纯水装置。

③ 分析天平：感量 0.000 1g。

④ 瓷坩埚：60mL。
⑤ 可控温电炉：600W。
⑥ 高温炉。
⑦ 容量瓶：20mL、50mL、100mL、1 000mL。
⑧ 移液管：0.5mL、1.0mL、2.0mL、3.0mL、5.0mL、10.0mL、25.0mL。
⑨ 短颈漏斗：直径6cm。
⑩ 滤纸：11cm，定量，快速。
⑪ 原子吸收光谱仪。

4. 试剂和溶液

除特殊注明外，本方法所有试剂均为优级纯和超纯水。

① 浓硝酸。
② 2%硝酸溶液。
③ 20%硝酸溶液。
④ 铬标准溶液：

a. 铬标准储备液（100mg/L）：称取0.283g经100~110℃烘至恒重的重铬酸钾，用水溶解，移入1 000mL容量瓶中，稀释至刻度，此溶液每毫升相当于0.1mg铬。

b. 铬标准溶液1（20mg/L）：量取10.0mL铬标准储备液于50mL容量瓶中，加2%硝酸溶液稀释至刻度，此溶液每毫升相当于20μg铬。

c. 铬标准溶液2（2mg/L）：量取1.0mL铬标准储备液于50mL容量瓶中，加2%硝酸溶液稀释至刻度，此溶液每毫升相当于2μg铬。

d. 铬标准溶液3（0.2mg/L）：量取10.0mL铬标准溶液2于100mL容量瓶中，加2%硝酸溶液稀释至刻度，此溶液每毫升相当于0.2μg铬。

5. 试样制备

采集有代表性的试样约2kg，用四分法缩分至250g。磨碎，过1.10mm筛，混匀，装入密闭容器。为防止试样变质，应低温保存备用。

6. 测定步骤

（1）试样溶液的制备　称取0.1~10.0g试样，精确至0.000 1g，置于60mL瓷坩埚中，在电炉上炭化完全后，置于高温炉内，由室温开始，徐徐升温，至600℃灼烧5h，直至试样呈白色或灰白色、无碳粒为止。冷却后取出，用20%硝酸溶液5mL溶解，过滤至50mL容量瓶，并用纯净水反复洗涤坩埚和滤纸，洗涤液并入容量瓶中，然后用纯净水定容，混匀，作为试样溶液。同时配制试剂空白液。

（2）测定

① 火焰法光源：铬空心阴极灯；波长：359.3nm；灯电流：7.5mA；狭缝宽度：1.30nm；燃烧器高度：7.5mm；火焰：空气-乙炔；助燃气压力：160kPa（流速15.0L/min）；燃气压力：35kPa（流速2.3L/min）；氘灯背景校正。

② 石墨炉法波长：359.3nm；狭缝宽度：1.30nm；灯电流：7.5mA；干燥温度：100℃，30s；灰化温度：900℃，20s；原子化温度：2 600℃，6s；清洗温度：2 700℃，4s；背景校正为塞曼效应。

(3) 标准曲线绘制

① 火焰法吸取 0.00、1.25、2.50、5.00、10.00、20.00mL 铬标准溶液 1，分别置于 20mL 容量瓶中，加 2%硝酸溶液稀释至刻度，混匀，制成标准工作液。容量瓶中每毫升溶液分别相当于 0.00、1.25、2.50、5.00、10.00、20.00μg 铬。

② 石墨炉法吸取 0.00、1.25、2.50、5.00、10.00、20.00mL 铬标准溶液 3 于 50mL 容量瓶中，加 2%硝酸溶液稀释至刻度，混匀，制成标准工作液。容量瓶中每毫升溶液分别相当于 0.0、5.0、10.0、20.0、40.0、80.0ng 铬。

(4) 试样测定　将各铬标准工作液、试剂空白液和试样溶液分别导入调至最佳条件的原子化器中进行测定，测得其吸光值，代入标准系列的一元线性回归方程中求得试样溶液中的铬含量。石墨炉法自动注入 20μL。

7. 结果计算

(1) 火焰法计算公式

$$\omega_1 = \frac{(A_1 - A_2) \times V_1 \times 1\,000}{m_1 \times 1\,000}$$

式中：ω_1——饲料中铬的含量，μg/g；

A_1——测定用试样溶液中铬的含量，μg/mL；

A_2——试剂空白液中铬的含量，μg/mL；

V_1——试样溶液的总体积，mL；

m_1——试样质量，g。

计算结果为同一试样 2 个平行样的算术平均值，保留小数点后 2 位有效数字。

(2) 石墨炉法计算公式

$$\omega_2 = \frac{(m_2 - m_3) \times 1\,000}{m_4 \times \frac{V_3}{V_2} \times 1\,000}$$

式中：ω_2——饲料中铬的含量，ng/g；

m_2——用于测定时的试样溶液中铬的质量，ng；

m_3——用于测定时的试剂空白液中铬的质量，ng；

m_4——试样质量，g；

V_2——试样溶液的总体积，mL；

V_3——用于测定时的试样溶液体积，mL。

计算结果为同一试样 2 个平行样的算术平均值，保留小数点后 2 位有效数字。

(3) 重复性　同一分析者对同一试样同时或快速连续地进行 2 次测定，所得结果相对偏差：在铬含量小于 10mg/kg 时，相对偏差不得超过 20%；在铬含量大于等于 10mg/kg 时，相对偏差不得超过 10%。

(二) 饲料中镉的测定 (碘化钾-甲基异丁酮法)

1. 适用范围

适用于饲料中镉的测定。

2. 原理

以干灰化法分解试样，在酸性条件下，有碘化钾存在时，镉离子与碘离子形成络合物，被甲基异丁酮萃取分离，将有机相喷入空气-乙炔火焰，使镉原子化，测定其对特征共振线 228.8nm 的吸光度，与标准系列比较求得镉的含量。

3. 仪器设备

① 分析天平：感量 0.000 1g。

② 高温炉。

③ 原子吸收分光光度计。

④ 硬质烧杯：100mL。

⑤ 容量瓶：50mL。

⑥ 具塞比色管：25mL。

⑦ 吸量管：1mL、2mL、5mL、10mL。

⑧ 移液管：5mL、10mL、15mL、20mL。

4. 试剂和溶液

除特殊注明外，本方法所有试剂均为分析纯和重蒸馏水。

① 硝酸：优级纯。

② 盐酸：优级纯。

③ 2mol/L 碘化钾溶液：称取 322g 碘化钾，溶于水，加水稀释至 1 000mL。

④ 5%抗坏血酸溶液：称取 5g 抗坏血酸（$C_6H_8O_6$），溶于水，加水稀释至 100mL（临用时配置）。

⑤ 1mol/L 盐酸溶液。

⑥ 甲基异丁酮[$CH_3COCH_2CH(CH_3)_2$]。

⑦ 镉标准储备液：称取高纯金属镉（Cd，99.99%）0.100 0g 于 250mL 锥形瓶中，加入 1∶1 硝酸溶液 10mL，在电热板上加热溶解完全后，蒸干，取下冷却，加入 1∶1 盐酸溶液 20mL 及 20mL 水，继续加热溶解，取下冷却后，移入 1 000mL 容量瓶中，用水稀释至刻度，摇匀，此溶液每毫升相当于 100μg 镉。

⑧ 镉标准中间液：吸取 10mL 镉标准储备液于 100mL 容量瓶中，以 1mol/L 盐酸溶液稀释至刻度，摇匀，此溶液每毫升相当于 10μg 镉。

⑨ 镉标准工作液：吸取 10mL 镉标准中间液于 100mL 容量瓶中，以 1mol/L 盐酸溶液稀释至刻度，摇匀，此溶液每毫升相当于 1μg 镉。

5. 试样制备

采集具有代表性的饲料试样至少 2kg，四分法缩分至 250g。磨碎，过 1.10mm 筛，混匀，装入密封广口试样瓶中，防止试样变质，低温保存备用。

6. 测定步骤

（1）试样处理　准确称取 5~10g 试样于 100mL 硬质烧瓶中，置于高温炉内，微开炉门，由低温开始，先升至 200℃ 保持 1h，再升至 300℃ 保持 1h，最后升温至 500℃ 灼烧 16h，直至试样成白色或灰白色，无碳粒为止。取出冷却，加水润湿，加 10mL 硝酸，在电热板或砂浴上加热分解试样至近干，冷却后加 1mol/L 盐酸溶液 10mL，将盐类加热溶解，内容物移入 50mL 容量瓶中，再以 1mol/L 盐酸溶液反复洗涤烧杯，洗液并入容量瓶中，以 1mol/L 盐酸溶液稀释至刻度,摇匀备用。

若为石粉、磷酸盐等矿物试样,可不用干灰化法。称样后加 10~15mL 硝酸或盐酸,在电热板或砂浴上加热分解试样至近干,其余同上处理。

(2)标准曲线绘制　准确分取镉标准工作液 0.00、1.25、2.50、5.00、7.50、10.00mL,分别置于 25mL 具塞比色管中,以 1mol/L 盐酸溶液稀释至 15mL,依次加入 2mL 碘化钾溶液摇匀,加 1mL 抗坏血酸溶液,摇匀,准确加入 5mL 甲基异丁酮。振动萃取 3~5min,静置分层后,有机相导入原子吸收分光光度计,在波长 228.8nm 处测其吸光度;以吸光度为纵坐标,浓度为横坐标,绘制标准曲线。

(3)试样测定　精确分取 15~20mL 待测试样溶液及等量试剂空白溶液于 25mL 具塞比色管中,依次加入 2mL 碘化钾溶液,其余同标准曲线绘制测定步骤。

7. 结果计算

(1)计算公式

$$\omega = \frac{V_1 \times (m_1 - m_2)}{m \times V_2}$$

式中:ω——试样中镉的含量,mg/kg;
　　　m——试样质量,g;
　　　V_1——试样处理液总体积,mL;
　　　V_2——待测试样溶液体积,mL;
　　　m_1——待测试样溶液中镉的质量,μg;
　　　m_2——试剂空白液中镉的质量,μg。

(2)结果表示　每个试样取 2 个平行样进行测定,以其算术平均值作为测定结果,结果表示到 0.01mg/kg。

(3)重复性　同一分析者对同一试样同时或快速连续地进行 2 次测定,所得结果之间的差值:镉含量不超过 0.5mg/kg 时,不得超过平均值的 50%;镉含量为 0.5~1.0mg/kg 时,不得超过平均值的 30%;镉含量超过 1.0mg/kg 时,不得超过平均值的 20%。

8. 注意事项

① 干灰化法处理试样时,要防止高温下镉与器皿之间的黏滞损失,尤其当试样成分呈碱性时,黏滞损失加剧。蔬菜类含有较多的碱金属阳离子,而磷酸根离子较少,谷物及肉类则正好相反,因此在干灰化蔬菜类试样时,加少量磷酸,可减少黏滞损失。在 500℃ 灰化试样,要达到完全灰化往往是困难的,提高灰化温度固然可达到完全灰化的目的,但镉的损失加剧,若灰化不彻底又会造成镉的吸附和被包被,为此,对灰分再加入少量混合酸消解,以弥补此缺陷。

② 一般试样溶解的镉浓度往往很低,要用灵敏度扩张装置提高其灵敏度 2~5 倍进行测定。

(三)饲料中铅的测定(原子吸收光谱法)

1. 适用范围

适用于配合饲料、浓缩饲料、单一饲料、添加剂预混料。

干灰化法适用于含有有机物较多的饲料原料、配合饲料、浓缩饲料。湿消化法分盐酸消化法和高氯酸消化法。盐酸消化法适用于不含有机物质的添加剂预混料和矿物质饲料。高氯酸消化法适用于含有机物质的添加剂预混料。

2. 原理

① 干灰化法：将试样在高温炉(550±20)℃灰化之后，酸性条件下溶解残渣，沉淀和过滤，定容制成试样溶液，用火焰原子吸收光谱法，测量其在283.3nm处的吸光度，与标准系列比较定量。

② 湿消化法：试样中的铅在酸的作用下变成铅离子，沉淀和过滤去除沉淀物，稀释定容，用原子吸收光谱法测定。

3. 仪器设备

所用的容器在使用前用0.6mol/L稀盐酸煮。如果使用专用的灰化皿和玻璃器皿，每次使用前不需要用盐酸煮。

① 高温炉。

② 分析天平：感量0.0001g。

③ 实验室用试样粉碎机。

④ 原子吸收分光光度计，附测定铅的空心阴极灯。

⑤ 无灰(不要释放矿物质的)滤纸。

⑥ 瓷坩埚(内层光滑没有被腐蚀)：使用前用6mol/L盐酸煮。

⑦ 可调电炉。

⑧ 平底柱型聚四氟乙烯坩埚：$60cm^2$。

4. 试剂和溶液

除特殊注明外，本方法所有试剂均为分析纯和蒸馏水(或相应纯度的水)。

警告：各种强酸应小心操作，稀释和取用均在通风橱中进行，使用高氯酸时注意不要烧干，小心爆炸。

① 0.6mol/L稀盐酸溶液。

② 6mol/L盐酸溶液。

③ 6mol/L硝酸溶液：吸取43mL硝酸，用水定容至100mL。

④ 铅标准储备液：准确称取1.598g硝酸铅[$Pb(NO_3)_2$]，加硝酸溶液10mL，全部溶解后，转入1000mL容量瓶中，加水至刻度，该溶液含铅为1mg/mL。标准储备液贮存在聚乙烯瓶中，4℃保存。

⑤ 铅标准工作液：吸取1.0mL铅标准储备液，加入100mL容量瓶中，加水至刻度，此溶液含铅为10μg/mL。工作液当天使用当天配置。

5. 试样制备

选取有代表性的试样至少500g，四分法缩分至100g。粉碎，过1.10mm尼龙筛，混匀装入密闭容器中，低温保存备用。

6. 测定步骤

(1) 试样溶解

① 干灰化法：称取约5g制备好的试样，精确至0.001g，置于瓷坩埚中。将瓷坩埚置于可调电炉上，100~300℃缓慢加热炭化至无烟，要避免试样燃烧。然后放入已在550℃下预热15min的高温炉，灰化2~4h，冷却后用2mL水将碳化物湿润。如果仍有少量碳粒，可滴入硝酸使残渣润湿，将坩埚放在水浴上干燥，然后再放到高温炉中灰化2h，冷却后加2mL水。

取 6mol/L 盐酸溶液 5mL，开始慢慢一滴一滴加入坩埚中，边加边转动坩埚，直到不冒泡，然后再快速放入，再加入 5mL 硝酸，转动坩埚并用水浴加热直到消化液 2~3mL 时取下（注意防止溅出），分次用 5mL 左右的水转移到 50mL 容量瓶。冷却后，用水定容至刻度，用无灰滤纸过滤，摇匀，待用。同时制备试样空白溶液。

② 湿消化法：

a. 盐酸消化法：依据预期含量，称取 1~5g 制备好的试样，精确至 0.001g，置于瓷坩埚中。用 2mL 水将试样润湿，取 6mol/L 盐酸溶液 5mL，开始慢慢一滴一滴加入坩埚中，边加边转动坩埚，直到不冒泡，然后再快速放入，再加入 5mL 硝酸，转动坩埚并用水浴加热直到消化液 2~3mL 时取下（注意防止溅出），分次用 5mL 左右的水转移到 50mL 容量瓶。冷却后，用水定容至刻度，用无灰滤纸过滤，摇匀，待用。同时制备试样空白溶液。

b. 高氯酸消化法：称取 1g 试样，精确至 0.001g，置于聚四氟乙烯坩埚中，加水湿润试样，加入 10mL 硝酸（含硅酸盐较多的试样需再加入 5mL 氢氟酸），放在通风柜里静置 2h 后，加入 5mL 高氯酸，在可调电炉上垫瓷砖小火加热，温度低于 250℃，待消化液冒白烟为止。冷却后，用无灰滤纸过滤到 50mL 的容量瓶中，用水冲洗坩埚和滤纸多次，加水定容至刻度，摇匀，待用。同时制备试样空白溶液。

(2) 标准曲线绘制　分别吸取 0.0、1.0、2.0、4.0、8.0mL 铅标准工作液，置于 50mL 容量瓶中，加入 6mol/L 盐酸溶液 1mL，加水定容至刻度，摇匀，导入原子吸收分光光度计，用水调零，在 283.3nm 波长处测定吸光度，以吸光度为纵坐标，浓度为横坐标，绘制标准曲线。

(3) 试样测定　试样溶液和试剂空白，按绘制标准曲线步骤进行测定，测出相应吸光值与标准曲线比较定量。

7. 结果计算

(1) 计算公式

$$\omega = \frac{(\rho_1 - \rho_2) \times V_1}{m}$$

式中：ω——试样中铅含量，mg/kg；

　　　m——试样的质量，g；

　　　V_1——试样消化液总体积，mL；

　　　ρ_1——测定用试样消化液铅含量，μg/mL；

　　　ρ_2——空白试液中铅含量，μg/mL。

(2) 结果表示　每个试样平行测定 2 次，以其算术平均值为结果。结果表示到 0.01mg/kg。

(3) 重复性　同一分析者对同一分析试样同时或快速连续地进行 2 次测定，所得结果之间的差值：铅含量低于 5mg/kg 时，不得超过平均值的 20%；铅含量为 5~15mg/kg 时，不得超过平均值的 15%；铅含量为 15~30mg/kg 时，不得超过平均值的 10%；铅含量高于 30mg/kg 时，不得超过平均值的 5%。

(四) 饲料中汞的测定（原子荧光光谱分析法）

1. 适用范围

适用于配合饲料、浓缩饲料、预混合饲料和饲料添加剂。检出限为 0.15μg/kg，标准曲线最佳线性范围 0~60μg/L。

2. 原理

试样经酸加热消解后,在酸性介质中,试样中汞被硼氢化钾(KBH_4)或硼氢化钠($NaBH_4$)还原成原子态汞,由载气(氩气)带入原子化器中,在特制汞空心阴极灯照射下,基态汞原子被激发至高能态,在去活化回到基态时,发射出特征波长的荧光,其荧光强度与汞含量成正比,与标准系列比较定量。

3. 仪器设备

① 分析天平:感量0.000 1g。

② 高压消解罐:100mL。

③ 微波消解炉。

④ 实验室用试样粉碎机或研钵。

⑤ 消化装置。

⑥ 原子荧光光度计。

⑦ 容量瓶:50mL。

4. 试剂和溶液

除特殊注明外,本方法所有试剂均为分析纯和蒸馏水(或相应纯度的水)。

① 硝酸:优级纯。

② 30%过氧化氢。

③ 硫酸:优级纯。

④ 混合酸液:量取10mL硝酸和10mL硫酸,缓缓倒入80mL水中,冷却后小心混匀。

⑤ 硝酸溶液:量取50mL硝酸,缓缓倒入450mL水中,混匀。

⑥ 5g/L氢氧化钾溶液:称取5.0g氢氧化钾,溶于水中,稀释至1 000mL,混匀。

⑦ 5g/L硼氢化钾溶液:称取5.0g硼氢化钾,溶于5.0g/L的氢氧化钾溶液中,并稀释至1 000mL,混匀,现用现配。

⑧ 汞标准储备溶液:按GB/T 602—2002中规定进行配制,或者选用国家标准物质汞标准溶液,此溶液每毫升相当于1 000μg汞。

⑨ 汞标准工作溶液:吸取汞标准储备液1mL于100mL容量瓶中,用硝酸溶液稀释至刻度,混匀,此溶液浓度为10μg/mL。再分别吸取10μg/mL汞标准溶液1mL和5mL于2个100mL容量中,用硝酸溶液稀释至刻度,混匀,溶液浓度分别为100ng/mL和500ng/mL,分别用于测定低浓度试样和高浓度试样,制作标准曲线,现用现配。

5. 试样制备

采集有代表性的试样至少2kg,用四分法缩分至250g。粉碎,过0.42mm筛,混匀,装入密闭容器中,避光低温保存备用。

6. 测定步骤

(1)试样消解

① 高压消解法:称取0.5~2.00g试样,精确至0.000 1g,置于聚四氟乙烯塑料内罐中,加10mL硝酸,混匀后放置过夜,再加15mL过氧化氢,盖上内盖刚入不锈钢外套中,旋紧密封。然后将消解罐刚入普通干燥箱(烘箱)中加热,升温至120℃后保持恒温2~3h,至消解完全,冷至室温,将消解液用硝酸溶液洗涤消解罐并定容至50mL容量瓶中,摇匀。同时做试剂空白试验,待测。

② 微波消解法：称取 0.20~1.0g，置于消解罐中加入 2~10mL 硝酸、2~4mL 过氧化氢，盖好安全阀后，将消解罐放入微波炉消解系统中，根据不同种类的试样设置微波炉消解系统的最佳分析条件(表 6-4、表 6-5)，至消解完全，冷却后用硝酸溶液洗涤消解罐并定容至 50mL 容量瓶中(低含量试样可定容至 25mL 容量瓶)混匀待测。同时做试剂空白试验。

表 6-4　饲料试样微波消解条件

步　骤	1	2	3
功率/%	50	75	90
压力/kPa	343	686	1 096
升压时间/min	30	30	30
保压时间/min	5	7	5
排风量/%	100	100	100

表 6-5　鱼油、鱼粉试样微波消解条件

步　骤	1	2	3	4	5
功率/%	50	70	80	100	100
压力/kPa	343	514	686	959	1 234
升压时间/min	30	30	30	30	30
保压时间/min	5	5	5	7	5
排风量/%	100	100	100	100	100

(2) 标准系列配置

① 低浓度标准系列：分别吸取 100ng/mL 汞标准使用液 0.50、1.00、2.00、4.00、5.00mL 于 50mL 容量瓶中，用硝酸溶液稀释至刻度，混匀。相当于汞浓度 1.0、2.0、4.0、8.0、10.0ng/mL。此标准系列适用于一般试样测定。

② 高浓度标准系列：分别吸取 500ng/mL 汞标准使用液 0.50、1.00、2.00、3.00、4.00mL 于 50mL 容量瓶中，用硝酸溶液稀释至刻度，混匀。相当于汞浓度 5.0、10.0、20.0、30.0、40.0ng/mL。此标准系列适用于鱼粉及含汞量偏高的试样测定。

(3) 试样测定

① 仪器参考条件：光电倍增管负高压，260V；汞空心阴极灯电流，30mA；原子化器，温度 300℃，高度 8.0mm；氩气流速，载气 500mL/min，屏蔽气 1 000mL/min；测量方式，标准曲线法；读数方式，峰面积；读数延迟时间，1.0s；读数时间，10.0s；硼氢化钾溶液加液时间，8.0s；标准或样液加液体积，2mL。仪器稳定后，测标准系列，至标准曲线的相关系数 $r>0.999$ 后测试样。

② 测定方式：

a. 浓度测定方式：设定好仪器最佳条件，逐步将炉温升至所需温度后，稳定 10~20min 后开始测量。连续用硝酸溶液进样，待读数稳定之后，转入标准系列测量，绘制标准曲线。转入试样测量，先用硝酸溶液进样，使读数基本回零，再分别测定试样空白和试样消化液，每测不同的试样前都应清洗进样器。

b. 仪器自动计算结果方式：设定好仪器最佳时间，在试样参数画面输入以下参数：试样质量(g)，稀释体积(mL)；并选择结果的浓度单位，逐步将温炉升至所需温度，稳定后测量。

连续用硝酸溶液进样，待读数稳定之后，转入标准系列测量，绘制标准曲线。在转入试样测定之前，再进入空白值测量状态，用试样空白消化液进样，让仪器取其均值作为扣底的空白值。随后即可依法测定试样。测定完毕后，选择"打印报告"即可将测定结果自动打印。

7. 结果计算

（1）计算公式

$$\omega = \frac{(c-c_0) \times V \times 1\,000}{m \times 1\,000 \times 1\,000}$$

式中：ω——试样中汞的含量，mg/kg；

c——试样消化液中汞的含量，ng/mL；

c_0——试剂空白液中汞的含量，ng/mL；

V——试样消化液总体积，mL；

m——试样质量，g。

（2）结果表示　每个试样平行测定 2 次，以其算术平均值为结果。结果表示到 0.001mg/kg。

（3）重复性　同一分析者对同一试样同时或快速连续地进行 2 次测定，所得结果之间的差值：在汞含量低于 0.020mg/kg 时，不得超过平均值的 100%；汞含量在 0.020~0.100mg/kg 时，不得超过平均值的 50%；汞含量高于 0.100mg/kg 时，不得超过平均值的 20%。

（五）饲料中钼的测定（分光光度法）

1. 适用范围

适用于单一饲料、配合饲料、精料补充饲料及浓缩饲料。检出限 0.2mg/kg。

2. 原理

在酸条件下，硫氰化钾与饲料中的钼络合，形成的络合物用异戊醇萃取，离心后用分光光度计在波长 465nm 处，以异戊醇为参比测定吸光度，校正空白后，由标准曲线求试样中钼的含量。

3. 仪器设备

① 高型烧杯：200mL。

② 分液漏斗：125mL。

③ 分光光度计。

④ 离心机。

4. 试剂和溶液

除特殊注明外，本方法所有试剂均为分析纯和蒸馏水（或相应纯度的水）。

① 异戊醇：3-甲基-1-丁醇。

② 硫酸。

③ 硝酸。

④ 高氯酸。

⑤ 氨水。

⑥ 盐酸。

⑦ 盐酸溶液Ⅰ：1∶1.85。

⑧ 盐酸溶液Ⅱ：1∶1。

⑨ 5g/L 甲基橙溶液。

⑩ 氟化钠饱和溶液：10g 氟化钠加 200mL 水中，搅拌溶解，形成饱和溶液，过滤备用。

⑪ 200g/L 氯化亚锡溶液：称取 10g 氯化亚锡（$SnCl_2 \cdot 2H_2O$）置于烧杯中，加入 10mL 盐酸溶液Ⅰ，加热至完全溶解，冷却后，加几粒金属锡，用水稀释至 50mL 在玻璃瓶内保存。

⑫ 8g/L 氯化亚锡溶液：取 4mL 氯化亚锡溶液用水稀释至 100mL，现配现用。

⑬ 200g/L 硫氰化钾溶液：称取 50g 硫氢化钾溶于水中，稀释至 250mL。

⑭ 铁溶液：称取 0.702 2g 硫酸亚铁铵，溶于水，加入 1mL 硫酸，并用水稀释至 1 000mL，此溶液含铁 100μg/mL。

⑮ 钼标准储备液：称取 0.184 0g 钼酸铵[$(NH_4)_6Mo_7O_{24} \cdot 4H_2O$]，溶于水，并用水稀释至 1 000mL，此溶液含钼 100μg/mL。

⑯ 钼标准工作液：准确移取 10mL 标准储备溶液，用水稀释至 500mL，此溶液含钼 2μg/mL。

5. 试样制备

采集有代表性的试样至少 2kg，用四分法缩分至 250g。粉碎，过 0.42mm 筛，混匀，装入密闭容器中，避光低温保存备用。

6. 测定步骤

(1) 试液的制备　准确称取试样约 5g，精确至 0.000 1g，于 200mL 高型烧杯中，加入 35mL 硝酸，盖上表面皿，静置 15min，然后在调温电炉上小心加热，注意避免泡沫溢出烧杯，如泡沫冒到表面皿上，立即停止加热，待泡沫平息后，继续加热溶解，直到大部分固体消失为止。冷却至室温，加入 10mL 硝酸和 6mL 高氯酸，盖上表面皿，放在调温电炉上缓慢加热，煮沸，注意不要暴沸。继续加热直到溶解完全，这时溶液应为无色或浅黄色。溶解完全后，将溶液蒸发直到残渣刚干或稍带湿润为止，取下烧杯，冷却，用少量水冲洗烧杯内壁和表面皿。再放回到电炉上煮沸 3min，然后移开烧杯，冷却后用少量水冲洗烧杯内壁和表面皿。

加入 2 滴甲基橙，用氨水中和，然后边搅拌边加入盐酸溶液Ⅱ，直到溶液刚好呈酸性，再多加 8.2mL，使最后的溶液含约 3% 盐酸，并加入 2mL 氟化钠饱和溶液。如果试样待测液铁含量小于 100μg，则加入 1mL 铁溶液。

将溶液转移 125mL 分液漏斗中，用水稀释至 50mL，加入 4mL 硫氰化钾溶液充分混合，加入 1.5mL 氯化亚锡溶液，再次混匀并用移液管准确加入 15mL 异戊醇，盖上分液漏斗并充分振荡 1min，分层后弃去水相。向有机相中加入新配制的氯化亚锡溶液 25mL，轻微振荡 15s，分层后弃去水相，有机相为试样测定溶液。

每批试样均需同时做试剂空白实验。

(2) 标准曲线的绘制　准确移取钼标准工作溶液 0.00、1.00、2.00、5.00、10.00、20.00mL，分别置于 200mL 高型烧杯中，加入 10mL 硝酸和 6mL 高氯酸，以下按 6(1) 进行，制备溶液系列，测定吸光度。绘制吸光度对钼含量的标准曲线。

(3) 试样测定　取有机相转入离心管，以 2 000r/min 的转速离心 15min，取上层清液，以异戊醇作参比，用 1.0cm 比色皿在分光光度计上 465nm 波长下，测定吸光度，在工作曲线上查得试样中钼的含量。

7. 结果计算

(1)计算公式

$$\omega = \frac{m_1 - m_0}{m}$$

式中：ω——试样中钼的含量，mg/kg；

m_0——试剂空白中钼的含量，μg；

m_1——由曲线查得的钼含量，μg；

m——试样质量，g。

(2)结果表示 平行测定结果用算术平均值表示，结果保留小数点后2位有效数字。

(3)重复性 在重复性条件下获得的2次独立测试，以其算术平均值为测定结果。试样钼含量在10mg/kg以下，允许相对偏差不大于20%；10~20mg/kg时，允许相对偏差不大于15%；20mg/kg以上，允许相对偏差不大于10%。

(六)饲料中总砷的测定(银盐法)

1. 适用范围

适用于各种配合饲料、浓缩饲料、添加剂预混合饲料、单一饲料及饲料添加剂。定量检出限 0.04mg/kg。

2. 原理

试样经酸消解或干灰化破坏有机物，使砷呈离子状态存在，经碘化钾、氯化亚锡将高价砷还原为三价砷，然后被锌粒和酸产生的新生态氢还原为砷化氢。在密闭装置中，被二乙氨基二硫代甲酸银(Ag-DDTC)的三氯甲烷溶液吸收，形成黄色或棕红色银溶胶，其颜色深浅与砷含量成正比，用分光光度计比色测定。形成胶体银的反应如下：

$$AsH_3 + 6Ag\text{-}DDTC \Longrightarrow 6Ag + 3H(DDTC) + As(DDTC)_3$$

3. 仪器设备

① 砷化氢发生及吸收装置(图6-1)。

② 砷化氢发生器：100mL 带 30mL、40mL、50mL 刻度线和侧管的锥形瓶。

③ 导气管：管径直径为 8.0~8.5mm；尖端孔直径为 2.5~3.0mm。

④ 吸收瓶：下部带 5mL 刻度线。

⑤ 分光光度计：波长范围 360~800nm。

⑥ 分析天平：感量 0.000 1g。

⑦ 可调温电炉。

⑧ 玻璃器皿：凯氏瓶，各种刻度吸液管，容量瓶和高型烧杯。

⑨ 瓷坩埚：30mL。

⑩ 高温炉。

4. 试剂和溶液

除特殊注明外，本方法所有试剂均为分析纯和蒸馏水(或相应纯度的水)。

① 硝酸。

② 硫酸。

③ 高氯酸。

④ 盐酸。

⑤ 乙酸。

⑥ 碘化钾。

⑦ L-抗坏血酸。

⑧ 无砷锌粒：粒径(3.0±0.2)mm。

⑨ 混合酸溶液(A)：V(硝酸)：V(硫酸)：V(高氯酸)=23∶3∶4。

⑩ 1mol/L盐酸溶液：量取84.0mL盐酸，倒入适量水中，用水稀释至1L。

⑪ 3mol/L盐酸溶液：量取250.0mL盐酸，倒入适量水中，用水稀释至1L。

⑫ 200g/L乙酸铅溶液。

⑬ 150g/L硝酸镁溶液：称取30g硝酸镁[$Mg(NO_3)_2 \cdot 6H_2O$]溶于水中，并稀释至200mL。

⑭ 150g/L碘化钾溶液：称取75g碘化钾溶于水中，定容至500mL，贮存于棕色瓶中。

⑮ 400g/L酸性氯化亚锡溶液：称取20g氯化亚锡($SnCl_2 \cdot 2H_2O$)溶于50mL盐酸中，加入数颗金属锡粒，可用一周。

⑯ 2.5g/L二乙氨基二硫代甲酸银-三乙胺-三氯甲烷吸收溶液：称取2.5g(精确至0.000 1g)Ag-DDTC于干燥的烧杯中，加适量三氯甲烷待完全溶解后，转入1 000mL容量瓶中，加入20mL三乙胺，用三氯甲烷定容，于棕色瓶中存放在冷暗处。若有沉淀应过滤后使用。

⑰ 乙酸铅棉花：将医用脱脂棉在乙酸铅溶液(100g/L)浸泡约1h，压除多余溶液，自然晾干，或在90~100℃烘干，保存于密闭瓶中。

⑱ 1.0mg/mL砷标准储备溶液：精确称取0.660g三氧化砷(110℃干燥2h)，加5mL氢氧化钠溶液使之溶解，然后加入25mL硫酸溶液中和，定容至500mL。此溶液每毫升含1.00mg砷，于塑料瓶中冷藏。

⑲ 1.0μg/mL砷标准工作溶液：精确吸取5.00mL砷标准储备溶液于100mL容量瓶中，加水定容，此溶液含砷50μg/mL。精确吸取50μg/mL砷标准溶液2.00mL，于100mL容量瓶中，加1mL盐酸，加水定容，摇匀，此溶液每毫升相当于1.0μg砷。

⑳ 60mL/L硫酸溶液：吸取6.0mL硫酸，缓慢加入约80mL水中，冷却后用水稀释至100mL。

㉑ 200g/L氢氧化钠溶液。

5. 试样制备

选择有代表性的饲料试样1.0kg，用四分法缩分至250g。磨碎，过0.42mm筛，存于密封瓶中，待用。

6. 测定步骤

(1)试样处理

① 混合酸消解法：配合饲料及单一饲料，宜采用硝酸-硫酸-高氯酸消解法。称取试样3~4g，精确至0.000 1g，置于250mL凯式瓶中，加水少许湿润试样，加30mL混合酸溶液(A)，放置4h以上或过夜，置电炉上从室温开始消解。待棕色气体消失后，提高消解温度，至冒白烟(SO_3)数分钟(务必赶尽硝酸)。此时溶液应清亮无色或淡黄色，瓶内溶液体积近似硫酸用量，残渣为白色。若瓶内溶液呈棕色，冷却后添加适量硝酸和高氯酸，直至消解完全。冷却，加1mol/L盐酸溶液10mL煮沸，稍冷，转移到50mL容量瓶中，用水洗涤凯氏瓶3~5次，洗

液并入容量瓶中，然后用水定容，摇匀，待测。

试样消解液含砷小于 10μg 时，可直接转移到砷化氢发生器中，补加 7mL 盐酸，加水使瓶内溶液体积为 40mL，从加 2mL 碘化钾起，以下按 6(3) 操作步骤进行。

同时于相同条件下，做试剂空白实验。

② 盐酸溶样法：矿物元素饲料添加剂不宜加硫酸，应用盐酸溶样。称取试样 1~3g，精确至 0.0001g，于 100mL 高型烧杯中，加水少许湿润试样，慢慢滴加 3mol/L 盐酸溶液 10mL，待激烈反应后，再缓慢加入 8mL 盐酸，用水稀释至约 30mL 煮沸。转移到 50mL 容量瓶中，洗涤烧杯 3~4 次，洗液并入容量瓶中，用水定容，摇匀，待测。

试样消解液含砷小于 10μg 时，可直接转移到发生器中，用水稀释到 40mL 并煮沸，从加 2mL 碘化钾起，以下按 6(3) 操作步骤进行。

另外，少数矿物质饲料富含硫，严重干扰砷的测定，可用盐酸溶解试样后，往高型烧杯中加入 5mL 乙酸铅溶液并煮沸，静置 20min，形成的硫化铅沉淀过滤除之，滤液定容至 50mL，以下按 6(3) 操作步骤进行。

同时于相同条件下，做试剂空白实验。

③ 硫酸铜、碱式氯化铜溶样：称取试样 0.1~0.5g，精确至 0.0001g，于砷化氢发生器中（若遇砷含量高的试样时，应先定容，适当分取试样，使试液中砷含量在工作曲线之内），加 5mL 水溶解，加 2mL 乙酸及 1.5g 碘化钾，放置 5min 后，加 0.2g/L-抗坏血酸使之溶解，加 10mL 盐酸，然后用水稀释至 40mL，摇匀，按 6(3) 规定步骤操作。

同时于相同条件下，做试剂空白实验。

④ 干灰化法：添加剂预混合饲料、浓缩饲料、配合饲料、单一饲料及饲料添加剂可选择干灰化法：称取试样 2~3g，精确至 0.0001g，于 30mL 瓷坩埚中，加入 5mL 硝酸镁溶液，混匀，于低温或沸水浴中蒸干，低温炭化至无烟后，然后转入高温炉于 550℃ 恒温灰化 3.5~4h。取出冷却，缓慢加入 3mol/L 盐酸溶液 10mL，待激烈反应过后，煮沸并转移到 50mL 容量瓶中，用水洗涤坩埚 3~5 次，洗液并入容量瓶中，定容，摇匀，待测。所称试样含砷小于 10μg 时，可直接转移到发生器中，补加 8mL 盐酸，加水至 40mL 左右，加入 1g 抗坏血酸溶解后，按 6(3) 操作步骤进行。

同时于相同条件下，做试剂空白实验。

(2) 标准曲线绘制　精确吸取砷标准工作液(1.0μg/mL) 0.00、1.00、2.00、4.00、6.00、8.00、10.00mL 于发生瓶中，加 10mL 盐酸，加水稀释至 40mL，从加入 2mL 碘化钾起，以下按 6(3) 规定步骤操作，测其吸光度，求出回归方程各参数或绘制出标准曲线。当更换锌粒批号或新配制 Ag-DDTC 吸收液、碘化钾溶液和氯化亚锡溶液，均应重新绘制标准曲线。

(3) 还原反应与比色测定　从 6(1)①②③ 处理好的待测液中，准确吸取适量溶液（含砷量应≥1.0μg）于砷化氢发生器中，补加盐酸至总量为 10mL，并用水稀释至 40mL，使溶液盐酸浓度为 3.0mol/L，然后向试样溶液、试剂空白溶液、标准系列溶液各发生器中，加入 2mL 碘化钾溶液，摇匀，加入 1mL 氯化亚锡溶液，摇匀，静置 15min。

准确吸取 5.00mL Ag-DDTC 吸收液于吸收瓶中，连接好发生吸收装置（勿漏气，导管塞有蓬松的乙酸铅棉花）。从发生器侧管迅速加入 4g 无砷锌粒，反应 45min，当室温低于 15℃ 时，反应延长至 1h。反应中轻摇发生瓶 2 次，反应结束后，取下吸收瓶，用三氯甲烷定容至 5mL，摇匀，测定。以原吸收液为参比，在 520nm 处，用 1mm 比色池测定。

7. 结果计算

(1) 计算公式

$$\omega = \frac{(A_1 - A_3) \times V_1 \times 1\,000}{m \times V_2 \times 1\,000}$$

式中： ω——试样中总砷含量，mg/kg；

V_1——试样消解液定容总体积，mL；

V_2——分取试液体积，mL；

A_1——测试液中含砷量，μg；

A_3——试剂空白液中含砷量，μg；

m——试样质量，g。

若试样中砷含量很高，可用下式计算：

$$\omega = \frac{(A_2 - A_3) \times V_1 \times V_3 \times 1\,000}{m \times V_2 \times V_4 \times 1\,000}$$

式中： ω——试样中总砷含量，mg/kg；

V_1——试样消解液定容总体积，mL；

V_2——分取试液体积，mL；

V_3——分取液再定容体积，mL；

V_4——测定时分取 V_3 的体积，mL；

A_2——测定用试液中含砷量，μg；

A_3——试剂空白液中含砷量，μg；

m——试样质量，g。

(2) 结果表示　每个试样应做平行样，以其算术平均值为结果，结果表示到 0.01mg/kg。当每千克试样中含砷量超过 1.0mg 时，结果保留 3 位有效数字。

(3) 重复性　分析结果的相对偏差为：砷含量低于 1.00mg/kg 时，允许相对偏差低于 20%；砷含量为 1.00~5.00mg/kg 时，允许相对偏差低于 10%；砷含量为 5.00~10.00mg/kg 时，允许相对偏差低于 5%；砷含量超过 10.00mg/kg 时，允许相对偏差低于 3%。

8. 注意事项

① 新玻璃器皿中常含有不同的砷，对所使用的新玻璃器皿，需经消解处理几次后再用，以减少空白。

② 吸取消化液的量根据试样含砷量而定，一般要求砷含量在 1.0~5.0μg。

③ 无砷锌粒不可用锌粉替代，否则反应太快，吸收不完全，结果偏低。

④ 在导气之前每加一种试剂均需摇匀，导气管每次用完后需用三氯甲烷洗净，并保持干燥。

⑤ 室温过高或过低，影响反应速度，必要时可将反应瓶置于水浴中，以控制反应温度。

(七) 饲料中氟的测定 (离子选择性电极法)

1. 适用范围

适用于饲料、饲料原料、磷酸盐及以硅铝酸盐为载体的混合型饲料添加剂。检出限为 3mg/kg (取试样 1g，定容至 50mL)。

2. 原理

试样经盐酸溶液提取，用总离子强度缓冲液调整 pH 值至 5~6，消除酸度和 Al^{3+}、Fe^{3+}、Ca^{2+}、Mg^{2+} 及 SiO_3^{2-} 等能与氟离子形成络合物的离子干扰，再用离子计测定氟离子选择性电极和饱和甘汞电极的电位差，该电位差与溶液中氟离子活度（浓度）的对数呈线性关系，用已知浓度的氟标准系列所测电位差得到的线性方程，求得未知试样溶液电位差对应的氟离子浓度，计算试样中氟的含量。

3. 仪器设备

① 分析天平：感量 0.000 1g。

② 离子计：测量范围 0.0~±1 800mV，或与之相当的 pH 计或电位仪。

③ 氟离子电极：测量范围 $1×10^{-1}$~$5×10^{-6}$ mol/L，pF-1 型或与之相当的复合电极。

④ 参比电极：饱和甘汞电极或与之相当的电极。

⑤ 电热恒温干燥箱。

⑥ 高温炉。

⑦ 磁力搅拌器。

⑧ 超声波提取器。

⑨ 镍坩埚或铂金坩埚。

4. 试剂和溶液

除特殊注明外，本方法所有试剂均为分析纯和蒸馏水（或相应纯度的水）。

① 盐酸。

② 3mol/L 乙酸钠溶液：称取 204g 三水合乙酸钠，加水约 300mL，搅拌溶解，用乙酸溶液调节 pH 值至 7.0，移入 500mL 容量瓶，加水至刻度。

③ 0.75mol/L 柠檬酸钠溶液：称取 110g 二水合柠檬酸钠溶于约 300mL 水中，加高氯酸（$HClO_4$）14mL，移入 500mL 容量瓶，加水至刻度。

④ 总离子强度缓冲液：取乙酸钠溶液与柠檬酸钠溶液等量混合，临用时配制。

⑤ 1mol/L 盐酸溶液：量取 9mL 浓盐酸，加水稀释至 100mL。

⑥ 15mol/L 氢氧化钠溶液：称取氢氧化钠 60g，加水溶解成 100mL。

⑦ 氟标准溶液：

a. 氟标准储备液：称取经 100℃ 干燥 4h 并冷却的氟化钠 0.221g，置 100mL 聚乙烯容量瓶中，加水溶解并稀释至刻度，混匀，储备于塑料瓶中，置冰箱内保存。此溶液每毫升相当于 1.0mg 氟。

b. 氟标准工作液 I：吸取氟标准储备液 10.0mL，置 100mL 聚乙烯容量瓶中，加水至刻度，混匀。此溶液每毫升相当于 0.1mg 氟。临用时配置。

c. 氟标准工作液 II：吸取氟标准工作液 I 10.00mL，置 100mL 聚乙烯容量瓶中，加水至刻度，混匀。此溶液每毫升相当于 10.0μg 氟。临用时配置。

5. 试样制备

采集具有代表性的饲料试样至少 2kg，以四分法缩分至 250g。粉碎，过 0.42mm 筛，混匀，装入磨口瓶中备用。

6. 测定步骤

(1) 氟标准系列的制备　准确吸取氟标准工作液 II 0.5、1.00、2.00、5.00、10.00mL 和氟标准工作液Ⅰ2.00、5.00mL，分别置于50mL容量瓶中，分别加入盐酸溶液5.0mL、总离子强度缓冲液25mL，并加水至刻度，混匀。上述标准系列的浓度分别为0.1、0.2、0.4、1.0、2.0、4.0、10.0μg/mL。

(2)试液的制备

① 饲料和饲料原料试样溶液制备：称取试样0.5~1g，精确至0.0001g，置50mL容量瓶中，加入盐酸溶液5.0mL，提取1h(不时轻轻摇动容量瓶，避免试样黏于瓶壁上)，或超声提取20min，提取后加总离子强度缓冲液25mL，加水至刻度，混匀，用滤纸过滤，滤液供测定用。

② 磷酸盐类试样溶液制备：称取试样约1g(约相当于2000μg的氟)，精确至0.0001g，置100mL容量瓶中，用盐酸溶液溶解并定容至刻度，混匀，取上清液5.00mL，置50mL容量瓶中，加总离子强度缓冲液25mL，加水至刻度，混匀，供测定用。

③ 石粉试样溶液的制备：称取试样约0.5~1g，精确至0.0001g，置50mL容量瓶中，缓慢加入盐酸溶液20mL(防止反应过于激烈溅出)，提取1h(不时轻轻摇动容量瓶，避免试样黏于瓶壁上)，或超声提取20min，提取后加总离子强度缓冲液25mL，加水至刻度，混匀，用滤纸过滤。

④ 以硅铝酸盐类为载体的混合型饲料添加剂试样溶液的制备：称取试样约0.5g，精确至0.0001g，置50mL镍坩埚或铂金坩埚中，用少量水润湿试样，加氢氧化钠溶液3mL，轻敲试样使其分散均匀，置150℃烘箱中1h，取出，将坩埚放入600℃高温炉中炽灼30min，取出，冷却，加5mL水，微热使熔块完全溶解，然后缓缓滴加盐酸越3.5mL，调pH值至8~9，冷却后转移至50mL容量瓶中，用水定容至刻度，混匀，用滤纸过滤，精密吸取滤液适量(约相当于100μg的氟)，置于50mL容量瓶中，加25mL总离子强度缓冲液，加水至刻度，混匀，供测定用。

(3)测定　将氟离子选择性电极和饱和甘汞电极与离子计的负端和正端相连接，将电极插入盛有50mL水的聚乙烯塑料烧杯中，并预热仪器，在磁力搅拌器上以恒速搅拌，更换2~3次水，待电位值平衡后，即可进行电位测定。

将氟标准系列置聚乙烯塑料杯中，由低浓度到高浓度分别测定相应的电位，同法测定试样溶液的电位。以氟标准系列测得的电位为纵坐标，氟离子浓度对数值为横坐标，绘制标准曲线或计算回归方程，再根据试样溶液的电位值在标准曲线上查出或回归方程计算出试样溶液中氟离子的浓度。被测溶液的浓度需在标准曲线范围内。

7. 结果计算

(1)计算公式

$$\omega = \frac{\rho \times f \times 1\,000}{m \times 1\,000}$$

式中：ω——试样中氟的含量，mg/kg；

ρ——试样溶液中氟的浓度，μg/mL；

f——稀释倍数；

m——试样质量，g。

(2)结果表示　测定结果用平行测定的算术平均值表示，结果表示到1mg/kg。

(3)重复性　在同一实验室，由同一操作者使用相同设备，按相同的测试方法，并在短时间内对同一被测对象相互独立进行测试获得的 2 次独立测试结果：当试样中氟含量低于 50mg/kg，其绝对差值应不大于这 2 个测定值的算术平均值的 20%；当试样中氟含量大于 50mg/kg，其绝对差值应不大于这 2 个测定值的算术平均值的 10%。上述规定分别以大于这 2 个测定值的算术平均值的 20% 或 10%（不超过 5% 为前提）。

8. 注意事项

① 此法较快速，也可避免灰化过程中引入的误差。但植物性饲料试样中，尚有微量元素有机氟，欲测定总氟量时，可将试样灰化后，使有机氟转化为无极氟，再进行测定。

② 每次氟电极使用前，应在水中浸泡（活化）数小时，至电位为 340mV 以上（不同生产厂家的氟电极，其要求不一致，请依据产品说明），然后泡在含低浓度氟（0.1mg/kg 或 0.5mg/kg）的 0.4mol/L 柠檬酸钠溶液中适应 20min，再洗至 320mV 后进行测定。以后每次测定均应洗至 320mV，再进行下一次测定。经常使用的氟电极应泡在去离子水中，若长期不用，则应干放保存。

③ 电极长期使用后，会发生迟钝现象，可用金相纸或牙膏擦，以活化表面。

④ 根据能斯特方程式可知，当浓度改变 10 倍，电位值只改变 59.16mV（25℃），也即理论斜率为 59.16，据此可知氟电极的性能好坏。一般实际中，电极工作曲线斜率≥57mV 时，即可认为电极性能良好，否则需查明原因。

⑤ 为了保持电位计的稳定性，最好使用电子交流稳压电源，如在夏、冬季或在室温波动大时，应在恒温室或空调室进行测量。

思考题

1. 分析导致高锰酸钾法测定钙结果偏高的原因有哪些？
2. 水溶性氯化物的测定原理是什么？
3. 饲料中主要微量矿物元素的检测方法有哪几种？
4. 饲料中各种微量元素定量检测与定性检测有什么不同？
5. 饲料中有毒元素包括哪几种？简述饲料中铬测定的主要步骤。

（高艳霞）

第七章

维生素的测定

维生素是维持正常代谢功能所必需的生物活性物质，都是一些非蛋白质、非脂肪、非糖类的有机化合物，有些为醇、酯，有些为胺、酸，还有些是酚或醛，分别具有不同的理化性质和生理作用。

维生素分脂溶性维生素和水溶性维生素。前者有维生素 A、D、E、K 等。后者有维生素 B_1、维生素 B_2、烟酸、吡多醇、氰钴素、叶酸、泛酸和维生素 C 等。

一、脂溶性维生素

(一)维生素 A

常见的维生素 A 的检测方法有三氯化锑比色法、异丙醇比色法以及高效液相色谱法。本章介绍高效液相色谱法。

1. 适用范围

适用于配合饲料、浓缩饲料、复合预混合饲料、维生素预混合饲料。定量限为 1 000IU/kg。

2. 原理

先用碱溶液皂化试样，然后用乙醚将未皂化的化合物(维生素 A)提取出来，蒸馏乙醚，残渣溶于正己烷中，最后注入高效液相色谱仪分离。在波长 326nm 条件下测定，外标法计算维生素 A 含量。

3. 仪器设备

① 分析天平：感量 0.001g、0.000 1g、0.000 01g。

② 圆底烧瓶：带回流冷凝器。

③ 恒温水浴或电热套。

④ 旋转蒸发器。

⑤ 超纯水器。

⑥ 高效液相色谱仪：带紫外可调波长检测器(或二极管矩阵检测器)。

4. 试剂和溶液

除特殊注明外，本方法所有试剂均为分析纯和蒸馏水(或相应纯度的水)。色谱用水为超纯水。

① 无水乙醚(不含过氧化物)：

a. 过氧化物检查方法：用 5mL 乙醚加 1mL 碘化钾溶液，振摇 1min，如有过氧化物则放出游离碘，水层呈黄色，或加淀粉指示液，水层呈蓝色。该乙醚需处理后使用。

b. 去除过氧化物的方法：乙醚用硫代硫酸钠溶液振摇，静置，分取乙醚层。再用水振摇，洗涤2次，重蒸，弃去首尾5%部分，收集馏出的乙醚，再检查过氧化物，应符合规定。

② 无水乙醇。

③ 正己烷：色谱纯。

④ 异丙醇：色谱纯。

⑤ 甲醇：色谱纯。

⑥ 2,6-二叔丁基对甲酚(BHT)。

⑦ 无水硫酸钠。

⑧ 氮气：纯度99.9%。

⑨ 100g/L碘化钾溶液。

⑩ 5g/L淀粉指示液：临用现配。

⑪ 50g/L硫代硫酸钠溶液。

⑫ 500g/L氢氧化钾溶液。

⑬ 10g/L酚酞指示剂。

⑭ 维生素A乙酸酯标准品：维生素A乙酸酯含量≥99.0%。

⑮ 5g/L L-抗坏血酸乙醇溶液：取0.5g/L抗坏血酸结晶纯品溶解于4mL温热的水中，用无水乙醇稀释至100mL，临用前配制。

⑯ 维生素A标准储备液：称取维生素A乙酸酯标准品34.4mg(精确至0.00001g)于皂化瓶中，皂化和提取，将乙醚提取液全部浓缩蒸发至干，用正己烷溶解残渣置入100mL棕色容量瓶中并稀释至刻度，混匀，4℃保存。该储备液浓度为344μg/mL(1 000IU/mL)，临用前用紫外分光光度计标定其准确浓度。

⑰ 维生素A标准工作液：准确吸取1.00mL维生素A标准储备液，用正己烷稀释100倍；若用反相色谱测定，将1.00mL维生素A标准储备液置入100mL棕色容量瓶中，氮气吹干，用甲醇稀释至刻度，混匀，配制工作液浓度为3.44μg/mL(10IU/mL)。

5. 试样制备

按照CB/T 20195制备试样。磨碎，过0.28mm筛，密闭避光低温保存备用。

① 皂化：称取试样配合饲料或浓缩饲料10g，精确至0.001g，维生素预混合饲料或复合预混合饲料1~5g，精确至0.0001g，置入250mL圆底烧瓶中，加50mL/L抗坏血酸乙醇溶液，使试样完全分散、浸湿。加10mL氢氧化钾溶液，混匀。置于沸水浴上回流30min，不时振荡防止试样黏附在瓶壁上，皂化结束，分别用5mL无水乙醇、5mL水自冷凝管顶端冲洗其内部，取出烧瓶冷却至约40℃。

② 提取：定量转移全部皂化液于盛有100mL无水乙醚的500mL分液漏斗中。用30~50mL水分2~3次冲洗圆底烧瓶并入分液漏斗，加盖、放气、随后混合，激烈振荡2min，静置、分层。转移水相于第二个分液漏斗中，分次用100、60mL乙醚重复提取2次，弃去水相，合并3次乙醚相。用水每次100mL洗涤乙醚提取液至中性，初次水洗时轻轻旋摇，防止乳化。乙醚提取液通过无水硫酸钠脱水，转移到250mL棕色容量瓶中，加100mg BHT使之溶解，用乙醚定容至刻度(V_1)。以上操作均在避光通风柜内进行。

③ 浓缩：从乙醚提取液(V_1)中分取一定体积(V_2)(依据试样标示量、称样量和提取液量确定分取量)置于旋转蒸发器烧瓶中，在水浴温度约50℃，部分真空条件下蒸发至干或用氮气

吹干。残渣用正己烷溶解(反相色谱用甲醇溶解)并稀释至 10mL(V_3)使其维生素 A 最后浓度为每毫升中为 5~10 IU，离心或通过 0.45μm 过滤膜过滤，用于高效液相色谱仪分析。以上操作均在避光通风柜内进行。

6. 测定步骤

(1)色谱条件

① 正相色谱：色谱柱为硅胶 Si60，长 125mm、内径 4mm、粒度 5μm(或性能类似的分析柱)；流动相：正己烷：异丙醇(98：2)；流速：1.0mL/min；温度：室温；进样量：20μL；检测波长：326nm。

② 反相色谱：色谱柱为 C18 型柱，长 125mm、内径 4.6mm、粒度 5μm(或性能类似的分析柱)；流动相：甲醇：水(95：5)；流速：1.0mL/min；温度：室温；进样量：20μL；检测波长：326nm。

(2)定量测定　按高效液相色谱仪说明书调整仪器操作参数，向色谱柱注入相应的维生素 A 标准工作液和试样溶液，得到色谱峰面积响应值，用外标法定量测定。

7. 结果计算

试样中维生素 A 的含量，以质量分数 ω_1 计，数值以国际单位每千克(IU/kg)或毫克每千克(mg/kg)表示，按下式计算：

$$\omega_1 = \frac{P_1 \times V_1 \times V_3 \times \rho_1}{P_2 \times m_1 \times V_2 \times f_1} \times 1\,000$$

式中：P_1——试样溶液峰面积值；

V_1——提取液的总体积，mL；

V_3——试样溶液最终体积，mL；

ρ_1——维生素 A 标准工作液浓度，μg/mL；

P_2——维生素 A 标准工作液峰面值；

m_1——试样质量，g；

V_2——从提取液(V_1)中分取的溶液体积，mL；

f_1——转换系数，1IU 相当于 0.344μg 维生素 A 乙酸酯，或 0.300μg 视黄醇活性。

平行测定结果用算术平均值表示，保留 3 位有效数字。

(二)维生素 D_3

维生素 D_3 是维生素 D 的一种，又称胆钙化固醇。检测方法有三氯化锑比色法、紫外分光光度法、高效液相色谱法、薄层层析法以及荧光分析法等。本章介绍常用的高效液相色谱法。

1. 高效液相色谱法-皂化提取法

(1)适用范围　适用于配合饲料、浓缩饲料、复合预混合饲料、维生素预混合饲料。定量限为 12.5μg/kg(500IU/kg)。

(2)原理　用碱溶液皂化试样，乙醚提取维生素 D_3，蒸发乙醚，残渣溶解于甲醇并将部分溶液注入高效液相色谱反相净化柱，收集含维生素 D_3 淋洗液，蒸发至干，溶解于适当溶剂中，注入高效液相色谱分析柱，在 264nm 处测定，外标法计算维生素 D_3 含量。

(3) 仪器设备

① 分析天平：感量 0.001g、0.0001g、0.00001g。

② 圆底烧瓶：带回流冷凝器。

③ 恒温水浴或电热套。

④ 旋转蒸发器。

⑤ 超纯水器。

⑥ 高效液相色谱仪：带紫外可调波长检测器(或二极管矩阵检测器)。

(4) 试剂和溶液　除特殊注明外，本方法所有试剂均为分析纯和蒸馏水(或相应纯度的水)。色谱用水为超纯水。

① 无水乙醇。

② 正己烷：色谱纯。

③ 1,4-二氧六环。

④ 甲醇：色谱纯。

⑤ 2,6-二叔丁基对甲酚(BHT)。

⑥ 无水硫酸钠。

⑦ 氮气：纯度 99.9%。

⑧ 5g/L 淀粉指示液：临用现配。

⑨ 50g/L 硫代硫酸钠溶液。

⑩ 500g/L 氢氧化钾溶液。

⑪ 10g/L 酚酞指示剂。

⑫ 100g/L 氯化钠溶液。

⑬ 维生素 D_3 标准品：维生素 D_3 含量≥99.0%。

⑭ 无水乙醚：不含过氧化物。

过氧化物检查方法：用 5mL 乙醚加 1mL 碘化钾溶液，振摇 1min，如有过氧化物则放出游离碘，水层呈黄色，或加淀粉指示液，水层呈蓝色。该乙醚需处理后使用。

去除过氧化物的方法：乙醚用硫代硫酸钠溶液振摇，静置，分取乙醚层，再用水振摇，洗涤 2 次，重蒸，弃去首尾 5%部分，收集馏出的乙醚，再检查过氧化物，应符合规定。

⑮ 5g/L L-抗坏血酸乙醇溶液：取 0.5g/L 抗坏血酸结晶纯品溶解于 4mL 温热的水中，用无水乙醇稀释至 100mL，临用前配制。

⑯ 维生素 D_3 标准储备液：称取 50mg 维生素 D_3(胆钙化醇)标准品(精确至 0.00001g)于 50mL 棕色容量瓶中，用正己烷溶解并稀释至刻度，混匀，4℃保存。该储备液浓度为 1.0mg/mL。

⑰ 维生素 D_3 标准工作液：准确吸取维生素 D_3 标准储备液，用正己烷按 1:100 比例稀释，若用反相色谱测定，将 1.0mL 维生素 D_3 标准储备液置入 10mL 棕色容量瓶中，用氮气吹干，用甲醇稀释至刻度，混匀，再按比例稀释，该标准工作液浓度为 10μg/mL。

(5) 试样制备　试样磨碎，过 0.28mm 筛，混匀，装入密闭容器中，避光低温保存备用。

① 皂化：称取试样，配合饲料 10~20g，浓缩饲料 10g，精确至 0.001g，维生素预混合饲料或复合预混合饲料 1~5g，精确至 0.0001g，置于 250mL 圆底烧瓶中，加 50~60mL/L 抗坏血酸乙醇溶液，使试样完全分散、浸湿，加 10mL 氢氧化钾溶液，混合均匀，置于沸水浴上回

流 30min，不时振荡防止试样黏附在瓶壁上，皂化结束，分别用 5mL 无水乙醇、5mL 水自冷凝管顶端冲洗其内部，取出烧瓶冷却至约 40℃。

② 提取：定量转移全部皂化液于盛有 100mL 无水乙醚的 500mL 分液漏斗中，用 30~50mL 水分 2~3 次冲洗圆底烧瓶并入分液漏斗，加盖、放气，随后混合，激烈振荡 2min，静置分层。转移水相于第 2 个分液漏斗中，分次用 100、60mL 乙醚重复提取 2 次，弃去水相，合并 3 次乙醚相。用氯化钠溶液 100mL 洗涤 1 次，再用水(每次 100mL)洗涤乙醚提取液至中性，初次水洗时轻轻旋摇，防止乳化。乙醚提取液通过无水硫酸钠脱水，转移到 250mL 棕色容量瓶中，加 100mg BHT 使之溶解，用乙醚定容至刻度(V_1)。以上操作均在避光通风柜内进行。

③ 浓缩：从乙醚提取液(V_1)中分取一定体积(V_2)(依据试样标示量、称样量和提取液量确定分取量)置于旋转蒸发器烧瓶中，在部分真空，水浴 50℃ 的条件下蒸发至干，或用氮气吹干。残渣用正己烷溶解(需净化时用甲醇溶解)，并稀释至 10mL(V_2)，使其获得的溶液中每毫升含维生素 D_3 2~10μg(80~400IU)。离心或通过 0.45μm 过滤膜过滤，收集清液移入 2mL 小试管，用于高效液相色谱仪分析。以上操作均在避光通风柜内进行。

④ 高效液相色谱净化：用 5mL 甲醇溶解圆底烧瓶中的残渣，向高效液相色谱净化柱中注射 0.5mL 甲醇溶液(按上述所述色谱条件，以维生素 D_3 标准甲醇溶液流出时间±0.5min)收集含维生素 D_3 的馏分于 50mL 小容量瓶中，蒸发至干(或用氮气吹干)，溶解于正己烷中。

所测试样的维生素 D_3 标示量在每千克超过 10 000 IU 范围时，可以不使用高效液相色谱净化柱，直接用分析柱分析。

(6) 测定步骤

① 高效液相色谱净化条件：色谱净化柱为 Lichrosorb RP-8，长 25cm、内径 10mm、粒度 10μm；流动相：甲醇∶水(90∶10)；流速：2.0mL/min；温度：室温；检测波长：264nm。

② 高效液相色谱分析条件：

a. 正相色谱：色谱柱为硅胶 Si60，长 125mm、内径 4.6mm、粒度 5μm(或性能类似的分析柱)；流动相：正己烷∶1,4-二氧六环(93∶7)；流速：1.0mL/min；温度：室温；进样量：20μL；检测波长：264nm。

b. 反相色谱：色谱柱为 C18 型柱，长 125mm、内径 4.6mm、粒度 5μm(或性能类似的分析柱)；流动相：甲醇∶水(95∶5)；流速：1.0mL/min；温度：室温；进样量：20μL；检测波长：264nm。

③ 定量测定：按高效液相色谱仪说明书调整仪器操作参数，为准确测量按要求对分析柱进行系统适应性试验，使维生素 D_3 与维生素 D_3 原或其他峰之间有较好分离度，其 $R \geq 1.5$。向色谱柱注入相应的维生素 D_3 标准工作液和试样溶液，得到色谱峰面积响应值，用外标法定量测定。

(7) 结果计算　试样中维生素 D_3 的含量，以质量分数 ω_1 计，单位以国际单位每千克或毫克每克(mg/g)表示，按下式计算：

$$\omega_1 = \frac{P_1 \times V_1 \times V_3 \times \rho_1 \times 1.25}{P_2 \times m_1 \times V_2 \times f_1} \times 1\,000$$

式中：P_1——试样溶液峰面积值；

V_1——提取液的总体积，mL；

V_3——试样溶液最终体积，mL；

ρ_1——维生素 D_3 标准工作液浓度，$\mu g/mL$；

P_2——维生素 D_3 标准工作液峰面积值；

m_1——试样质量，g；

V_2——从提取液（V_1）中分取的溶液体积，mL；

f_1——转换系数，1IU 维生素 D_3 相当于 $0.025\mu g$ 胆钙化醇。

注：维生素 D_3 对照品与试样同样皂化处理后，所得标准溶液注入高效液相色谱分析柱以维生素 D_3 峰面积计算时可不乘 1.25。

2. 高效液相色谱法-直接提取法

(1) 适用范围　适用于维生素预混合饲料中维生素 D_3 的测定，定量限为 125mg/kg（5×10^6 IU/kg）。

(2) 原理　维生素预混合饲料中的维生素 D_3 用甲醇溶液提取，试液注入高效液相色谱柱，在 264nm 处测定，外标法计算维生素 D_3 含量。

(3) 仪器设备

① 超声波水浴锅。

② 分析天平：感量 0.001g、0.0001g、0.00001g。

③ 圆底烧瓶：带回流冷凝器。

④ 恒温水浴或电热套。

⑤ 旋转蒸发器。

⑥ 高效液相色谱仪：带紫外可调波长检测器（或二极管矩阵检测器）。

(4) 试剂和溶液　除特殊注明外，本方法所有试剂均为分析纯和蒸馏水（或相应纯度的水）。色谱用水为超纯水。

① 维生素 D_3 标准品：维生素 D_3 含量≥99.0%。

② 维生素 D_3 标准储备液：称取维生素 D_3 标准品 100mg（精确至 0.00001g），于 100mL 棕色容量瓶中，用甲醇溶解并稀释至刻度，混匀，4℃保存。该储备液浓度为 1.0mg/mL。

③ 维生素 D_3 标准工作液：准确吸取维生素 D_3 标准储备液 1.0mL 于 100mL 棕色容量瓶中，用甲醇稀释至刻度，混匀，配制工作液浓度为 $10\mu g/mL$。

(5) 试样制备　称取试样 1g，精确至 0.0001g，置于 100mL 的棕色容量瓶中，加入约 80mL 的甲醇，瓶塞不要拧紧，于 65℃ 超声波水浴中超声提取 30min，冷却至室温，用甲醇稀释至刻度，充分摇匀，将溶液过 $0.45\mu m$ 滤膜，进样测定，使待测试样维生素 D_3 的进样浓度与标准溶液浓度接近。

(6) 测定步骤

① 色谱条件：色谱柱为 C18 型柱，长 150mm、内径 4.6mm、粒度 $5\mu m$（或性能类似的分析柱）；流动相：甲醇∶水（98∶2）；流速：1.0mL/min；温度：室温；进样量：$20\mu L$；检测波长：264nm。

② 定量测定：按高效液相色谱仪说明书调整仪器操作参数，向色谱柱注入相应的维生素 D_3 标准工作液）和试样溶液，得到色谱峰面积响应值，用外标法定量测定。

(7) 结果计算　试样中维生素 D_3 的含量，以质量分数 ω_2 计，数值以国际单位每千克（IU/kg）或毫克每千克（mg/kg）表示，按下式计算：

$$\omega_2 = \frac{P_3 \times V \times \rho_2}{P_4 \times m_2 \times f_2} \times 1.07 \times 1\,000$$

式中：P_3——试样溶液峰面积值；

V——试样溶液的总稀释体积，mL；

ρ_2——维生素 D_3 标准工作液浓度，μg/mL；

P_4——维生素 D_3 标准工作液峰面积值；

m_2——试样质量，g；

f_2——转换系数，1IU 维生素 D_3 相当于 0.025μg 胆钙化醇；

1.07——提取时生成预维生素 D_3 的校正因子。

注：维生素 D_3 标准品与试样同样处理后，所得标准溶液注入高效液相色谱分析柱以维生素 D_3 峰面积计算时可不乘 1.07。

平行测定结果用算术平均值表示，保留 3 位有效数字。

(三)维生素 E

维生素 E 又称生育酚，是一类 6-色满醇与 2-烃链相连的衍生物。有 α、β、γ、δ 等 8 种不同类型结构，其中 α 型活性最高。主要检测方法有化学滴定法(铈量法)、紫外分光光度法、电化学分析法以及液相色谱法等。本章介绍目前比较常用的高效液相色谱法和气相色谱法。

1. 高效液相色谱法-皂化提取法

(1)适用范围 适用于配合饲料、浓缩饲料、复合预混合饲料、维生素预混合饲料。定量限为 1mg/kg。

(2)原理 用碱溶液皂化试验试样，释放试样中的天然生育酚，添加的 dl-α-生育酚乙酸酯转化为游离的 dl-α-生育酚，通过乙醚提取，蒸发乙醚，用正己烷溶解残渣。试液注入高效液相色谱柱，用紫外检测器在 280nm 处测定，外标记法计算维生素 E(dl-α-生育酚)含量。

(3)仪器设备

① 分析天平：感量 0.000 1g、0.000 01g。

② 圆底烧瓶：带回流冷凝器。

③ 恒温水浴或电热套。

④ 旋转蒸发器。

⑤ 高效液相色谱仪：带紫外可调波长检测器(或二极管矩阵检测器)。

(4)试剂和溶液 除特殊注明外，本方法所有试剂均为分析纯和蒸馏水(或相应纯度的水)。色谱用水为超纯水。

① 无水乙醚：不含过氧化物。

过氧化物检查方法：用 5mL 乙醚加 1mL 碘化钾溶液，振摇 1min，如有过氧化物则放出游离碘，水层呈黄色，或加淀粉指示液，水层呈蓝色。该乙醚需处理后使用。

去除过氧化物的方法：乙醚用硫代硫酸钠溶液振摇，静置，分取乙醚层，再用蒸馏水振摇，洗涤 2 次，重蒸，弃去首尾 5% 部分，收集馏出的乙醚，再检查过氧化物，应符合规定。

② 100g/L 碘化钾溶液。

③ 5g/L 淀粉指示液。

④ 50g/L 硫代硫酸钠溶液。

⑤ 无水乙醇：色谱纯。
⑥ 正己烷：色谱纯。
⑦ 1,4-二氧六环。
⑧ 甲醇：色谱纯。
⑨ 2,6-二叔丁基对甲酚（BHT）。
⑩ 无水硫酸钠。
⑪ 500g/L 氢氧化钾溶液。
⑫ 10g/L 酚酞指示剂乙醇溶液。
⑬ 氮气：纯度 99.9%。
⑭ 5g/L L-抗坏血酸乙醇溶液：取 0.5g/L-抗坏血酸结晶纯品溶解于 4mL 温热的蒸馏水中，用无水乙醇稀释至 100mL 临用前配制。
⑮ 维生素 E（dl-α-生育酚）对照品：dl-α-生育酚含量≥99.0%。
⑯ dl-α-生育酚标准储备液：称取 dl-α-生育酚对照品 100mg（精确至 0.00001g）于 100mL 棕色瓶中，用正己烷溶解并稀释至刻度，混匀，4℃保存。该储备液浓度为 1.0mg/mL。
⑰ dl-α-生育酚标准工作液：准确吸取 dl-α-生育酚标准储备液，用正己烷按 1∶20 比例稀释；若用反相色谱测定，将 1.0mL dl-α-生育酚标准储备液置入 10mL 棕色容量瓶中，用氮气吹干，用甲醇稀释至刻度，混匀，再按比例稀释，配制工作液浓度为 50μg/mL。

（5）试样制备　试样磨碎，过 0.28mm 筛，混匀，装入密闭容器中，避光低温保存备用。

① 皂化：称取试样配合饲料或浓缩饲料 10g，精确至 0.001g，维生素预混合饲料或复合预混合饲料 1~5g，精确至 0.0001g，置入 250mL 圆底烧瓶中，加 50mL L-抗坏血酸乙醇溶液，使试样完全分散、浸湿，至于水浴上加热直到沸点，用氮气吹洗稍冷却，加上 10mL 氢氧化钾溶液，混合均匀，在氮气流下沸腾皂化回流 30min，不时振荡防止试样黏附在瓶壁上，皂化结束，分别用 5mL 无水乙醇、5mL 水自冷凝管顶端冲洗其内部，取出烧瓶冷却至约 40℃。

② 提取：定量的转移全部皂化液于盛有 100mL 无水乙醇的 500mL 分液漏斗中，用 30~50mL 蒸馏水分 2~3 次冲洗圆底烧瓶并入分液漏斗，加盖、放气，随后混合，激烈振荡 2min，静置、分层。转移水相于第 2 个分液漏斗中，分次用 100mL、60mL 乙醚重复提取 2 次，弃去水相，合并 3 次乙醚相。用蒸馏水每次 100mL 洗涤乙醚提取液至中性，初次水洗时轻轻旋摇，防止乳化。乙醚提取液通过无水硫酸钠脱水，转移到 250mL 棕色容量瓶中，加 100mg BHT 使之溶解，用乙醚定容至刻度（V_1）。

③ 浓缩：从乙醚提取液（V_1）中分取一定体积（V_2）（依据试样指示量、称取量和提取液量确定分取量）置于旋转蒸发器烧瓶中，在部分真空、水浴温度约 50℃的条件下蒸发至干或用氮气吹干。残渣用正己烷溶解（反相色谱用甲醇溶解），并稀释至 10mL（V_3）使获得的溶液中每毫升含维生素 E（dl-α-生育酚）50~100μg，离心或者通过 0.45μm 过滤膜过滤，用高效液相色谱仪分析。

（6）测定步骤

① 色谱条件：

a. 正相色谱：色谱柱为硅胶 Lichrosorb Si60，长 125mm、内径 4.6mm、粒度 5μm；流动相：正己烷∶1,4-二氧六环（97∶3）；流速：1.0mL/min；温度：室温；进样量：20μL；检测器：紫外可调波长检测器（或二极管矩阵检测器），检测波长 280nm。

b. 反相色谱：色谱柱为 C18 型柱，长 125mm、内径 4.6mm；流动相：甲醇：水（95：5）；流速：1.0mL/min；温度：室温；进样量：20μL。检测器：紫外可调波长检测器（或二极管矩阵检测器），检测波长 280nm。

② 定量测定：测定按高效液相色谱仪说明书调整仪器操作参数，向色谱柱注入相应的 dl-α-生育酚标准工作液和试样溶液，得到色谱峰面积响应值，用外标准法定量测定。

(7) 结果计算　试样中维生素 E 的含量（ω_1），以质量分数[国际单位（或毫克）每千克（IU 或者 mg/kg）]表示，按下式计算：

$$\omega_1 = \frac{P_1 \times V_1 \times V_3 \times \rho_1}{P_2 \times m_1 \times V_2 \times f_1}$$

式中：P_1——试样溶液峰面积值；
　　　V_1——提取液的总体积，mL；
　　　V_3——试样溶液最终体积，mL；
　　　ρ_1——标准工作液浓度，μg/mL；
　　　P_2——标准工作液峰值面积；
　　　m_1——试样质量，g；
　　　V_2——从提取液（V_1）中分取的溶液体积，mL；
　　　f_1——转换系数；1 IU 维生素 E 相当于 0.909mg dl-α-生育酚，或 1.0mg dl-α-生育酚乙酸酯。

2. 高效液相色谱法-直接提取法

(1) 适用范围　本法适用于配合饲料、浓缩饲料、复合预混合饲料、维生素预混合饲料中维生素 E（dl-α-生育酚乙酸酯）的测定，定量限为 1mg/kg。

(2) 原理　维生素预混料中的维生素 E（dl-α-生育酚乙酸酯）用甲醇溶液提取，试液注入高效相色谱柱，用紫外可调波长检测器（或二极管矩阵检测器）在 285nm 处测定，外标法计算维生素 E（dl-α-生育酚乙酸酯）含量。

(3) 仪器设备
① 超声波水浴锅。
② 分析天平：感量 0.001g、0.0001g、0.00001g。
③ 圆底烧瓶：带回流冷凝器。
④ 恒温水浴或电热套。
⑤ 旋转蒸发器。
⑥ 高效液相色谱仪：带紫外可调波长检测器（或二极管矩阵检测器）。

(4) 试剂和溶液　除特殊注明外，本方法所有试剂均为分析纯和蒸馏水（或相应纯度的水）。色谱用水为超纯水。
① 维生素 E（dl-α-生育酚乙酸酯）对照品：dl-α-生育酚乙酸酯含量≥99%。
② 维生素 E（dl-α-生育酚乙酸酯）标准储备液；称取 dl-α-生育酚乙酸酯 100mg（精确至 0.00001g），于 100mL 棕色容量瓶中，用甲醇溶解并稀释至刻度，混匀，配制工作液浓度为 100μg/mL。

(5) 试样制备　称取试样 1g，精确至 0.0001g，置于 100mL 的棕色容量瓶中，加入约 80mL 的甲醇，瓶塞不要拧紧，于 60℃ 超声波水浴中超声提取 30min，冷却至室温，用甲醇稀释至刻度，充分摇匀。如果试样中维生素 E(dl-α-生育酚乙酸酯)的标示量低于 10g/kg，则将溶液过 0.45μm 滤膜，进行测定，否则需将溶液用甲醇进一步稀释，使维生素 E(dl-α-生育酚乙酸酯)的进样浓度在 10~120μg/mL。

(6) 测定步骤

① 色谱条件：色谱柱为 C18 型柱，长 150mm、内径 4.6mm、粒度 5μm；流动相：甲醇：水(98:2)；流速：1.0mL/min；温度：室温；进样量：20μL；检测器：紫外可调波长检测器(或二极管矩阵检测器)，检测波长 285nm。

② 定量测定：按高效液相色谱仪说明书调整仪器操作参数，向色谱柱注入相应的维生素 E(dl-α-生育酚乙酸酯)标准工作液和试样溶液，得到色谱峰面积响应值，用外标准法定量测定。

(7) 结果计算

试样中维生素 E 的含量(ω_2)，以质量分数[国际单位(或毫克)每千克(IU 或 mg/kg)]表示，按下式计算：

$$\omega_2 = \frac{P_3 \times V_3 \times \rho_2}{P_4 \times m_2 \times f_2}$$

式中：P_3——试样溶液峰值面积；

V_3——试样溶液的总稀释体积，mL；

ρ_2——标准工作液浓度，μg/mL；

P_4——工作液峰值面积；

m_2——质量，g；

f_2——转换系数，1IU 维生素 E 相当于 0.909mg dl-α-生育酚，或 1.0mg dl-α-生育酚乙酸酯。

平行测定结果用算数平均值表示，保留 3 位有效数字。同一分析者对同一试样同时 2 次平行测定所得结果的对象偏差不大于 10%。

3. 气相色谱法

(1) 原理 用气相色谱法，在选定的工作条件下，通过非极性石英毛细管色谱柱使试样与杂质分离，用氢火焰离子化检测器检测，用内标法定量测定，计算试样中维生素 E 的含量。

(2) 仪器设备 气相色谱仪。

(3) 试剂和溶液

① 正己烷：色谱纯。

② 十六酸十六醇酯。

③ 维生素 E 对照品。

④ 内标溶液的制备：称取十六酸十六醇酯适量，加正己烷溶解，稀释后的溶液每毫升含 3mg 十六酸十六醇酯，摇匀，作为内标溶液。

⑤ 对照品溶液的制备：称取约 30mg 维生素 E 对照品，精确至 0.0001g，置 10mL 棕色容量瓶中，加内标溶液溶解并稀释至刻度，摇匀，作为对照品溶液。

(4) 试样制备 称取约 30mg 试样，精确至 0.0001g，置 10mL 棕色容量瓶中，加内标溶液溶解并稀释至刻度，摇匀，作为试样溶液。

(5) 测定步骤

① 色谱分析条件：推荐的色谱柱及典型色谱操作条件见表7-1所列，各组分的相对保留时间见表7-2所列。其他能达到同等分离程度的色谱柱和色谱条件均可使用。

表7-1　推荐的色谱柱

色谱柱	柱长3 m，柱内径0.53mm或0.32mm，固定液为100%甲基聚硅氧烷
柱温	280℃
检测器	氢火焰离子化检测器，温度300℃
进样口	温度290℃；分流进样，分流比1∶20，进样量1μL
载气	氮气，流速5mL/min

表7-2　推荐典型色谱操作条件

峰序	组分名称	相对保留时间/min
1	正己烷	0.03
2	维生素E	1.00
3	内标物（十六酸十六醇酯）	1.49

② 系统适用性：试验用甲基聚硅氧烷为固定液的石英毛细管柱（30cm×0.53mm），柱温280℃，理论塔板数按维生素E计算，不得小于3 000，维生素E与内标峰的分离度应大于3。

③ 含量的测定：量取1.0μL试样溶液注入气相色谱仪，记录色谱图，另取对照品溶液，同法测定。按内标法以峰面积计算出试样中$C_{31}H_{52}O_3$的含量。

(6) 结果计算　维生素E($C_{31}H_{52}O_3$)含量的质量分数ω_1，数值以%表示，按式(1)、式(2)计算：

$$\omega_1 = f \times \frac{P_3 \times m_4}{P_4 \times m_3} \times 100\% \tag{1}$$

$$f = \frac{P_1 \times m_2}{P_2 \times m_1} \tag{2}$$

式中：f——维生素E的相对校正因子；

P_1——对照品溶液中内标物的峰面积的数值；

P_2——对照品溶液中维生素E的峰面积的数值；

P_3——试样溶液中维生素E的峰面积的数值；

P_4——试样溶液中内标物的峰面积数值；

m_1——对照品溶液中内标物的质量的数值，mg；

m_2——对照品溶液中维生素E的质量的数值，mg；

m_3——试样溶液中试样的质量的数值，mg；

m_4——试样溶液中内标物质量的数值，mg。

取2次平行测定结果的算数平均值为测定结果，2次平行测定结果的绝对值差值不大于1.5%。

(四)维生素K_3

维生素K是萘醌化合物，以多种形式存在。维生素K_3是饲料中常用的添加形式，常用的检测方法有比色法、紫外分光光度法、薄层色谱法、气相色谱法和液相色谱法。本章介绍高效液相色谱法(GB/T 18872—2017)。

1. 适用范围

适用于配合饲料、浓缩饲料、添加剂预混合饲料和精料补充料。定量限为 0.4mg/kg。

2. 原理

试样经三氯甲烷和碳酸钠溶液提取并转化成游离甲萘醌,经反相 C18 型柱分离,紫外检测器检测,外标法定量。

3. 仪器设备

① 实验室常用仪器设备。

② 分析天平:感量 0.001g、0.000 1g、0.000 01g。

③ 旋转振荡器:200r/min。

④ 离心机:不低于 5 000r/min(相对离心力为 2 988g)。

⑤ 氮吹仪(或旋转蒸发仪)。

⑥ 高效液相色谱仪:带紫外可调节波长检测器(或二极管矩阵检测器)。

4. 试剂和溶液

① 三氯甲烷。

② 甲醇:色谱醇。

③ 无水硫酸钠。

④ 无水碳酸钠。

⑤ 硅藻土。

⑥ 甲萘醌标准品:含量≥96%。

⑦ 1mol/L 碳酸钠溶液:称取无水碳酸钠 10.6g,加 100mL 水溶解,摇匀。

⑧ 硅藻土和无水硫酸钠混合物:称取 3g 硅藻土与 20g 无水硫酸钠混匀。

⑨ 甲萘醌标准储备液:称取甲萘醌标准品约 50mg(精确至 0.000 01g)于 100mL 棕色容量瓶中,用甲醇溶解,稀释至刻度,混匀,该储备液浓度约为 500μg/mL,-18℃保存,有效期一年。

⑩ 甲萘醌标准工作液:准确吸取 1.00mL 甲萘醌标准储备液于 100mL 棕色容量瓶中,用甲醇溶解,稀释至刻度,混匀,该工作液浓度约为 500μg/mL,-18℃保存,有效期 3 个月。

5. 试样制备

称取维生素预混合饲料 0.25g(精确至 0.000 1g)或复合预混合饲料 1g 浓缩饲料 5g(精确至 0.001g)配合饲料,精料补充料 5~10g(精确至 0.001g),置入 100mL 具塞锥形瓶中,准确加入 50mL 三氯甲烷,放在旋转振荡器旋转振荡 2min。加 5mL 碳酸钠溶液旋转振荡 3min。再加 5g 硅藻土和无水硫酸钠混合物,于旋转振荡器上振荡 30min,然后用中速滤纸过滤。

依据试样预期量,称取和提取液量确定分取量,准确吸取适量的三氯甲烷提取液,用氮气吹干,用甲醇溶解,定容,使试样溶液浓度为每毫升含甲萘醌 0.1~5.0μg,通过 0.45μm 有机膜过滤,用于高效液相色谱仪分析。

6. 测定步骤

色谱柱:C18 型柱,长 150mm、内径 4.6mm、粒度 5μm(或性能类似的分析柱);流动相:甲醇:水(75:25);流速:1.0mL/min;柱温:室温;进样量:5~20 μL;检测波长:251nm。

依次注入相应的甲萘醌标准工作液和试样溶液,得到色谱峰面积响应值,用外标法定量测定。

7. 结果计算

试样中甲萘醌的含量以甲萘醌在试样中的质量分数(ω)表示,单位为毫克每千克(mg/kg)。

$$\omega = \frac{P_1 \times V_1 \times V_3 \times \rho}{P_2 \times m \times V_2}$$

式中:P_1——试样溶液峰面积值;

V_1——提取液的总体积,mL;

V_3——试样溶液定容体积,mL;

ρ——标准工作液浓度,$\mu g/mL$;

P_2——甲萘醌标准工作液峰面积值;

m——试样质量,g;

V_2——从提取液(V_1)中分取的溶液体积,mL。

二、水溶性维生素

(一)维生素 B_1

维生素 B_1 广泛存于豆类、谷物、酵母和肉类。在体内形成焦磷酸硫胺,是糖代谢中间产物丙酮酸氧化脱羧酶的辅酶组成部分,为糖类代谢所必需。检测方法有微生物法、荧光分光光度法、荧光目测法、高效液相色谱法等。本章介绍 GB/T 14700—2018 规定的荧光分光光度法和高效液相色谱法。

1. 荧光分光光度法

(1)适用范围 适用于饲料原料、配合饲料、浓缩饲料。定量限为1mg/kg(在有吸附硫胺素或影响硫色素荧光干扰物质存在的情况下不适用)。

(2)原理 试样中的维生素 B_1 经稀酸以及消化酶分解、吸附剂的吸附分离提纯后,在碱性条件下被铁氰化钾氧化生成荧光色素——硫色素,用正丁醇萃取。硫色素在正丁醇中的荧光强度与试样中维生素 B_1 的含量成正比,依此进行定量测定。

(3)仪器设备

① 荧光分光光度计,备1cm石英比色杯。

② 电热恒温水浴。

③ 电热恒温箱。

④ 实验室用试样粉碎机。

⑤ 分析天平:感量0.000 1g。

⑥ 注射器:10mL。

⑦ 吸附分离柱:全长235mm,外径×长度如下:上段贮液槽容量约为50mL,35mm×70mm;中部吸附管8mm×130mm;下端35mm拉成毛细管。

⑧ 具塞离心管 25mL。

(4)试剂和溶液

① 0.1mol/L 盐酸溶液。

② 0.05mol/L 硫酸溶液。

③ 2.0mol/L 乙酸钠溶液:取 164g 无水乙酸钠或 272g 结晶乙酸钠溶于水,稀释至 1 000mL。

④ 100g/L 淀粉酶悬浮液:用乙酸钠溶液悬浮 10g 淀粉酶制剂(活性 1∶250,Takadiastase,或活性相当的其他磷酸酯酶),稀释至 100mL,使用当日制备。

⑤ 250g/L 氯化钾溶液。

⑥ 酸性氯化钾溶液:将 8.5mL 浓盐酸加入至氯化钾溶液中,并稀释至 1 000mL。

⑦ 150g/L 氢氧化钠溶液。

⑧ 10g/L 铁氰化钾溶液。

⑨ 碱性铁氰化钾溶液:4.00mL 的铁氰化钾溶液与氢氧化钠溶液混合使之成 100mL,4h 内使用。

⑩ 30mL/L 冰乙酸溶液。

⑪ 人造沸石:60~80 目,使用前应活化,方法如下:将适量人造石置于大烧杯中,加入 10 倍容积的热乙酸溶液,用玻璃棒均匀搅拌 10min,使沸石在乙酸溶液中悬浮,待沸石沉降后,弃去上层乙酸溶液,重复上述操作 2 次。换用 5 倍其容积的热氯化钾溶液搅动清洗 2 次,每次 15min。再用热乙酸溶液洗 10min。最后用热蒸馏水清洗沸石至无氯离子(用 10g/L 硝酸银水溶液检验)。用布氏漏斗抽滤,100℃烘干,贮于磨口瓶中备用。使用前,检查沸石对维生素 B_1 标准溶液的回收率,如达不到 92%,须重新活化沸石。

⑫ 维生素 B_1 标准溶液:

a. 维生素 B_1 储备液 Ⅰ:取硝酸硫胺素标准品(纯度>99%),于五氧化二磷干燥器中干燥 24h,称取 0.050 0g,溶解于 pH 3.5~4.3 的 20%乙醇溶液中并定容至 500mL,盛于棕色瓶中 4℃冰箱保存,保存期 3 个月。该溶液含 0.1mg/mL 维生素 B_1。

b. 维生素 B_1 储备液 Ⅱ:取维生素 B_1 储备液 Ⅰ 10mL 用酸性 20%乙醇溶液定容至 100mL,盛于棕色瓶中 4℃冰箱保存,保存期 1 个月。该溶液含 10μg/mL 维生素 B_1。

c. 维生素 B_1 标准工作液:取维生素 B_1 储备液 Ⅱ 2mL 与 65mL 盐酸溶液和 5mL 乙酸钠溶液混合,用水定容至 100mL,现用现配。该溶液含 0.2μg/mL 维生素 B_1。

⑬ 硫酸奎宁溶液:

a. 硫酸奎宁储备液:称取硫酸奎宁 0.100 0g,用硫酸溶解并定容至 1 000mL。贮存于棕色瓶中,冰箱 4℃保存。若溶液混浊则需要重新配制。

b. 硫酸奎宁工作液:取储备液 3mL,用硫酸定容至 1 000mL。贮存于棕色瓶中,冰箱 4℃保存。该溶液中含 0.3μg/mL 硫酸奎宁。

⑭ 正丁醇:其荧光强度不超过硫酸奎宁工作液的 4%,否则需用全玻璃蒸馏器重蒸馏,取 114~118℃馏分。

⑮ 无水硫酸钠。

(5)试样制备 选取有代表性的饲料试样,用四分法缩分取样。磨碎,过 0.28mm 筛,混匀,装入密闭容器中,避光低温保存备用。

(6)测定步骤

① 称样:称取原料、配合饲料、浓缩饲料 1~2g,精确至 0.001g,置于 100mL 棕色锥形瓶中。

② 水解:加入盐酸溶液 65mL 于锥形瓶中,加塞后置于沸水浴加热 30min 或于高压釜中加热 30min,开始加热 5~10min 内不时摇动锥形瓶,以防结块。

③ 酶解:冷却锥形瓶至 50℃以下,加 5mL 淀粉酶悬浮液,摇匀。该溶液 pH 值为 4.0~4.5,将锥形瓶置于电热恒温箱中 45~50℃保温 3h,取出冷却,用盐酸溶液调整 pH 值至 3.5,转移至 100mL 棕色容量瓶中,用水定容至 100mL,摇匀。

④ 过滤:将全部试液通过无灰滤纸过滤,弃去初滤液 5mL,收集滤液作为试样溶液。

⑤ 试样溶液的纯化:称取 1.5g 活化人造沸石置于 50mL 小烧杯中,加入 3%冰乙酸溶液浸泡,溶液液面没过沸石即可。将脱脂棉置于吸附分离柱底部,用玻璃棒轻压。然后将乙酸浸泡的沸石全部洗入柱中(勿使吸附柱脱水),过柱流速控制在 1mL/min 为宜。再用 10mL 近沸的水洗柱 1 次。吸取 25mL 试样溶液,慢慢加入制备好的吸附柱中,弃去滤液,用每份 5mL 近沸的水洗柱 3 次,弃去洗液。同时做平行样。用 25mL 60~70℃酸性氯化钾溶液分 3 次连续加入吸附柱。收集洗脱液于 25mL 容量瓶中,冷却后用酸性氯化钾溶液定容,混匀。同时用 25mL 维生素 B_1 标准工作液重复以上操作,作为外标。

⑥ 氧化与萃取:于 2 支具塞离心管中各吸入 5mL 洗脱液,分别标记为 A、B,在 B 管加入 3mL 氢氧化钠溶液,再向 A 管中加 3mL 碱性铁氰化钾溶液,轻轻旋摇。依次立即向 A 管加入 15mL 正丁醇加塞,剧烈振摇 15s,再向 B 管加入 15mL 正丁醇加塞,共同振摇 90s,静置分层。用注射器吸去下层水相,向各反应管加入约 2g 无水硫酸钠,旋摇,待测。同时将 5mL 作为外标的洗脱液置入另 2 支具塞离心管,分别标记为 C、D。

⑦ 测定:用硫酸奎宁工作液调整荧光仪,使其固定于一定数值,作为仪器工作的固定条件。于激发波长 365nm,发射波长 435nm 处测定 A 管、B 管、C 管、D 管中萃取液的荧光强度。

(7)结果计算

$$\omega_i = \frac{T_1-T_2}{T_3-T_4} \times \rho \times \frac{V_2}{V_1} \times \frac{V_0}{m}$$

式中:ω_i——试样中维生素的含量,mg/kg;

T_1——管试液的荧光强度;

T_2——管试液空白的荧光强度;

T_3——管标准溶液的荧光强度;

T_4——管标准溶液空白的荧光强度;

ρ——维生素 B_1 标准工作液浓度,μg/mL;

V_0——提取液总体积,mL;

V_1——分取溶液过柱的体积,mL;

V_2——酸性氯化钾洗脱液体积,mL;

m——试样质量,g。

2. 高效液相色谱法

(1)适用范围 适用于复合预混合饲料、维生素预混合饲料。检出限为 3mg/kg;定量限为

15mg/kg。

(2)原理 试样经酸性提取液超声提取后,将过滤离心后的试液注入高效液相色谱仪反相色谱系统中进行分离,用紫外可调波长检测器(或二极管矩阵检测器)检测,外标法计算维生素 B_1 的含量。

(3)仪器设备

① pH 计:带温控,精准至 0.01。

② 超声波提取器。

③ 针头过滤器:备 0.45μm(或 0.2μm)滤膜。

④ 高效液相色谱仪:带紫外可调波长检测器或二极管矩阵检测器。

(4)试剂和溶液

① 氯化铵:优级纯。

② 庚烷磺酸钠($PICB_7$):优级纯。

③ 冰乙酸:优级纯。

④ 三乙胺:色谱纯。

⑤ 甲醇:色谱纯。

⑥ 20%酸性乙醇溶液。

⑦ 乙二胺四乙酸二钠:优级纯。

⑧ 维生素预混合饲料提取液:称取 50mg 乙二胺四乙酸二钠于 1 000mL 容量瓶中,加入约 1 000mL 去离子水,同时加入 25mL 冰乙酸、约 10mL 三乙胺,超声使固体溶解,调节溶液 pH 3~4,过 0.45μm 滤膜,取 800mL 该溶液,与 200mL 甲醇混合即得。

⑨ 复合预混合饲料提取液:称取 107g 氯化铵溶解于 1 000mL 水中,用 2mol/L 盐酸调节溶液 pH 3~4,取 900mL 该溶液与 100mL 甲醇混合即得。

⑩ 流动相:称取 1.1g 庚烷磺酸钠、50mg 乙二胺四乙酸二钠于 1 000mL 容量瓶中,加入约 1 000mL 水,同时加入 25mL 冰乙酸、约 10mL 三乙胺,超声使固体溶解,调节溶液 pH 3.7,过 0.45μm 滤膜,取 800mL 该溶液,与 200mL 甲醇混合即得。

⑪ 维生素 B_1 标准溶液:

a. 维生素 B_1 标准储备液:制备过程同维生素 B_1 储备液 I 。

b. 维生素 B_1 标准工作液 A:准确吸取 1mL 维生素 B_1 标准储备液于 50mL 棕色容量瓶中,用流动相定容至刻度,此时浓度为 20μg/mL,该溶液保存在 2~8℃冰箱,可以使用 48h。

c. 维生素 B_1 标准工作液 B:准确吸取 5mL 维生素 B_1 标准工作液 A 于 50mL 棕色容量瓶中,用流动相定容至刻度,此时浓度为 2.0μg/mL,该溶液使用前稀释制备。

(5)试样制备

① 维生素预混合饲料的提取:称取试样 0.25~0.5g(精确至 0.000 1g),置于 100mL 棕色容量瓶中。加入提取液约 70mL,边加边摇匀,置于超声水浴中超声提取 15min,期间摇动 2 次,冷却,用提取液定容至刻度,摇匀。取少量溶液于离心机上 8 000r/min 离心 5min,上清液过 0.45μm 微孔滤膜,待上机测定。

② 复合预混合饲料的提取:称取试样约 3.0g(精确至 0.001g),置于 100mL 棕色容量瓶中,加入提取液约 70mL,边加边摇匀后置于超声水浴中超声提取 30min,期间摇动 2 次,冷却。用提取液定容至刻度,摇匀。离心过滤操作同上。

(6)测定步骤　色谱条件：色谱柱为C18型柱、长250mm、内径4.6mm、粒度5μm（或性能相当的分析柱）；流动相：见(4)试剂和溶液⑩；流速：1.0mL/min；柱温：25~28℃；进样量：20μL；检测波长：242nm。

平衡色谱柱后，依分析物浓度向色谱柱注入相应的维生素B_1标准工作液A（或者维生素B_1标准工作液B）和试样溶液。得到色谱峰面积响应值，用外标法定量测定。

(7)结果计算

$$\omega = \frac{P_1 \times V \times \rho}{P_2 \times m}$$

式中：ω——为维生素B_1质量分数；

　　　m——试样质量，g；

　　　V——稀释体积，mL；

　　　ρ——维生素B_1标准工作液浓度，μg/mL；

　　　P_1——试样溶液峰面积值；

　　　P_2——维生素B_1标准工作液峰面积值。

(二)维生素B_2

维生素B_2主要来源于青饲料、草粉、糠麸、饼粕以及动物性饲料等，检测方法有紫外可见分光光度法、荧光分光光度法、微生物法、高效液相色谱法等。本章介绍GB/T 14701—2019规定的荧光分光光度法和高效液相色谱法。

1. 荧光光度法

(1)适用范围　适用于动物性和植物性饲料原料、配合饲料、浓缩饲料。定量限为0.25mg/kg。

(2)原理　维生素B_2（即核黄素$C_{17}H_2ON_1O_6$）在440nm紫外线激发下产生绿色荧光，在一定浓度范围内其荧光强度与核黄素含量成正比。用连二亚硫酸钠还原核黄素成无荧光物质，由还原前后荧光强度之差与内标荧光强度的比值计算试样核黄素的含量。

(3)仪器设备

① 荧光分光光度计。

② 分析天平：感量0.0001g。

③ 电热恒温水浴。

④ 具塞玻璃刻度试管：15mL。

(4)试剂和溶液　除特殊注明外，本方法所有试剂均为分析纯和蒸馏水（或相应纯度的水）。

① 0.05mol/L氢氧化钠溶液。

② 1.0mol/L氢氧化钠溶液。

③ 0.1mol/L盐酸溶液。

④ 1.0mol/L盐酸溶液。

⑤ 连二亚硫酸钠（$Na_2S_2O_4$）：防止吸潮。

⑥ 40g/L高锰酸钾溶液。

⑦ 冰乙酸。
⑧ 0.02mol/L 冰乙酸溶液：将 1.8mL 冰乙酸用水稀释至 1 000mL。
⑨ 100mL/L 过氧化氢溶液：现用现配。
⑩ 维生素 B_2 标准溶液：

a. 维生素 B_2 储备液Ⅰ：核黄素纯品（中国药典参照标准）于五氧化二磷干燥器中干燥 24h，称取 0.050g，溶解于冰乙酸溶液中，在蒸气浴上恒速搅动直至溶解，冷却后稀释至 500mL。盛入棕色瓶中滴加甲苯覆盖，冰箱 4℃ 保存，保存期 6 个月。该溶液含 0.1mg/mL 维生素 B_2。

b. 维生素 B_2 储备液Ⅱ：取维生素 B_2 储备液Ⅰ 10mL 用冰乙酸溶液稀释至 100mL，盛于棕色瓶中滴加甲苯覆盖，冰箱 4℃ 保存，保存期 3 个月，该溶液中含 10μg/mL 维生素 B_2。

c. 维生素 B_2 标准工作液：取维生素 B_2 储备液Ⅱ 10mL，用水稀释至 100mL，现用现配。该溶液中含 1μg/mL 维生素 B_2。

⑪ 荧光素标准溶液：

a. 荧光素储备液：称取荧光素 0.050g，用水稀释至 1 000mL，盛于棕色瓶中，冰箱 4℃ 保存，该溶液中含 50μg/mL 荧光素。

b. 荧光素标准工作液：取 1mL 荧光素储备液，用水定容至 1 000mL，盛入棕色瓶中，低温保存。该溶液每毫升中含 0.05μg 荧光素。

⑫ 溴甲酚绿 pH 指示剂：取溴甲酚绿 0.1g，加氢氧化钠溶液 2.8mL 使之溶解，再加水稀释至 200mL。变色范围 pH 3.6~5.2。

（5）试样制备　选取具有代表性的试样至少 500g，四分法缩分至 100g。磨碎，过 0.28mm 筛，混匀，装入密闭容器中，避光低温保存备用。

（6）测定步骤　注意：全部操作避光进行。

① 称样：原料、配合饲料、浓缩饲料、复合预混合饲料称取 1~2g，精确至 0.001g；维生素预混合饲料称取 0.25~0.50g，精确至 0.000 1g，将试样置于 100mL 容量瓶中。

② 试样溶液的制备：向盛试样的容量瓶中加 65mL 盐酸溶液，于沸水浴中加热 30min（或于 121~123℃ 15kg 高压釜中加热 30min），开始加热 5~10min 时常摇动容量瓶，以防试样结块。冷却至室温后，用氢氧化钠溶液调节 pH 值至 6.0~6.5，然后立即加稀盐酸溶液使 pH 值约为 4.5（溴甲酚绿指示剂变为草绿色）。用水稀释至刻度，通过中速无灰滤纸过滤，弃去最初 5~10mL 溶液，收集滤液于 100mL 锥形瓶中。取整份清液，滴加稀盐酸检查蛋白质，如有沉淀生成，继续加氢氧化钠溶液，剧烈振摇，使之沉淀完全。对高含量试样，取整份的澄清液，用水稀释至一定体积使维生素 B_2 约为 0.1μg/mL。

③ 杂质氧化：于 a、b、c 3 支 15mL 刻度试管中各吸入试样溶液 10mL，同时做平行，向试管 a 中加入 1mL 蒸馏水，向试管 b 中加入 1mL 维生素 B_2 工作液。然后各加入冰乙酸 1mL，旋摇混匀后逐个加高锰酸钾溶液 0.5mL，旋摇混匀，静置 2min，再逐个加入过氧化氢溶液 0.5mL 旋摇，使高猛酸钾颜色在 10s 内消褪。加盖摇动，使试管中的气体逸尽。

④ 测定：用荧光素调整荧光仪，使其稳定于一定数值，作为仪器工作的固定条件。调整激发波长 440nm，测定试管 a、b 的荧光强度，试样溶液在仪器中受激发照射不超过 10s。在试管 c 中加入 20mg 连二亚硫酸钠，摇动溶解，并使试管中的气体逸出，迅速测定其荧光强度作为空白。若溶液出现浑浊，不能读数。

(7)结果计算 试样中维生素 B_2 含量按下式计算：

$$\omega_i = \frac{T_1-T_3}{T_2-T_1} \times \frac{m_0}{m} \times \frac{V}{V_1} \times n$$

式中：ω_i——试样中维生素 B_2 含量，mg/kg；

T_1——试管 a(试液加水)的荧光强度；

T_2——试管 b(试液加标样)的荧光强度；

T_3——试管 c(试液加连二亚硫酸钠)的荧光强度；

m_0——加入维生素 B_2 标样的量，μg；

V——试液的初始体积，mL；

V_1——测定时分取试液的体积，mL；

m——试样质量，g；

n——稀释倍数。

注意：$\frac{T_1-T_3}{T_2-T_1}$ 值应在 0.66~1.5，否则需调整样液的浓度。

2. 高效液相色谱法

(1)适用范围 适用于维生素预混合饲料、复合预混合饲料、浓缩饲料。以荧光检测器检测时，定量限为 5mg/kg；以紫外检测器检测时，定量限为 10mg/kg。

(2)原理 试样中维生素 B_2 经酸性提取液在 80~100℃ 水浴煮沸提取后，经过滤离心后的试样溶液注入高效液相色谱仪反相色谱系统中进行分离，用紫外可调波长检测器(或二极管矩阵检测器)检测，外标法计算维生素 B_2 的含量。

(3)仪器设备

① pH 计：带温控，精确至 0.01。

② 恒温水浴。

③ 针头过滤器：备 0.45μm(或 0.2μm)滤膜。

④ 高效液相色谱仪：带紫外可调波长检测器或二极管矩阵检测器。

(4)试剂和溶液 除特殊注明外，本方法所有试剂均为分析纯和蒸馏水(或相应纯度的水)。色谱用水为去离子水。

① 乙二胺四乙酸二钠。

② 庚烷磺酸钠：优级纯。

③ 冰乙酸：优级纯。

④ 三乙胺：色谱纯。

⑤ 甲醇：色谱纯。

⑥ 提取液：在已装入约 700mL 去离子水的 1 000mL 容量瓶中，加入 50mg 乙二胺四乙酸二钠，待全部溶解后，加入 25mL 冰乙酸、5mL 三乙胺，用去离子水定容至刻度摇匀。

⑦ 流动相：在已装入约 700mL 去离子水的 1 000mL 容量瓶中，称入 50mg(精确至 0.001g)乙二胺四乙酸二钠、1.1g(精确至 0.001g)庚烷磺酸钠，待全部溶解后加入 25mL 冰乙酸、5mL 三乙胺，用去离子水定容至刻度摇匀。用冰乙酸、三乙胺调节该溶液 pH 值至 3.40±0.02，过 0.45μm 滤膜。取该溶液 860mL 与 140mL 甲醇混合，超声脱气，待用。

⑧ 维生素 B_2 标准溶液制备：

a. 维生素 B_2 标准储备液：准确称取维生素 B_2 0.010 0g 于 200mL 棕色容量瓶中，加 1mL 冰乙酸在沸水浴 80~100℃煮沸 30min，待冷却至室温后，用去离子水定容至刻度。此溶液浓度为 50μg/mL，冰箱 4℃避光保存，保存期 6 个月。

b. 维生素 B_2 标准工作液：准确吸取 5.0mL 维生素 B_2 标准储备液于 50mL 棕色容量瓶中，用流动相定容至刻度。该标准工作液浓度为 5μg/mL，待上机。

(5) 试样制备　选取有代表性的饲料试样至少 500g，四分法缩分至 100g。磨碎，过 0.28mm 筛，混匀，装入密闭容器中，避光低温保存备用。

(6) 测定步骤　注意：全部操作避光进行。

① 试样提取：称取维生素预混合饲料 0.25~0.50g，精确至 0.000 1g；复合预混合饲料 1~5g，精确至 0.001g，于 100mL 棕色容量瓶中，加入 2/3 体积的提取液于 80~100℃水浴中煮沸 30min，待冷却后，加入 14mL 甲醇，用提取液定容至刻度，混匀、过滤。维生素预混合饲料样液需由提取液进一步稀释 5~10 倍，取部分滤液过 0.45μm（或 0.3μm）滤膜，待上机测定。

② 高效液相色谱条件：色谱柱为不锈钢柱，长 150mm、内径 3.9mm；固定相：C18 型柱，粒度 4μm（或性能相当的柱）；流动相流速：0.8mL/min；温度：常温；进样体积：10μL；检测器：紫外可调波长或二极管矩阵检测器，使用波长：多种维生素联检为 280nm，单检维生素 B_2 为 267nm；保留时间：约 10min。

③ 定量测定：按高效液相色谱仪说明书调整仪器参数，向色谱仪注入维生素 B_2 标准工作液及试样溶液得到色谱峰面积的响应值，取标准溶液峰面积平均定量计算。

标准工作液应在分析始末分别进样，在试样多时，分析中间应插入标准工作液矫正出峰时间。

(7) 结果计算　试样中维生素 B_2 的含量按下式计算：

$$\omega_i = \frac{P_i \times V \times c_i \times V_{sti}}{P_{sti} \times m \times V_i}$$

式中：ω_i——试样中维生素 B_2 的含量，mg/kg；

m——试样质量，g；

V_i——试样溶液进样体积，μL；

P_i——试样溶液峰面积值；

V——试样稀释的体积，mL；

c_i——标准溶液浓度，μg/mL；

V_{sti}——标准溶液进样体积，μL；

P_{sti}——标准溶液峰面积平均值。

(三) 维生素 B_6

维生素 B_6（盐酸吡哆醇）广泛分布于酵母和谷物等饲料。测定方法有滴定法、微生物法、气相色谱法以及高效液相色谱法等。本章介绍 GB/T 7298—2017 规定的高效液相色谱法。

1. 适用范围

适用于维生素预混合饲料和复合预混合饲料。紫外检测器色谱条件下的定量限为 30mg/kg；荧光检测器色谱条件下的定量限为 10mg/kg。

2. 原理

试样中维生素 B_6 经酸性提取液超声提取后,注入高效液相色谱仪反相色谱系统中进行分离,用紫外检测器(二极管矩阵检测器)或者荧光检测器检测,外标法计算维生素 B_6 的含量。

3. 仪器设备

① 高效液相色谱检测器(二极管矩阵检测器)或荧光检测器。

② pH 计:带温控,精度为 0.01。

③ 超声波提取器。

④ 针头过滤器:备 0.45μm 水系滤膜。

4. 试剂和溶液

除特殊注明外,本方法所有试剂均为分析纯和蒸馏水(或相应纯度的水)。色谱用水为去离子水。

① 乙二胺四乙酸二钠:优级纯。

② 庚烷磺酸钠:优级纯。

③ 冰乙酸:优级纯。

④ 三乙胺:优级纯。

⑤ 甲醇:色谱纯。

⑥ 盐酸溶液:取 8.5mL 盐酸,用水定容至 1 000mL。

⑦ 磷酸二氢钠($NaH_2PO_4 \cdot 2H_2O$)溶液:3.9g 磷酸二氢钠溶于 1 000mL 超纯水中,过 0.45μm 滤膜。

⑧ 提取剂:在 1 000mL 容量瓶中,称 50mg(精确至 0.001g)乙二胺四乙酸二钠,依次加入 700mL 去离子水,超声使乙二胺四乙酸二钠完全溶解。加入 25mL 冰乙酸、5mL 三乙胺,用去离子水定容至刻度,摇匀。取该溶液 800mL 与 200mL 甲醇混合,超声脱气,待用。

⑨ 维生素 B_6 标准溶液制备:

a. 维生素 B_6 标准储备液:准确称取维生素 B_6(纯度>98%)0.05g(精确至 0.000 1g)于 100mL 棕色容量瓶中,加盐酸溶液约 70mL,超声 5min,待全部溶解后,用盐酸溶液定容至刻度。此溶液中维生素 B_6 浓度为 500μg/mL,2~8℃ 冰箱避光保存,可使用 3 个月。

b. 维生素 B_6 标准工作液 A:准确吸取 2.00mL 维生素 B_6 标准储备液于 50mL 棕色容量瓶中,用磷酸二氢钠溶液定容至刻度。该标准工作液中维生素 B_6 浓度为 20μg/mL,2~8℃ 冰箱避光保存,可使用一周。

c. 维生素 B_6 标准工作液 B:准确吸取 5.00mL 维生素 B_6 标准工作液 A 于 50mL 棕色容量瓶中,用磷酸二氢钠溶液定容至刻度。该标准工作液中维生素 B_6 浓度为 2.0μg/mL,上机测定前制备,可使用 48h。

5. 试样制备

抽取有代表性的饲料试样,用四分法缩分取样,磨碎,过 0.28mm 筛,混匀,装入密闭容器,避光低温保存备用。

6. 测定步骤

以下操作应避免强光照射。

(1)试样提取 称取维生素预混合饲料试样 0.25~0.5g(精确至 0.000 1g),复合预混合饲料试样 2~3g(精确至 0.000 1g),于 100mL 棕色容量瓶中,加入 70mL 磷酸二氢钠溶液在超声波提取器中超声提取20min(中间旋摇一次以防试样附着于瓶底),待温度降至室温后用提取剂定容至刻度,过滤(若滤液浑浊则5 000r/min离心5min)。溶液过0.45μm滤膜,其中维生素B_6浓度为2.0~100μg/mL,上机。

(2)高效液相色谱参考条件Ⅰ 色谱柱:C18型柱,长250mm、内径4.6mm、粒度5μm(或性能相当的C18型柱);流动相:在1 000mL容量瓶中,称50mg(精确至0.001g)乙二胺四乙酸二钠、1.1g(精确至0.001g)庚烷磺酸钠,依次加入700mL去离子水、25mL冰乙酸、5mL三乙胺,用去离子水定容至刻度,摇匀。用冰乙酸、三乙胺调节该溶液pH值至3.70±0.10,过0.45μm滤膜。取该溶液800mL与200mL甲醇混合,超声脱气,备用。流速:1.0mL/min;柱温:25~28℃;进样体积:10~20μL;检测器:紫外或二极管矩阵检测器,检测波长290nm。

(3)高效液相色谱参考条件Ⅱ 色谱柱:C18型柱,长250mm、内径4.6mm、粒度5μm(或性能相当的C18型柱);流动相:磷酸二氢钠溶液(A),甲醇(B)。梯度淋洗程序见表7-3所列。流速:1.0mL/min;柱温:25~28℃;进样体积:10~20μL;检测器:荧光检测器,激发波长293nm,发射波长395nm。

表7-3 梯度淋洗程序

时间/min	磷酸二氢钠溶液(A)/%	甲醇(B)/%
0.00	99.0	1.0
3.00	88.0	12.0
6.50	70.0	30.0
12.00	70.0	30.0
12.10	99.0	1.0
18.00	99.0	1.0

根据所测试样维生素B_6的含量向色谱仪注入工作液A或工作液B及试样溶液,得到色谱峰面积的响应值,用外标法定量计算。

7. 结果计算

试样中维生素B_6的含量,以质量分数ω计,单位以毫克每千克(mg/kg)表示,按下式计算:

$$\omega = \frac{A_i \times V \times c \times V_{sti}}{A_{sti} \times m \times V_i}$$

式中:A_i——试样溶液峰面积值;
  V——试样稀释体积,mL;
  c——标准溶液浓度,μg/mL;
  V_i——试样溶液进样体积,μL;
  V_{sti}——标准溶液进样体积,μL;
  A_{sti}——标准溶液峰面积平均值;
  m——试样质量,g。

测定结果用平行测定的算术平均值表示,结果保留3位有效数字。

对于维生素B_6含量大于或者等于500mg/kg的饲料,在重复性条件下,获得的2次独立测定结果与其算术平均值的差值不大于这2个测定值算术平均值的5%。

对于维生素 B_6 含量小于500mg/kg 的饲料，在重复性条件下，获得的2次独立测定结果与其算术平均值的差值不大于这2个测定值算术平均值的10%。

(四) 维生素PP

维生素PP是吡啶的衍生物，包括烟酸和尼克酰胺，在糠麸、麦芽、豆科牧草及鱼粉、酵母等分布广泛。测定方法有电位滴定法、比色法、微生物法、分光光度法、气相色谱法和高效液相色谱法等。本章介绍 GB/T 17813—2018 规定的高效液相色谱法。

1. 适用范围

适用于维生素预混合饲料及复合预混合饲料。检测限为100mg/kg，定量限为300mg/kg。

2. 原理

试样中维生素PP用酸性甲醇水溶液提取，采用高效液相色谱仪分离，紫外检测，外标法定量。

3. 仪器设备

① 天平：感量0.000 1g、0.001g。

② 离心机：转速不低于8 000r/min（相对离心力不低于6 010g）。

③ 超声波水浴。

④ 高效液相色谱仪：配紫外可调波长检测器（或二极管矩阵检测器）。

4. 试剂和溶液

除特殊注明外，本方法所有试剂均为分析纯和蒸馏水（或相应纯度的水）。色谱用水为超纯水。

① 冰乙酸：优级纯。

② 庚烷磺酸钠：色谱纯。

③ 三乙胺：优级纯。

④ 甲醇：色谱纯。

⑤ 维生素PP标准品：维生素PP含量 ≥98.0%。

⑥ 0.1%三氟乙酸溶液：移取1mL三氟乙酸于1 000mL水中。

⑦ 提取液：称取50mg乙二胺四乙酸二钠溶于约800mL水中，加入20mL冰乙酸、5mL三乙胺，混匀后与200mL甲醇混合，该溶液pH值为3~4。

⑧ 流动相：称取1.1g庚烷磺酸钠、50mg乙二胺四乙酸二钠溶于约1 000mL水中，加入20mL冰乙酸、5mL三乙胺，混匀，用冰乙酸、三乙胺调节溶液pH值为4.0，过0.45μm滤膜。取上述溶液800mL与200mL甲醇混合，备用。

⑨ 维生素PP标准储备溶液：准确称取0.1g（精确至0.000 1g）维生素PP标准品，置于100mL棕色容量瓶中，加水使其溶解，并加入1mL 0.1%三氟乙酸溶液，用水定容至刻度，摇匀。该标准储备液中烟酸含量约为1mg/mL，2~8℃保存，有效期为6个月。

⑩ 维生素PP标准工作液：根据试样种类（维生素预混合饲料、复合预混合饲料）调整稀释倍数，使标准工作液浓度在10~150μg/mL，用提取液稀释定容。当日制备并使用。

5. 试样制备

抽取有代表性的饲料试样，用四分法缩分取样。粉碎，过0.28mm筛，充分混匀，贮存在密闭容器中，避光保存。

6. 测定步骤

(1) 试样提取

① 维生素预混合饲料的提取：称取试样 0.5g(精确至 0.001g)，置于 100mL 棕色容量瓶中，加入提取液约 70mL，边加边摇匀后置于超声水浴中超声提取 15min，期间摇动 2 次，待冷却后用提取液定容至刻度，摇匀。取约 25mL 上述溶液于离心机 8 000r/min 离心 5min，取上清液用提取液稀释 10 倍后过 0.45μm 微孔滤膜，上机测定。

② 复合预混合饲料的提取：称取试样约 1g(精确至 0.001g)，置于 100mL 棕色容量瓶中，加入 1g 乙二胺四乙酸二钠，边摇动边加入提取液约 70mL，置于超声水浴中超声提取 15min，期间摇动 2 次，待冷却后用提取液定容至刻度，摇匀。取适量溶液于离心机 8 000r/min 离心 5min 或过滤，取上清液过 0.45μm 滤膜，上机测定。

(2) 参考色谱条件　色谱柱：C18 型柱，长 250mm、内径 4.6mm、粒径 5μm(或性能相当者)；流速：1.0mL/min；温度：室温；检测波长：262nm；进样量：20μL。

(3) 测定　取维生素 PP 标准工作液和试样溶液分别进样，得到色谱峰面积响应值，在线性范围内，用外标法单点校正，测定，以保留时间定性，峰面积定量。

7. 结果计算

试样中维生素 PP 的含量，以质量分数 ω 计，单位以毫克每千克(mg/kg)表示，按下式计算：

$$\omega = \frac{P_i \times V \times c \times V_{sti}}{P_{sti} \times m \times V_i}$$

式中：P_i——试样溶液峰面积值；

V——试样稀释体积，mL；

c——维生素 PP 标准溶液浓度，μg/mL；

V_i——试样溶液进样体积，μL；

V_{sti}——维生素 PP 标准溶液进样体积，μL；

P_{sti}——维生素 PP 标准溶液峰面积平均值；

m——试样质量，g。

测定结果用平行测定的算术平均值表示，保留 3 位有效数字。

对于维生素 PP 含量小于或等于 500mg/kg 的添加剂预混合饲料，在重复性条件下获得的 2 次独立测定结果与其算术平均值的差值不大于这 2 个测定值算数平均值的 10%。

对于维生素 PP 含量大于 500mg/kg 的添加剂预混合饲料，在重复性条件下获得的 2 次独立测定结果与其算术平均值的差值不大于这 2 个测定值算数平均值的 5%。

(五)生物素

生物素又称维生素 H、辅酶 R，广泛存在于动植物饲料。测定方法有微生物法、分光光度法、高效液相色谱法等。本章介绍 GB/T 17778—2005 规定的分光光度法和高效液相色谱法，这 2 种方法适用于 d-生物素含量大于 1.0mg/kg 的复合预混合饲料、维生素预混合饲料。

1. 分光光度法

(1) 适用范围　本方法适用于 d-生物素含量大于 1.0mg/kg 的复合预混合饲料、维生素预混合饲料。

(2)原理　用乙醇水溶液将试样中 d-生物素提取出来，在硫酸乙醇溶液中 d-生物素和 4-二甲氨基肉桂醛生成橙色化合物，在一定范围内颜色深浅与 d-生物素含量成正比。

(3)仪器设备

① 分光光度计：有一阶导数功能。

② 实验室用超声波提取器。

③ 分析天平：感量 0.000 1g。

(4)试剂和溶液

除特殊注明外，本方法所有试剂均为分析纯和蒸馏水（或相应纯度的水）。

① 无水乙醇。

② 乙醇溶液：90∶10。

③ 硫酸-乙醇溶液：2∶98。

④ 2g/L 4-二甲氨基肉桂醛无水乙醇溶液。

⑤ d-生物素标准溶液：

a. 标准储备液：准确称取 0.100 0g d-生物素标准品溶解于乙醇溶液中，定量转入 100mL 容量瓶中，用乙醇水溶液稀释至刻度，混匀。此液 1.00mL 含 d-生物素 1.00mg。

b. 标准工作液：准确移取 d-生物素标准储备液 1.00mL 于 50mL 容量瓶中，加乙醇溶液稀释至刻度，混匀。此液 1.00mL 含 d-生物素 20.0μg。

(5)试样制备　选取饲料试样至少 500g，四分法缩分至 100g。磨碎，过 0.28mm 筛，混匀，装入密闭容器中，保存备用。

(6)测定步骤

① 试样提取：称取维生素预混料约 2g（精确至 0.000 1g），复合预混料 5~10g（精确至 0.000 1g），置于磨口平底烧瓶中，加入 5.00mL 水置超声波提取器中超声 20min 后，再加入 20mL 无水乙醇超声 20min，然后转移到 50mL 容量瓶中，用无水乙醇稀释至刻度。过滤，弃去开始的 10mL，余下作为试样提取液。

② 标准工作曲线的绘制：精确吸取 d-生物素标准工作溶液 0.00、1.00、2.00、5.00、10.00mL 于 25mL 容量瓶中，分别加入乙醇水溶液 10.00、9.00、8.00、5.00、0.00mL。加入硫酸-乙醇溶液 1mL 和 4-二甲氨基肉桂醛无水乙醇溶液 2mL，摇匀，室温下放置 1h，用无水乙醇稀释至刻度。用 1.0cm 比色皿在 500~580nm 处，用分光光度计扫描吸光度的一阶导数，绘制 d-生物素含量与 520nm 和 546nm 处吸光度的一阶导数的峰差值的标准工作曲线。

③ 测定：精确吸取试样提取液 10.00mL 于 25mL 容量瓶中，加入硫酸-乙醇溶液 1mL 和 4-二甲氨基肉桂醛无水乙醇溶液 2mL，摇匀，室温下放置 1h，用无水乙醇稀释至刻度。用 1.0cm 比色皿在 500~580nm 处，用分光光度计测定 520nm 和 546nm 处吸光度的一阶导数的峰差值，在标准工作曲线上查得试样提取液中 d-生物素的含量。

(7)结果计算　试样中 d-生物素的含量按下式计算：

$$\omega = \frac{m_1 \times V_2}{m_2 \times V_1}$$

式中：ω——试样中的含量，mg/kg；

m_1——标准曲线上查得测定试样提取液中 d-生物素的质量，μg；

m_2——试样质量，g；

V_1——试样测定时吸取试样提取液体积，mL；

V_2——试样提取液总体积，mL。

2. 高效液相色谱法

(1) 适用范围 本方法适用于 d-生物素含量大于 1.0mg/kg 的复合预混合饲料、维生素预混合饲料。

(2) 原理 试样中的 d-生物素用水提取后，将过滤离心后的试样溶液注入高效液相色谱仪中进行分离，用紫外检测器测定，外标法计算 d-生物素的含量。

(3) 仪器设备

① 实验室用超声波提取器。

② 高效液相色谱仪：配有紫外或二极管矩阵检测器。

(4) 试剂和溶液 除特殊注明外，本方法所有试剂均为分析纯和蒸馏水(或相应纯度的水)。色谱用水为去离子水。

① 二乙三胺五乙酸(DTPA)。

② 0.05% 三氟乙酸溶液：用 5mol/L 氢氧化钠溶液调节 pH 值至 2.5。

③ d-生物素标准溶液：

a. d-生物素标准储备溶液：准确称取 0.100 0 d-生物素溶解于水中，定量转入 100mL 容量瓶中，用水稀释至刻度。此液 1.00mL 含 d-生物素 1.00mg。

b. d-生物素标准工作溶液：准确量取 d-生物素标准储备溶液 1.00mL 于 50mL 容量瓶中，用水稀释至刻度。此液 1.00mL 含 d-生物素 20.0μg。

(5) 试样制备 选取饲料试样至少 500g，四分法缩分至 100g。磨碎，过 0.28mm 筛，混匀，装入密闭容器中，保存备用。

(6) 测定步骤

① 试样提取：称取维生素预混合饲料约 2g(精确至 0.000 1g)，复合预混合饲料约 5g(精确至 0.000 1g)，置于 100mL 容量瓶中(若预混合饲料中含有矿物质，加入 0.1g DTPA)，加入 2/3 体积的蒸馏水，在超声波提取器中超声提取 20min，冷却后用水定容至刻度，过滤，滤液过 0.45μm 滤膜，待上机。

② 高效液相色谱条件：色谱柱为 C18 型柱，长 250mm、内径 4.6mm、粒度 5μm；流动相：850mL 三氟乙酸溶液加 150mL 乙腈(色谱纯)；流动相流速：1.0mL/min；进样体积：20μL；检测器：紫外可调波长或二极管矩阵检测器；使用波长：210nm。

③ 定量测定：测定按高效液相色谱仪说明书调整仪器操作参数。向色谱柱注入标准工作液及试样提取液，得到色谱峰面积的响应值，取标准溶液峰面积的平均值定量计算。

标准工作液应在分析始末分别进样，试样多时，分析中间应插入标准工作液校正出峰时间。

(7) 结果计算 试样中 d-生物素的含量按下式计算：

$$\omega = \frac{S_1 \times V \times c_0 \times V_0}{S_0 \times V_1 \times m}$$

式中：ω——试样中 d-生物素的含量，mg/kg；

m——试样质量，g；

S_0——标准工作液峰面积；

S_1——试样提取液峰面积；

c_0——标准工作液浓度，$\mu g/mL$；

V_0——标准工作液进样体积，μL；

V_1——试样提取液进样体积，μL；

V——试样提取液总体积，mL。

(六)叶酸

叶酸也叫蝶酰谷氨酸，广泛分布于绿色植物的叶中。测定方法有微生物法、荧光测定法、分光光度法、放射免疫法和高效液相色谱法等。本章介绍 GB/T 17813—2018 规定的高效液相色谱法。

1. 适用范围

适用于维生素预混合饲料及复合预混合饲料。检测限为 15mg/kg，定量限为 50mg/kg。

2. 原理

试样中叶酸用弱碱液提取，采用高效液相色谱仪分离检测，紫外检测，外标法定量。

3. 仪器设备

① 分析天平：感量 0.000 1g、0.001g。

② 离心机：转速不低于 8 000r/min(相对离心力不低于 6 010g)。

③ 超声波水浴。

④ 高效液相色谱仪：配紫外可调波长检测器(或二极管矩阵检测器)。

4. 试剂和溶液

除特殊注明外，本方法所有试剂均为分析纯和蒸馏水(或相应纯度的水)。色谱用水为超纯水。

① 0.1mol/L 碳酸钠溶液：称取 5.3g 无水碳酸钠，溶解于 500mL 水中。

② 2mol/L 碳酸钠溶液：称取 106g 无水碳酸钠，溶解于 500mL 水中。

③ 饱和乙二胺四乙酸二钠溶液：称取 120g 乙二胺四乙酸二钠于 1 000mL 烧杯中，加水 1 000mL，搅拌并超声溶解 1h，即得。

④ 复合预混料提取液：饱和乙二胺四乙酸二钠溶液加 2mol/L 碳酸钠溶液(80∶25)，pH=9。

⑤ 叶酸标准品：叶酸含量≥95.0%。

⑥ 叶酸标准储备溶液：准确称取 0.05g(精确至 0.000 1g)叶酸标准品，置于 100mL 棕色容量瓶中，加入 0.1mol/L 碳酸钠溶液，超声使其溶解，稀释定容至刻度，摇匀。该标准储备液中叶酸含量为 500$\mu g/mL$，2~8℃保存，有效期 6 个月。

⑦ 叶酸标准工作液：根据试样种类(维生素预混合饲料、复合混合饲料)调整稀释倍数，使标准工作液中叶酸浓度约为 5.0~10.0$\mu g/mL$，用 0.1mol/L 碳酸钠溶液稀释定容。当日制备并使用。

5. 试样制备

抽取有代表性的饲料试样，用四分法缩分取样。粉碎，过 0.28mm 筛，充分混匀，贮存在密闭容器中，避光保存。

6. 测定步骤

(1) 试样提取

① 维生素预混料的提取：称取试样 0.25~0.5g(精确至 0.001g)，置于 100mL 棕色容量瓶中，加入约 70mL 水，4mL 2mol/L 碳酸钠溶液，置于超声水浴中超声提取 10min，期间摇动 2 次，待冷却后加水至约 95mL，再次检查试样溶液 pH 值，确认 pH 值为 8~9，可滴加少量碳酸钠溶液调节，用水定容至刻度，摇匀。取部分试液于离心机上 8 000r/min 离心 5min，取上清液过 0.45μm 滤膜，待上机测定。

② 复合预混料的提取：称取试样 1g(精确至 0.001g)，置于 100mL 棕色容量瓶中，加入提取液约 80mL，置于超声水浴中超声提取 10min，期间摇动 2 次，待冷却后用提取液定容至刻度，摇匀。离心过滤操作同上。

(2) 参考色谱条件　色谱柱：C18 型柱，长 250mm、内径 4.6mm、粒度 5μm(或性能相当者)；流速：1.0mL/min；温度：室温；检测波长：282nm；进样量：20μL。

(3) 定量测定　按方法规定平衡色谱柱，向色谱柱注入相应的叶酸标准工作液和试样溶液，得到色谱峰面积响应值，在线性范围内，用外标法单点校正，定量测定。

7. 结果计算

试样中叶酸的含量，以质量分数 ω 计，单位以毫克每千克(mg/kg)表示，按下式计算：

$$\omega = \frac{P_i \times V \times c \times V_{sti}}{P_{sti} \times m \times V_i}$$

式中：P_i——试样溶液峰面积值；

V——试样稀释体积，mL；

c——叶酸标准溶液浓度，μg/mL；

V_i——试样溶液进样体积，μL；

V_{sti}——叶酸标准溶液进样体积，μL；

P_{sti}——叶酸标准溶液峰面积平均值；

m——试样质量，g。

测定结果用平行测定的算术平均值表示，保留 3 位有效数字。在重复性条件下获得的 2 次独立测定结果与其算术平均值的差值不大于这 2 个测定值算术平均值的 10%。

(七) 维生素 B_{12}

维生素 B_{12} 别称氰钴胺，来源主要为动物性饲料，其中动物内脏、肉类、蛋类丰富。测定方法有微生物法、电位法、分光光度法、薄层色谱法、原子吸收分光光度法、放射分析法和高效液相色谱法等。本章介绍 GB/T 17819—2017 规定的高效液相色谱法。

1. 适用范围

适用于复合预混合饲料、维生素混合饲料。检出限为 0.1mg/kg，定量限为 0.5mg/kg。

2. 原理

试样中维生素 B_{12} 用水提取，经固相萃取(SPE)净化富集后，采用高效液相色谱仪分离检测，外标法定量。

3. 仪器设备

① 分析天平：感量0.000 1g、0.001g。

② 离心机：可达5 000r/min(相对离心力为2 988g)。

③ 超声水浴。

④ 固相萃取装置。

⑤ 高效液相色谱仪：配紫外可调波长检测器(或二极管矩阵检测器)。

⑥ 氮吹装置。

⑦ 紫外分光光度计。

⑧ 固相萃取小柱：500mg/mL或性能相当的固相萃取小柱。

4. 试剂和溶液

除特殊注明外，本方法所有试剂均为分析纯和蒸馏水(或相应纯度的水)。色谱用水为超纯水。

① 乙腈：色谱纯。

② 甲醇：色谱纯。

③ 氮气：纯度99.9%。

④ 乙酸：优级纯。

⑤ 己烷磺酸钠：色谱级。

⑥ 维生素B_{12}标准品：含量>96.0%。

⑦ 维生素B_{12}标准储备溶液：准确称取0.1g(精确至0.000 1g)维生素B_{12}标准品，置于100mL棕色容量瓶中，加适量的甲醇使其溶解，并稀释定容至刻度，摇匀。该标准储备液维生素B_{12}含量为1mg/mL。-18℃保存，有效期一年。

⑧ 维生素B_{12}标准工作液：准确吸取1mL维生素B_{12}标准储备溶液于100mL棕色容量瓶中，用水定容稀释至刻度，摇匀。

维生素B_{12}标准工作液的浓度按下述方法测定和计算：以水为空白溶液，用紫外分光光度计测定维生素B_{12}标准工作液在361nm处的吸光值。维生素B_{12}标准工作液的浓度c以微克每毫升($\mu g/mL$)表示，按下式计算：

$$c = \frac{A \times 10\ 000}{207}$$

式中：A——维生素B_{12}标准工作液在361nm波长处测得的吸光值；

10 000——维生素B_{12}标准工作液浓度单位换算系数；

207——维生素B_{12}标准百分系数($E=207$)。

也可根据实验需要配置相应浓度的标准工作液。

⑨ 己烷磺酸钠溶液：称取1.1g己烷磺酸钠溶于1 000mL水中，加入10mL乙酸，超声混匀。

⑩ 1%磷酸溶液：取1mL磷酸加入1 000mL水中，超声脱气。

5. 试样制备

抽取有代表性的饲料试样，用四分法缩分取样。磨碎，过0.25mm筛，混匀，装入密闭容器中，避光保存备用。

6. 测定步骤

(1) 试样提取

① 维生素预混合饲料的提取：称取试样 2~3g(精确至 0.001g)，置于 50mL 离心管中，准确加入水 20mL，充分摇动 30s，再置于超声水浴中超声提取 30min，期间摇动 2 次。于离心机上 5 000r/min 离心 5min，取上清液，如果试样溶液为含量大于 10mg/kg 的维生素预混料，则过 0.45μm 滤膜，上机测定。若测得试样液中维生素 B_{12} 浓度小于 2μg/mL，则需净化处理；若测得试样液中维生素 B_{12} 浓度大于 100μg/mL，应根据检测结果，用一定体积的水稀释，使稀释后维生素 B_{12} 的含量在 2~100μg/mL，重新测定。

② 复合预混合饲料的提取：称取试样 2~3g(精确至 0.001g)，置于 50mL 离心管中，准确加入水 20mL，充分摇动 30s，再置于超声水浴中超声提取 30min，期间摇动 2 次。于离心机上 5 000r/min 离心 5min，取上清液，进行下一步净化。

(2) 试样净化　固相萃取小柱分别用 5mL 甲醇和 5mL 水活化，准确移取 10mL 上清液过柱，用 5mL 水淋洗，近干后，用 5mL 甲醇洗脱，收集洗脱液。50℃氮气吹至近干，准确加入 1mL 水溶解，过 0.45μm 滤膜，上机测定。若测得上机试样溶液中维生素 B_{12} 浓度超出线性范围，应根据检测结果，用一定体积的水稀释，使稀释后维生素 B_{12} 的含量在 1~100μg/mL 之间，重新测定。

(3) 参考色谱条件

① 色谱柱 Ⅰ：氨基柱，长 250mm、内径 4mm、粒度 5μm(或性能相当的分析柱)；流动相：乙腈：1%磷酸水(25:75)；流速：1.0mL/min；温度：室温；检测波长：361nm。

② 色谱柱 Ⅱ：C18 型柱，长 150mm、内径 4.6mm、粒度 5μm(或性能相当的分析柱)；流动相：甲醇：己烷磺酸钠溶液(25:75)；流速：1.0mL/min；温度：室温；检测波长：546nm。

(4) 定量测定　按高效液相色谱仪说明书调整仪器操作参数，向色谱柱注入相应的维生素 B_{12} 标准工作液和试样溶液，得到色谱峰面积响应值，用外标法定量测定。

7. 结果计算

试样中维生素 B_{12} 的含量，以质量分数 ω 计，单位以毫克每千克(mg/kg)表示，按下式计算：

$$\omega = \frac{P_1 \times V \times c}{P_2 \times m}$$

式中：P_1——试样溶液峰面积值；

V——稀释体积，mL；

c——维生素 B_{12} 标准工作液浓度，μg/mL；

P_2——维生素 B_{12} 标准工作液峰面积值；

m——试样质量，g。

测定结果用平行测定的算术平均值表示，保留 3 位有效数字。

对于维生素 B_{12} 含量小于或等于 50mg/kg 的添加剂预混合饲料，在重复性条件下获得的 2 次独立测定结果与其算术平均值的差值不大于这 2 个测定值算术平均值的 15%。

对于维生素 B_{12} 含量大于 50mg/kg 的添加剂预混合饲料,在重复性条件下获得的 2 次独立测定结果与其算术平均值的差值不大于这 2 个测定值算术平均值的 10%。

(八)维生素 C

维生素 C 又称抗坏血酸,自然界中分布广泛,尤其是青绿饲料含量丰富。测定方法有 2,6-二氯酚靛酚滴定法、2,4-二硝基苯肼法、荧光法等。2,6-二氯酚靛酚滴定法只能测定还原型抗坏血酸,2,4-二硝基苯肼法易受杂质干扰,灵敏度低。荧光法具有灵敏度高、选择性好、易于操作等特点,因此,本章介绍邻苯二胺荧光法。

1. 适用范围

适用于单一饲料、配合饲料、预混合饲料及浓缩饲料。检出限为 0.022g/mL。

2. 原理

试样中还原型抗坏血酸经活性炭氧化成脱氢型抗坏血酸后,与邻苯二胺(OPDA)反应生成具有荧光的喹喔啉(quinoxaline),其荧光强度与脱氢抗坏血酸的浓度在一定条件下成正比,以此测定食物中抗坏血酸和脱氢抗坏血酸的总量。脱氢抗坏血酸与硼酸可形成复合物而不与 OPDA 反应,以此排除试样中荧光杂质所产生的干扰。

3. 仪器设备

① 实验室常用设备。

② 荧光分光光度计或具有 350nm 及 430nm 波长的荧光计。

③ 匀浆机。

4. 试剂和溶液

除特殊注明外,本方法所有试剂均为分析纯和蒸馏水(或相应纯度的水)。色谱用水为去离子水。

① 偏磷酸-乙酸液:称取 15g 偏磷酸,加入 40mL 冰乙酸及 250mL 水,搅拌,放置过夜使之逐渐溶解,加水至 500mL。4℃冰箱可保存 7~10 d。

② 0.15mol/L 硫酸:取 10mL 硫酸,小心加入水中,再加水稀释至 1 200mL。

③ 偏磷酸-乙酸-硫酸液:以 0.15mol/L 硫酸液为稀释液。

④ 50%乙酸钠溶液:称取 500g 乙酸钠,加水至 1 000mL。

⑤ 硼酸-乙酸钠溶液:称取 3g 硼酸,溶于 100mL 乙酸钠溶液中。临用前配制。

⑥ 邻苯二胺溶液:称取 20mg 邻苯二胺,于临用前用水稀释至 100mL。

⑦ 0.04%百里酚蓝指示剂溶液:称取 0.1g 百里酚蓝,加 0.02mol/L 氢氧化钠溶液,在玻璃研钵中研磨至溶解,氢氧化钠的用量约为 10.75mL,磨溶后用水稀释至 250mL。变色范围:pH=1.2,红色;pH=2.8,黄色;pH>4.0,蓝色。

⑧ 活性炭的活化:加 200g 炭粉于 1L 盐酸(1:9)中,加热回流 1~2h,过滤,用水洗至滤液中无铁离子为止,置于 110~120℃烘箱中干燥,备用。

检验铁离子方法:利用普鲁士蓝反应。将 2%亚铁氰化钾与 1%盐酸等量混合,将上述洗出滤液滴入,如有铁离子则产生蓝色沉淀。

⑨ 1mg/mL 标准抗坏血酸标准溶液:准确称取 50mg 抗坏血酸,用溶液溶于 50mL 容量瓶

中,并稀释至刻度。

⑩ 100μg/mL抗坏血酸标准使用液:取10mL抗坏血酸标准液,用偏磷酸-乙酸溶液稀释至100mL。定容前测试pH值,如其pH>2.2时,则应用溶液稀释。

5. 试样制备

抽取有代表性的饲料试样,用四分法缩分取样。磨碎,过0.25mm筛,混匀,装入密闭容器中,避光保存备用。

6. 测定步骤

(1)试样中碱性物质量的预检 称取试样1g于烧杯中,加10mL偏磷酸-乙酸溶液,用百里酚蓝指示剂检查其pH值,如呈红色,即可用偏磷酸-乙酸溶液作试样提取稀释液。如呈黄色或蓝色,则滴加偏磷酸-乙酸-硫酸溶液,使其变红,并记录所用量。

(2)试样溶液的制备 称取试样若干克(精确至0.0001g,含抗坏血酸2.5~10mg)于100mL容量瓶中,按步骤(1)预检碱量,加偏磷酸-乙酸-硫酸溶液调至pH值为1.2,或者直接用偏磷酸-乙酸溶液定容,摇匀。如试样含大量悬浮物,则需进行过滤,滤液为试样溶液。

(3)定量测定

① 氧化处理:分别取上述试样溶液及标准工作液100mL于200mL带盖锥形瓶中,加2g活性炭,用力振摇1min,干法过滤,弃去最初数毫升,收集其余全部滤液,即为试样氧化液和标准氧化液。

② 各取10mL标准氧化液于2个100mL容量瓶中分别标明"标准"及"标准空白"。

③ 各取10mL试样氧化液于2个100mL容量瓶中分别标明"试样"及"试样空白"。于"标准空白"及"试样空白"溶液中各加5mL硼酸-乙酸钠溶液,混合摇动15min,用水稀释至100mL。

④ 于"标准"及"试样"溶液中各加入5mL 50%乙酸钠溶液,用水稀释至100mL。

⑤ 荧光反应:取"标准空白""试样空白"溶液及"试样"溶液2.0mL,分别置于10mL带盖试管中。在暗室迅速向各管中加入5mL邻苯二胺溶液,振摇混合,在室温下反应35min,于激发波长350nm,发射波长430nm处测定荧光强度。

⑥ 标准曲线的绘制:取上述"标准"溶液(抗坏血酸含量10μg/mL)0.5、1.0、1.5、2.0mL标准系列,各双份分别置入10mL带盖试管中,再用水补充至2.0mL。荧光反应按步骤⑤,以标准系列荧光强度分别减去标准空白荧光强度为纵坐标,对应抗坏血酸含量(μg)为横坐标,绘制标准曲线。

7. 结果计算

饲料中总抗坏血酸含量以质量分数表示,按下式计算:

$$\omega = \frac{n \times c}{m}$$

式中:ω——试样中含抗坏血酸及脱氢抗坏血酸总量,mg/kg;

c——从标准曲线上查得的试样液中抗坏血酸的浓度,μg/mL;

m——试样质量,g;

n——试样溶液的稀释倍数。

思考题

1. 简述高效液相色谱法测定饲料中维生素 A、维生素 D_3、维生素 E 的原理。
2. 简述荧光分光光度法测定饲料中维生素 B_1 的原理。
3. 简述高效液相色谱法测定饲料中维生素 PP 的原理。
4. 简述邻苯二胺荧光法测定饲料中总抗坏血酸的原理。

（邵 伟）

第八章
有毒有害成分的检测

饲料中的有毒有害物质是指存在于饲草饲料中，对动物的生存、生长发育和生产有副作用的所有物质的统称。按来源，饲料中的有毒有害物质分为天然、次生和外源性的有毒有害物质；按化学性质，分为有机和无机的有毒有害物质。我国《饲料卫生标准》（GB 13078—2017）将饲料中的有毒有害物质分为 5 类 24 种，这对于保障饲料安全、畜禽健康和食品安全具有重要意义。

本章主要介绍无机污染物（亚硝酸盐）、天然植物毒素（游离棉酚、异硫氰酸酯、氰化物、恶唑烷硫酮）、真菌毒素（黄曲霉毒素）和微生物污染物（霉菌和沙门菌）的分析方法。

一、有毒有害物质

（一）亚硝酸盐

由于贮存或调制方法不当饲料中的硝酸盐往往会在硝酸还原酶的作用下转变为亚硝酸盐，对动物造成毒害。常采用重氮偶合比色法进行测定。根据使用的试剂不同，又分为 α-萘胺法和盐酸萘乙二胺法，α-萘胺具有致癌性和强烈异臭，目前该法已很少使用。现介绍国家标准方法——盐酸萘乙二胺法（GB/T 13085—2005）。

1. 适用范围

适用于饲料原料、配合饲料、浓缩饲料及精料补充料。检出限为 0.64mg/kg。

2. 原理

试样在弱碱性条件下除去蛋白质，在弱酸性条件下试样中的亚硝酸盐与对氨基苯磺酸反应，生成重氮化合物，再与盐酸萘乙二胺偶合生成紫红色化合物，进行比色测定。

3. 仪器设备

① 分光光度计：有 1.0cm 比色杯，可在 550nm 处测量吸光光度值。

② 小型粉碎机。

③ 分析天平：感量 0.000 1g。

④ 恒温水浴锅。

⑤ 容量瓶：100mL、200mL、500mL、1 000mL。

⑥ 烧杯：100mL、200mL、500mL。

⑦ 吸量管：1mL、2mL、5mL、10mL。

⑧ 移液管：10mL。

⑨ 容量瓶：25mL。

⑩ 长颈漏斗：直径 75~90mm。

4. 试剂和溶液

除特殊注明外，本方法所有试剂均为分析纯和蒸馏水（或相应纯度的水）。

① 氯化铵缓冲液：1 000mL 容量瓶中加入 500mL 水，加入 20mL 盐酸，混匀，加入 50mL 一水合氨，用水稀释至刻度。然后用稀盐酸和稀一水合氨调节 pH 值至 9.6~9.7。

② 0.42mol/L 硫酸锌溶液：称取 120g 硫酸锌用水溶解，然后定容至 1 000mL。

③ 20g/L 氢氧化钠溶液：称取 20g 氢氧化钠，用水溶解，并定容至 1 000mL。

④ 60%乙酸溶液：量取 600mL 乙酸于 1 000mL 容量瓶中，用水定容至刻度。

⑤ 对氨基苯磺酸溶液：称取 5g 对氨基苯磺酸，溶于 700mL 水和 300mL 冰乙酸中，置棕色瓶保存，一周内有效。

⑥ 1g/L 盐酸萘乙二胺溶液：称取 0.1g 盐酸萘乙二胺，用 60%乙酸溶液溶解并稀释至 100mL，混匀后置棕色瓶中，于 4℃冰箱保存，一周内有效。

⑦ 显色剂：临用前将盐酸萘乙二胺溶液和对氨基苯磺酸溶液等体积混合。

⑧ 亚硝酸钠标准溶液：称取 250mg 于（115±5）℃烘至恒重的亚硝酸钠，加水溶解，移入 500mL 容量瓶中，加入 100mL 氯化铵缓冲液，加水稀释至刻度，混匀，4℃避光保存，此溶液每毫升含 500μg 亚硝酸钠。

⑨ 亚硝酸钠标准工作液：临用前吸取亚硝酸钠标准溶液 1mL，置于 100mL 容量瓶中，加水稀释至刻度，此溶液每毫升含 5μg 亚硝酸钠。

5. 试样制备

采集具有代表性的初级试样约 2.5kg，使用四分法缩分至 250g。粉粹，过 1.10mm 筛，混匀，装入密闭容器中，低温保存备用。

6. 测定步骤

(1) 试液的制备　称取约 5g 试样，精确至 0.001g，置于 200mL 烧杯中，加入 70mL 水和 1.2mL 氢氧化钠溶液，混匀，用氢氧化钠溶液调节 pH 值至 8~9，全部转移至 200mL 容量瓶中，加入 10mL 硫酸锌溶液，混匀，如不产生白色沉淀，再补滴氢氧化钠溶液，直至产生白色沉淀为止，混匀，置 60℃水浴锅中加热 10min，取出后冷却至室温，加水至刻度线，混匀。放置 0.5h，用滤纸过滤，弃去初滤液 20mL，收集剩余滤液备用。

(2) 亚硝酸盐标准曲线的制备　吸取 0、0.5、1.0、2.0、3.0、4.0、5.0mL 亚硝酸钠标准工作液（相当于 0、2.5、5、10、15、20、25μg 亚硝酸钠），分别置于 25mL 容量瓶中。分别于各瓶中加入 4.5mL 氯化铵缓冲液，加 2.5mL 乙酸后立即加入 5.0mL 显色剂，加水至刻度，混匀，在避光处静置 25min，用 1.0cm 比色杯（灵敏度低时可换 2.0cm 比色杯），以不含亚硝酸钠的溶液作参比，调节零点，于波长 538nm 处测吸光度，以吸光度为纵坐标，各溶液中所含亚硝酸钠质量为横坐标，绘制标准曲线，拟合回归方程。

亚硝酸盐含量低的试样制作标准曲线时可以降低标准系列溶液中亚硝酸钠的含量，标准系列为：吸取 0、0.4、0.8、1.2、1.6、2.0mL 亚硝酸钠标准工作液（相当于 0、2、4、6、8、10μg 亚硝酸钠）。

(3) 试样测定　吸取 10mL 上述试液，于 25mL 容量瓶中，按照"6(2) 亚硝酸盐标准曲线的制备"自"分别加入 4.5mL 氯化铵缓冲液"起，进行显色和测量试液的吸光度（A_1）。

另取 10mL 试液于 25mL 容量瓶中，用水定容至刻度，以水调节零点，测定其吸光度（A_0）。从试液吸光度值 A_1 中扣除吸光度值 A_0 后得吸光值 A，即 $A=A_1-A_0$，再将 A 带入回归方程进行计算。

7. 结果计算

(1)计算公式　试样中亚硝酸盐含量以质量分数表示，按下式计算：

$$\omega = \frac{m_2 \times V_1 \times 1\,000}{m_1 \times V_2 \times 1\,000}$$

式中：ω——试样中亚硝酸盐(以亚硝酸钠计)的含量，mg/kg；

m_1——试样质量，g；

m_2——测定用试液中亚硝酸盐(以亚硝酸钠计)的质量，μg；

V_1——试样处理液总体积，mL；

V_2——测定用样液体积，mL；

1 000——单位换算系数。

(2)结果表示　每个试样取 2 个平行测定，以其算术平均值为结果。结果表示到 0.1mg/kg。

(3)重复性　同一分析者对同一试样同时或快速连续地进行 2 次测定，所得结果之间的相对偏差：亚硝酸盐(以亚硝酸钠计)含量低于 20mg/kg 时，允许相对偏差低于 10%；亚硝酸盐(以亚硝酸钠计)含量超过 20mg/kg 时，允许相对偏差低于 5%。

8. 注意事项

① 样液的处理：样液制备完成后如果不能及时用分光光度计测定其吸光度，一定要注意密闭、避光和低温保存，避免亚硝酸盐发生氧化还原反应。

② 显色剂的处理方法：对氨基苯磺酸溶液和盐酸萘乙二胺溶液配制是要用酸性溶液(盐酸或乙酸溶液)保证它的稳定性。试剂配置好后需要马上分装于棕色试剂瓶，并低温密闭保存。使用前将二者等体积混匀，这样显色会更加充分(使用时间不超过 7d)。

③ 亚硝酸钠标准溶液的处理：亚硝酸钠吸湿性比较强，在空气中容易被氧化成硝酸钠，所以亚硝酸钠要盛放在硅胶干燥器中干燥 24h 或经(115±5)℃真空干燥至恒重。配好的标准液放置于 4℃密封保存。

④ 确定加热时间：加热是为了更好地除去脂肪、沉淀蛋白质、除去遮蔽因素。如果加热时间太短，蛋白质沉淀剂不能充分与试样发生反应；时间太长使得亚硝酸盐分解成氧化氮和硝酸，使得测定结果偏低。所以，测定时要控制好加热时间。

(二)游离棉酚

棉酚(gossypol)俗称棉毒素，是锦葵科棉属植物色素腺产生的多酚二萘衍生物，是一种多酚类化合物，是棉籽色素腺体中的主要色素。按其存在形式分为游离棉酚(free gossypol, FG)和结合棉酚(united gossypol, UG)，两者之和称为总棉酚(TG)。结合棉酚是在蒸炒、压榨等热作用下，游离棉酚与棉仁的蛋白质、氨基酸、磷脂等形成结合物，活性基团被结合，丧失活性，不能被消化道吸收，可很快随粪便排出体外，故对动物无毒害作用；而游离棉酚能被消化道吸收，在组织器官中有蓄积效应，会损害细胞、血管和神经系统，造成心力衰竭和组织水肿。因此，必须严格检测棉籽饼粕中的游离棉酚含量，以保证饲料中的游离棉酚含量在《国家饲料卫生标准》规定范围内。

测定游离棉酚的方法有比色法和液相色谱法。常用的比色法为苯胺比色法和间苯三酚法。

苯胺比色法准确度高、精密度好，也是国家标准方法（GB/T 13086—1991）；间苯三酚法为快速测定方法，简便、灵敏度高，但精密度比苯胺比色法差。液相色谱法准确度高、干扰少，是比较理想的方法。液相色谱法所测得的游离棉酚含量的结果比比色法低，其原因主要是比色法测定的结果除了游离棉酚外，还包括棉酚的磷脂衍生物和亲水棉酚衍生物。苯胺比色法不需要标准品，便于推广应用，此处着重介绍该方法。

1. 适用范围

适用于棉籽粉、棉籽饼粕和含有这些物质的配合饲料（包括混合饲料）。检出限是20mg/kg。

2. 原理

在3-氨基-1-丙醇存在的条件下，用异丙醇与正己烷的混合溶剂提取游离棉酚，用苯胺使棉酚转化为苯胺棉酚，在最大吸收波长440nm处比色测定。

3. 仪器设备

① 分光光度计：有10mm比色池，可在440nm处测量吸光度值。

② 振荡器：振荡频率120~130次/min（往复）。

③ 恒温水浴。

④ 具塞锥形瓶：100mL、250mL。

⑤ 容量瓶：25mL（棕色）。

⑥ 吸量管：1mL、3mL、10mL。

⑦ 移液管：10mL、50mL。

⑧ 漏斗：直径50mm。

⑨ 分析天平：感量0.0001g。

4. 试剂和溶液

除特殊注明外，本方法所有试剂均为分析纯和蒸馏水（或相应纯度的水）。

① 异丙醇。

② 正己烷。

③ 冰乙酸。

④ 苯胺（$C_6H_5NH_2$）：如果测定时空白试验吸光值超过0.022时，应在苯胺中加入锌粉进行蒸馏，弃去开始和最后的10%蒸馏部分，放入棕色的玻璃瓶内贮存在0~4℃冰箱中，该试剂可稳定几个月。

⑤ 3-氨基-1-丙醇（$H_2NCH_2CH_2CH_2OH$）。

⑥ 异丙醇与正己烷混合溶剂：6∶4。

⑦ 溶剂A：量取约500mL异丙醇与正己烷混合溶剂，加入2mL 3-氨基-1-丙醇、8mL冰乙酸和50mL水于1000mL的容量瓶中，再用异丙醇与正己烷的混合溶剂定容至刻度。

5. 试样制备

采集具有代表性的初级试样约2.5kg，四分法缩分至250g。粉碎，过10目筛，混匀，装入试样瓶，低温保存备用。

6. 测定步骤

① 称取1~2g试样（精确至0.0001g），置于250mL具塞锥形瓶中，加入20粒玻璃珠，用移液管准确加入50mL溶剂A，塞紧瓶塞，放入振荡器内振荡1h（约120次/min）。用干燥的定

量滤纸过滤,过滤时在漏斗上加盖表面皿以减少溶剂的挥发,弃去最初几滴滤液,收集滤液于100mL具塞锥形瓶中。

② 用吸量管吸取等量双份滤液 5~10mL 分别至 2 个 25mL 棕色容量瓶 a 和 b 中。

③ 用异丙醇与正己烷的混合溶剂将容量瓶 a 中的液体稀释至刻度,摇匀,该溶液用作试样测定液的参比溶液。

④ 用移液管吸取 2 份 10mL 溶剂 A 分别至 2 个 25mL 棕色容量瓶 a_0 和 b_0 中。

⑤ 用异丙醇和正己烷的混合溶剂将容量瓶 a_0 中的液体稀释至刻度,摇匀,该溶液用作空白测定液的参比溶液。

⑥ 加 2mL 苯胺于容量瓶 b 和 b_0 中,在沸水浴上加热显色 30min。

⑦ 冷却至室温,用异丙醇与正己烷的混合溶剂定容,摇匀并静置 1h。

⑧ 用 10mm 比色池,在波长 440nm 处,用分光光度计以 a_0 为参比溶液测定空白测定液 b_0 的吸光度,以 a 为参比溶液测定试样测定液 b 的吸光度,从试样测定液的吸光度值中减去空白测定液的吸光度值,得到校正吸光度 A。

7. 结果计算

(1) 计算公式 试样中游离棉酚含量以质量分数表示,按下式计算:

$$\omega = \frac{A \times 50 \times 25 \times 1\,000}{a \times m \times V}$$

式中:ω——试样中游离棉酚含量,mg/kg;

　　A——校正吸光度;

　　m——试样质量,g;

　　V——测定用滤液体积,mL;

　　a——质量吸收系数,游离棉酚的质量吸收系数为 62.5L/(cm·g);其中 L 为吸收池长度,cm;

　　50——试样提取液的体积,mL;

　　25——比色测定时的体积,mL。

(2) 结果表示 每个试样取 2 个平行样进行测定,以其算数平均值为结果。结果表示到 20mg/kg。

(3) 重复性 同一分析者对同一试样同时或快速连续地进行 2 次测定,所得结果的差值:游离棉酚含量小于 500mg/kg 时,不得超过平均值的 15%;游离棉酚含量为 500~750mg/kg 时,绝对相差不得超过 75mg/kg;游离棉酚含量大于 750mg/kg 时,不得超过平均值的 10%。

8. 注意事项

① 苯胺是该方法中要求比较严格的试剂:市售的苯胺必须经过重蒸馏,蒸馏时,干燥的蒸馏瓶加入苯胺和一定量锌粉在电热套内进行蒸馏,必要时使用 300mm 的分馏柱,弃去开始和最后的 10% 馏分,接入棕色玻璃瓶中,置于冰箱 0~4℃ 备用。测定试样前必须对苯胺进行空白试验,吸光度值不超过 0.022。若苯胺的空白实验吸光度值超过 0.022,必须再次蒸馏,以达到要求。另外,苯胺有毒、易燃,蒸馏时必须在毒气橱内操作,时刻有人看守。

② 试验用的溶剂 A,其配制后一般放置不超过 1~2 个月,否则影响试验结果。

③ 定量的滤液放入 25mL 容量瓶中,加入 2.0mL 苯胺,在沸水浴上加热 30min。由于 25mL 容量瓶较小,所加试液又少,应该防止浮起和翻倒。

(三)异硫氰酸酯

菜籽饼粕中含有硫葡萄糖苷,其自身无毒性,但在硫葡萄糖苷酶或胃肠道细菌分泌酶的作用下,产生异硫氰酸酯和恶唑烷硫酮等有毒化合物,导致动物甲状腺肿大。测定方法主要有气相色谱法、银量法(GB/T 13087—1991)和硫脲比色法(NY/T 1596—2008)。异硫氰酸酯在高温下易挥发,因此可采用气相色谱法测定,该法的准确度和精密度均较好。

1. 气相色谱法

(1)适用范围　适用于配合饲料(包括混合饲料)和菜籽饼粕。

(2)原理　配合饲料或菜籽饼粕中存在的硫葡萄糖苷,在硫葡萄糖苷酶(也称芥子酶)作用下生成相应的异硫氰酸酯,用二氯甲烷提取后再用气相色谱法进行测定。

(3)仪器设备

① 气相色谱仪:具有氢焰检测器。

② 氮气钢瓶:其中氮气纯度为99.99%。

③ 微量注射器:5μL。

④ 分析天平:感量0.000 1g。

⑤ 实验室用试样粉碎机。

⑥ 振荡器:往复,频率200次/min。

⑦ 具塞锥形瓶:25mL。

⑧ 离心机。

⑨ 离心试管:10mL。

(4)试剂和溶液　除特殊注明外,本方法所有试剂均为分析纯和蒸馏水(或相应纯度的水)。

① 二氯甲烷或二氯甲烷。

② 丙酮。

③ pH 7.0缓冲液:市售或按下法配制。量取35.5mL 0.1mol/L柠檬酸($C_6H_8O_7 \cdot H_2O$)溶液,倒入200mL容量瓶中,用0.2mol/L磷酸氢二钠($Na_2HPO_4 \cdot 12H_2O$)稀释至刻度线,配制后测定其pH值。

④ 无水硫酸钠。

⑤ 酶制剂:将白芥(*Sinapis alba* L.)种子(72h内发芽率必须大于85%,保存期不超过两年)粉碎后,称取100g,用300mL丙酮分10次脱脂,滤纸过滤,真空干燥脱脂后的白芥子粉,然后用400mL水分2次提取脱脂粉中的芥子酶,离心,取上层混悬液体,合并,于合并混悬液中加入400mL丙酮沉淀芥子酶,弃去上清液,用丙酮洗沉淀5次,离心,真空干燥下层沉淀物,研磨成粉状,装入密封容器中,低温保存备用,此制剂应不含异硫氰酸酯。

⑥ 丁基异硫氰酸酯内标溶液:配制0.1mg/mL丁基异硫氰酸酯[$CH_3(CH_2)_3NCS$]二氯甲烷或四氯化碳溶液,贮于4℃冰箱中,如试样中异硫氰酸酯含量较低,可将上述溶液稀释,使内标丁基异硫氰酸酯峰面积和试样中异硫氰酸酯峰面积相近。

(5)试样制备　采集初级试样试样至少2kg,四分法缩分至250g。磨碎,过1.10mm筛,混匀,装入密闭容器,防止试样变质,低温保存备用。

(6)测定步骤

① 试样的酶解：称取约2.2g试样于具塞锥形瓶中，精确至0.001g，加入5mL pH7.0的缓冲液、30mg 酶制剂、10mL丁基异硫氰酸酯内标溶液，用振荡器振荡2h，将具塞锥形瓶中内容物转入离心管中，离心后用滴管吸取少量离心试管下层有机相溶液，通过铺有少量无水硫酸钠层和脱脂棉的漏斗过滤，得到澄清滤液备用。

② 色谱条件：玻璃色谱柱，内径3mm、长2m；固定液：20%聚苯醚（或其他效果相同的固定液）；载体：Chromosorb W 红色硅藻土色谱载体 W/HP，80~100目（或其他效果相同的载体）；柱温：100℃；进样口及检测器温度：150℃；载气（氮气）流速：65mL/min。

③ 测定：用微量注射器吸取1~2μL上述澄清滤液，注入色谱仪，测量各异硫氰酸酯峰面积。

(7)结果计算

① 计算公式：试样中异硫氰酸酯含量以质量分数表示，按下式计算：

$$\omega = \frac{m_e}{115.19 \times S_e \times m}\left[\left(\frac{4}{3}\times 99.15\times S_a\right)+\left(\frac{4}{4}\times 113.18\times S_b\right)+\left(\frac{4}{5}\times 127.21\times S_p\right)\right]\times 1\,000$$

$$= \frac{m_e}{S_e \times m}(1.15S_a+0.98S_b+0.88S_p)\times 1\,000$$

式中：ω——试样中异硫氰酸酯的含量，g/kg；

m——试样质量，g；

m_e——10mL丁基异硫氰酸酯内标溶液中丁基异硫氰酸酯的质量，mg；

S_e——丁基异硫氰酸酯的峰面积；

S_a——丙烯基异硫氰酸酯的峰面积；

S_b——丁烯基异硫氰酸酯的峰面积；

S_p——戊烯基异硫氰酸酯的峰面积。

② 结果表示：每个试样取2个平行样进行测定，以其算术平均值为结果。结果表示到1mg/kg。

③ 重复性：同一分析者对同一试样同时或快速连续地进行2次测定，异硫氰酸酯含量低于100mg/kg时，允许相对偏差低于15%；异硫氰酸酯含量大于100mg/kg时，允许相对偏差低于10%。

2. 银量法

(1)适用范围　适用于配合饲料(包括混合饲料)和菜籽饼粕。

(2)原理　菜籽饼粕中存在的硫葡萄糖苷，在芥子酶作用下可生成相应的异硫氰酸酯。用水汽蒸出后再用硝酸银-氢氧化铵溶液吸收而生成相应的衍生硫脲。过量的硝酸银在酸性条件下以硫酸铁铵为指示剂，用硫氰酸铵回滴，再计算出异硫氰酸酯的含量。

(3)仪器设备

① 分析天平：感量0.0001g。

② 恒温箱：温度范围30~60℃，精度±1℃。

③ 异硫氰酸酯蒸馏装置。

④ 冰水浴。

⑤ 沸水浴。

⑥ 锥形瓶：100mL、500mL（具塞）。
⑦ 容量瓶：100mL。
⑧ 移液管：10mL、25mL。
⑨ 吸量器：5mL、10mL。
⑩ 半自动滴定管：5mL，最小分度为0.02mL。
⑪ 滤纸。
⑫ 回流冷凝器：可与异硫氰酸酯蒸馏装置相配。

(4) 试剂和溶液　除特殊注明外，本方法所有试剂均为分析纯和蒸馏水（或相应纯度的水）。

① 95%乙醇。

② 去泡剂：正辛醇。

③ 6mol/L 硝酸溶液：量取 195mL 浓硝酸，加水稀释至 500mL。

④ 10%氢氧化铵溶液：取 30%氨水 100mL，加入 200mL 水混匀。

⑤ 硫酸铁铵溶液：称取 100g 硫酸铁铵[$NH_4Fe(SO_4)_2 \cdot 12H_2O$]，溶于 500mL 水中。

⑥ 0.1mol/L 硝酸银标准溶液：准确称取在硫酸干燥器中干燥至恒重的基准硝酸银 16.987g，用水溶解后加水定容至 1 000mL，置棕色瓶中避光保存。

⑦ 0.1mol/L 硫氰酸铵标准储备液：称取 7.6g 硫氰酸铵，溶于 1 000mL 水中。按下法标定硫氰酸铵标准储备液的浓度：准确量取 0.1mol/L 硝酸银标准溶液 10mL，加硫酸铁铵指示剂 1mL 和 6mol/L 硝酸 2.5mL，用 0.1mol/L 硫氰酸铵标准储备液滴定，终点前摇动溶液至完全清亮后，继续滴定至溶液所呈淡棕色保持 30s。

硫氰酸铵标准储备液的浓度按下式计算：

$$N = \frac{N_1 \times V_1}{V}$$

式中：N——硫氰酸铵标准储备液浓度，mol/L；

N_1——硝酸银标准溶液浓度，mol/L；

V_1——硝酸银标准溶液的用量，mL；

V——消耗硫氰酸铵标准储备液的体积，mL。

⑧ 0.01mol/L 硫氰酸铵标准工作液：临用前将 0.1mol/L 硫氰酸铵标准储备液用水稀释 10 倍，摇匀。

⑨ pH 4 缓冲液：称取 42g 柠檬酸，溶于 1L 水中，用浓氢氧化钠溶液调节 pH 值至 4。

⑩ 粗酶制剂：取白芥种子粉碎后用冷石油醚（沸程 40~60℃）或正己烷脱脂，使脂肪含量不大于 2%，然后再粉碎一次使全部通过 0.28mm 筛，放 4℃冰箱可使用 6 周。

(5) 试样制备　采集具有代表性的试样至少 250g，用四分法缩分至 50g。若试样含脂率大于 5%，需要事先脱脂，测定脂肪含量；若含脂率小于 5%，则进一步磨碎使其 80%能通过 0.28mm 筛，混匀，装入密闭容器中，置 -15℃ 保存备用。

(6) 测定步骤

① 称样：称取试样 2.2g 于事先烘烤并精确称重至 0.001g 的烧杯中，(103±2)℃烘烤至少 8h，在干燥器中冷却至室温后精确称重至 0.001g。

② 试样的酶解：将上述烘烤过的试样全部转移至异硫氰酸酯蒸馏装置的锥形瓶中，加入

100mL pH 4 缓冲液和 0.5g 粗酶制剂,将锥形瓶塞好塞子,置 40℃ 恒温箱中保温 3h,中间不时轻摇几次。

③ 蒸馏接收瓶准备:准确量取 10mL 硝酸银标准溶液至 250mL 圆底烧瓶中,并加入 2.5mL 氢氧化铵溶液。将此瓶与异硫氰酸酯蒸馏装置相连并置于冰水浴中,冷凝器末端必须没于硝酸银-氢氧化铵液中。

④ 蒸馏:将盛试样的锥形瓶冷却至室温,加入几颗玻璃珠和几滴去泡剂,然后与蒸馏装置相连,从上面漏斗中加入 95%乙醇 10mL,另加 95%乙醇 3mL 于接收瓶的安全管中。缓慢加热蒸馏,至馏出液达接收瓶 70mL 刻度处。

⑤ 试样测定:取下接收瓶,将安全管的乙醇倒入此瓶中,将它与回流冷凝器连接,于沸水中加热瓶中内容物 30min,然后取下冷却至室温。将内容物转移至 100mL 容量瓶中,用水洗接收瓶 2~3 次,用水稀释至刻度,摇匀后过滤于 100mL 锥形瓶中,用移液管取 25mL 滤液于另一个 100mL 锥形瓶中,加 6mol/L 硝酸溶液 1mL 和 0.5mL 硫酸铁铵指示剂,用 0.01mol/L 硫氰酸铵标准工作液滴定过量的硝酸银,直到稳定的淡红色出现为终点。

⑥ 空白测定:按同样测定步骤操作,但不加试样,得到空白测定值。

(7) 结果计算

① 计算公式

$$\omega = \frac{4 \times (V_1 - V_2) \times c \times 56.59}{m} = \frac{c \times (V_1 - V_2)}{m} \times 226.36$$

式中:ω——试样中异硫氰酸酯的含量,以每克绝干样中丁基异硫氰酸酯的毫克数表示;

V_1——空白测定所耗硫氰酸铵标准工作液的体积,mL;

V_2——试样测定所耗硫氰酸铵标准工作液的体积,mL;

c——硫氰酸铵标准工作液的浓度,mol/L;

m——试样的绝干质量,g。

② 结果表示:每个试样取 2 个平行样进行测定,以其算术平均值为结果。结果表示到 0.01mg/g。

③ 重复性:在同一分析对同一试样同时或快速地进行 2 次测定,所得结果之间的差值:异硫氰酸酯含量低于 0.50mg/g 时,不得超过平均值的 20%;异硫氰酸酯含量为 0.5~1mg/g 时,不得超过平均值的 15%;异硫氰酸酯含量大于 1.00mg/g 时,不得超过平均值的 10%。

(8) 注意事项

① 应防止氨的存在,氨与银离子生成可溶性络合物,干扰氯化银沉淀生成。

② 硫酸铁铵指示剂法应在稀硝酸溶液中进行,因铁离子在中性或碱性介质中能形成氢氧化铁沉淀。

③ 滴定应在室温下进行,温度高,红色络合物易褪色。

④ 滴定时需用力振摇,避免沉淀吸附银离子,过早到达终点。但滴定接近终点时,要轻轻振摇,减少氯化银与 SCN^- 接触,以免沉淀转化。

⑤ 滴定时避免阳光直射,因卤化银遇光易分解,使沉淀变为灰黑色。

3. 硫脲比色法

(1) 适用范围 适用于菜籽饼粕。

(2) 原理 菜籽饼粕中硫葡萄糖苷在 pH 7.0 缓冲溶液中,在芥子酶作用下,水解生成异硫氰酸酯，然后与80%氨乙醇作用，生成硫脲，紫外分光光度计测定235nm、245nm、255nm波长吸光值。

（3）仪器设备

① 分析天平：感量0.0001g。

② 试样磨。

③ 旋涡混合器。

④ 离心机。

⑤ 恒温水浴锅。

⑥ 紫外分光光度计：备有10mm石英比色皿。

⑦ 微量进样器：100μL。

⑧ 具塞试管：10mL。

⑨ 离心管：10mL。

（4）试剂和溶液　除特殊注明外，本方法所有试剂均为分析纯和蒸馏水（或相应纯度的水）。

① 无水乙醇。

② 氨水。

③ 80%氨乙醇：准确量取20mL氨水与80mL无水乙醇充分混匀。

④ 二氯甲烷。

⑤ pH 7.0缓冲溶液：取35mL 0.1mol/L 柠檬酸溶液于250mL 容量瓶中，加入200mL 0.2mol/L 磷酸氢二钠溶液，0.01mol/L 盐酸或0.01mol/L 氢氧化钠溶液调pH值至7.0。

⑥ 粗酶制剂：取白芥种子粉碎，使80%过60目筛，用冷石油醚（沸程30～60℃）提取其中脂肪，在通风橱中用微风吹去残留的石油醚，置于具塞玻璃瓶中4℃保存，可在6周内使用。

（5）试样制备　将菜籽饼粕粉碎后，使80%能通过60目筛，（103±2）℃干燥2～3h，冷却至室温，装入试样瓶中备用。

（6）测定步骤　准确称取0.2g试样于离心管中，加40mg粗芥子酶和2.0mL pH 7.0缓冲溶液，旋涡混合器充分混合，35℃酶促反应2h。加2.5mL二氯甲烷，用旋涡混合器混合均匀，在室温下振荡0.5h。用旋涡混合器将水相、有机相、试样充分混合，4 000r/min离心20min。取6mL 80%氨乙醇于具塞试管中，用微量进样器取离心管下层有机相50mL，加入装有6mL 80%氨乙醇的具塞试管中，盖上塞。旋涡混合均匀，将具塞试管放入水浴锅，50℃加热0.5h，取出，冷却至室温。用紫外分光光度计，10mm石英比色皿测定吸光度值，测定波长分别为235nm、245nm、255nm。同时测定试样空白溶液。

（7）结果计算

① 计算公式：试样中异硫氰酸酯的含量（ω）以每克干样中异硫氰酸酯的毫克数（mg/g）表示，按下式计算：

$$\omega = \left[OD_{245} - \frac{OD_{235} + OD_{255}}{2} \right] \times 28.55$$

式中：OD_{235}——试样235nm处吸光度值；

OD_{245}——试样245nm处吸光度值；

OD_{255}——试样255nm吸光度值。

每个试样平行测定2次,计算算术平均值,结果保留2位小数。

② 重复性:在重复性条件下,获得的2次独立测试结果的绝对差值不大于10%。

(四)氰化物

自然界的生氰植物种类较多,如亚麻籽饼粕、木薯、高粱幼苗、苏丹草、白三叶等。当生氰植物完整的细胞受到破坏或死亡后,其中的生氰糖苷在β-葡萄糖苷酶和羟氰裂解酶的作用下释放出氰离子(CN^-),CN^-与线粒体中细胞色素氧化酶的三价铁结合,生成非常稳定的高铁细胞色素氧化酶,使其不能转变为具有二价铁的还原型细胞色素氧化酶,致使细胞色素氧化酶失去传递电子、激活分子氧的功能,产生"细胞内窒息"。

测定方法主要有比色法、硝酸银滴定法和氰离子选择电极法。干扰氰化物测定的物质比较多,金属离子、脂肪酸、硫化物、还原剂或氧化剂等均会影响测定。因此,一般都采用蒸馏预处理方法去除干扰物质再进行测定。常用的比色法为吡啶盐酸联苯胺比色法和异烟酸-吡唑酮比色法。这两种比色方法均涉及氰化钾或氰化钠等剧毒物质,存在操作安全隐患。因此,此处仅介绍硝酸银滴定法,该方法也是现行的国家标准方法之一。

1. 适用范围

适用于饲料原料(木薯、亚麻籽饼和豆类)、配合饲料(包括混合饲料)。

2. 原理

以氰苷形式存在于植物体内的氰化物经水浸泡水解后,进行水蒸气蒸馏,蒸出的氢氰酸被碱液吸收。在碱性条件下,以碘化钾为指示剂,用硝酸银标准溶液滴定测定氰化物的含量。

3. 仪器设备

① 水蒸气蒸馏装置:2 500~3 000mL 蒸馏烧瓶。

② 微量滴定管:2mL。

③ 分析天平:感量0.000 1g。

④ 凯氏烧瓶:500mL。

⑤ 容量瓶:250mL(棕色)。

⑥ 锥形瓶:250mL。

⑦ 吸量管:2mL、10mL。

⑧ 移液管:100mL。

4. 试剂和溶液

除特殊注明外,本方法所有试剂均为分析纯和蒸馏水(或相应纯度的水)。

① 5%氢氧化钠溶液:称取5g氢氧化钠溶于水,加水稀释至100mL。

② 6mol/L氨水:量取400mL浓氨水,加水稀释至1 000mL。

③ 0.5%硝酸铅溶液:称取0.5g硝酸铅溶于水,加水稀释至100mL。

④ 0.1mol/L硝酸银标准储备液:称取17.5g硝酸银,溶于1 000mL水中,混匀,置暗处,密闭保存于玻璃塞的棕色瓶中。

标定:称取经500~600℃灼烧至恒重的基准氯化钠1.5g,精确至0.002g。用水溶解,移入250mL容量瓶中,加水稀释至刻度,摇匀。准确移取此溶液25mL于250mL锥形瓶中,加入25mL水及1mL 5%铬酸钾溶液,再用0.1mol/L硝酸银标准储备液滴定至溶液呈微红色为终点。

硝酸银标准储备液的浓度按下式计算：

$$c_0 = \frac{m_0 \times 25}{V_1 \times 0.058\ 45 \times 250} = \frac{m_0}{V_1} \times 1.710\ 9$$

式中：c_0——硝酸银标准储备液的浓度，mol/L；

m_0——基准氯化钠的质量，g；

V_1——硝酸银标准储备液的用量，mL；

0.058 45——每毫摩尔氯化钠的质量，g。

⑤ 0.01mol/L 硝酸银标准工作液：于临用前将 0.1mol/L 硝酸银标准储备液用煮沸并冷却的水稀释 10 倍，必要时应重新标定。

⑥ 5%碘化钾溶液：称取 5g 碘化钾，溶于水，加水稀释至 100mL。

⑦ 5%铬酸钾溶液：称取 5g 铬酸钾，溶于水，加水稀释至 100mL。

5. 试样制备

采集初级试样约 2.5kg，四分法缩分至 250g。粉碎，过 1.10mm 筛，混匀，装入密闭容器保存备用。

6. 测定步骤

(1) 试样水解　称取 10~20g 试样于凯氏烧瓶中，精确至 0.001g，加水约 200mL，塞严瓶口，在室温下放置 2~4h，使其水解。

(2) 试样蒸馏　将盛有水解试样的凯氏烧瓶迅速连接于水蒸气蒸馏装置，使冷凝管下端浸入盛有 20mL 0.5%氢氧化钠溶液的锥形瓶的液面下，通水蒸气进行蒸馏，收集蒸馏液 150~160mL，取下锥形瓶，加入 10mL 0.5% 硝酸铅溶液，混匀，静置 15min，经滤纸过滤于 250mL 容量瓶中，用水洗涤沉淀物和锥形瓶 3 次，每次 10mL，并入滤液中，加水稀释至刻度，混匀。

(3) 测定　准确移取 100mL 上述滤液，置于另一锥形瓶中，加入 8mL 6mol/L 氨水和 2mL 5%碘化钾溶液，混匀，在黑色背景衬托下，用微量滴定管以硝酸银标准工作液滴定至出现混浊时为终点，记录硝酸银标准工作液消耗体积(V)。

在和试样测定相同的条件下，做试剂空白试验，即以蒸馏水代替蒸馏液，用硝酸银标准工作液滴定，记录其消耗体积(V_0)。

7. 结果计算

(1) 计算公式　试样中氰化物的含量以质量分数表示，按下式进行计算：

$$\omega = c \times (V - V_0) \times 54 \times \frac{250}{100} \times \frac{1\ 000}{m} = \frac{c \times (V - V_0)}{m} \times 135\ 000$$

式中：ω——试样中氰化物(以氢氰酸计)的含量，mg/kg；

m——试样质量，g；

c——硝酸银标准工作液浓度，mol/L；

V——试样测定硝酸银标准工作液消耗体积，mL；

V_0——空白试验硝酸银标准工作液消耗体积，mL；

54——1mL 1mol/L 的硝酸银相当于氢氰酸的质量，mg。

(2) 结果表示　每个试样取 2 个平行测定，以其算术平均值为测定结果，结果表示到 0.1mg/kg。

(3) 重复性　同一分析者对同一试样同时或快速连续地进行 2 次测定，氰化物含量低于

50mg/kg 时，允许相对偏差低于 20%；异硫氰酸酯含量大于 50mg/kg 时，允许相对偏差低于 10%。

(五) 恶唑烷硫酮

恶唑烷硫酮被称作菜籽饼粕中的"致甲状腺肿因子"，对畜禽有较大的危害。恶唑烷硫酮不易挥发，并在 245nm 处有最大光吸收值。因此，一般采用紫外分光光度法（GB/T 13089—1991）测定其含量。

1. 适用范围

适用于菜籽饼粕和配合饲料。

2. 原理

饲料中的硫葡萄糖苷被硫葡萄糖苷酶（芥子酶）水解，生成恶唑烷硫酮，再用乙醚萃取恶唑烷硫酮。此化合物在 245nm 处有吸收峰，用紫外分光光度计测定其含量。

3. 仪器设备

① 分析天平：感量 0.000 1g。
② 试样筛：孔径 0.28mm。
③ 试样磨。
④ 玻璃干燥器。
⑤ 恒温干燥箱：(103±2)℃。
⑥ 锥形瓶：25mL、100mL、250mL。
⑦ 容量瓶：25mL、100mL。
⑧ 烧杯：50mL。
⑨ 分液漏斗：50mL。
⑩ 移液管：2mL。
⑪ 振荡器：振荡频率 100 次/min（往复）。
⑫ 紫外分光光度计：有 10mm 石英比色池，可在 200~300nm 处测量吸光度。

4. 试剂和溶液

除特殊注明外，本方法所有试剂均为分析纯和蒸馏水（或相应纯度的水）。

① 乙醚。
② 去泡剂：正辛醇。
③ pH 7.0 缓冲液：取 35.3mL 0.1mol/L 柠檬酸溶液于一个 200mL 容量瓶中，再用 0.2mol/L 磷酸氢二钠溶液调节 pH 值至 7.0。
④ 酶源：用白芥种子制备。将白芥籽磨细，使 80% 通过 0.28mm 筛，用正己烷或石油醚（沸程 40~60℃）提取其中脂肪，使残余的油脂不大于 2%，操作温度保持在 30℃以下，放通风橱于室温下使溶剂挥发。此酶源置于具塞玻璃瓶中在 4℃保存，可用 6 周。

5. 试样制备

采集具有代表性的试样至少 500g，用四分法缩分至 50g。再磨细，使其 80% 能通过 0.28mm 筛。

6. 测定步骤

(1) 称取试样　称取试样（菜籽饼粕 1.1g，配合饲料 5.5g）于事先干燥称重（精确至

0.001g)的烧杯中,放入恒温干燥箱,在(103±2)℃下烘烤至少8h,取出置于干燥器中冷却至室温,再称重,精确至0.001g。

(2)试样的酶解 将干燥称重的试样全部倒入250mL锥形瓶中,加入70mL煮沸的pH 7.0缓冲液,并用少许冲洗烧杯,待冷却后加入0.5g酶源和几滴去泡剂,于室温下振荡2h。立即将内容物转移定容至100mL容量瓶中,用水洗涤锥形瓶,并稀释至刻度,过滤至100mL锥形瓶中,滤液备用。

(3)试样测定 取上述滤液(菜籽饼粕1.0mL,配合饲料2.0mL)至50mL分液漏斗中,用10mL乙醚提取2次,每次小心从上面取出上层乙醚。合并乙醚层于25mL容量瓶中,用乙醚定容至刻度。测定200~280nm其吸光度值,用最大吸光度值减去280nm处的吸光度值,即为试样中恶唑烷硫酮的吸光度值(A_E)。

(4)试样空白测定 在与试样测定相同条件下进行空白试验,只加试样不加酶源,测得值为试样空白吸光度值(A_B)。

(5)酶源空白测定 在与试样测定相同条件下进行酶源空白试验,只加酶源不加试样,测得值为酶源空白吸光度值(A_C)。

7. 结果计算

(1)计算公式 试样中恶唑烷硫酮含量以质量分数表示,按下式进行计算:

$$\omega = (A_E - A_B - A_C) \times C_P \times 25 \times 100 \times 10^{-3} \times \frac{1}{m} = \frac{A_E - A_B - A_C}{m} \times 20.5$$

式中:ω——试样中恶唑烷硫酮的含量,mg/g;

A_E——试样测定吸光度值;

A_B——试样空白吸光度值;

A_C——酶源空白吸光度值;

C_P——转换系数,吸光度为1时,每升溶液中恶唑烷硫酮的毫克数,其值为8.2;

m——试样绝干物质质量,g。

若试样测定液经过稀释,计算时应予考虑。

(2)结果表示 每个试样取2个平行样进行测定,以其算术平均值为结果。结果表示到0.01mg/g。

(3)重复性 同一分析者对同一试样或快速连续进行2次测定,恶唑烷硫酮含量低于0.20mg/g时,允许相对偏差低于20%;恶唑烷硫酮含量在0.05~0.20mg/g时,允许相对偏差低于15%;恶唑烷硫酮含量超过0.05mg/g时,允许相对偏差低于10%。

(六)黄曲霉毒素

黄曲霉毒素(aflatoxin,AF)主要是黄曲霉和寄生曲霉产毒菌株的代谢产物,主要污染玉米、花生、棉籽及其饼粕。根据其在紫外线产生荧光的颜色,将其分为蓝紫色的B族和黄绿色荧光的G族两大类及其衍生物。最具代表性的为黄曲霉毒素B_1、B_2、G_1、G_2,其中黄曲霉毒素B_1含量最高、毒性最大,因此我国以黄曲霉毒素B_1作为饲料黄曲霉毒素污染的卫生指标。目前,饲料中黄曲霉毒素的检测方法主要有薄层色谱法、酶联免疫吸附法、液相色谱-串联质谱法等。薄层色谱法为半定量方法,最低检出量为5μg/kg;酶联免疫吸附法的最低检出量可达0.1μg/kg,但有时会有假阳性结果;液相色谱-串联质谱法(NY/T 2071—2011)需要有大型仪器设备,是饲料卫生标准(GB/T 13078—2017)中黄曲霉毒素 B_1 检测的规定试验方法。

1. 薄层色谱法

(1)适用范围 适用于单一饲料和配合饲料。

(2)原理 试样中的黄曲霉毒素 B_1 经提取、柱层析、洗脱、浓缩、薄层分离后,在 365nm 波长紫外光下产生蓝紫色荧光,根据其在薄层板上显示荧光的最低检出量测定其含量。

(3)仪器设备

① 薄层板涂布器。

② 展开槽:内长 25cm、宽 6cm、高 4cm。

③ 紫外线灯:100~125W,带有波长 365nm 的滤光片。

④ 玻璃板:5cm×20cm。

⑤ 旋转蒸发器或蒸发皿。

⑥ 电动振荡器。

⑦ 天平。

⑧ 具塞刻度试管:10mL,2mL。

⑨ 微量注射器或血色素吸管。

⑩ 层析管:内径 2.2cm、长 30cm,下带活塞,上有贮液器。

(4)试剂和溶液 除特殊注明外,本方法所有试剂均为分析纯试剂和蒸馏水(或相应纯度的水)。

① 有机试剂:三氯甲烷、甲醇、正己烷或石油醚(沸程 30~60℃)、苯、乙腈、无水乙醚或乙醚(经无水硫酸钠脱水)、丙酮。

以上试剂于试验时先进行试剂空白试验,如不干扰测定即可使用,否则需逐一检测进行重蒸。

② 苯-乙腈混合液:量取 98mL 苯,加 2mL 乙腈混匀。

③ 三氯甲烷-甲醇混合液:量取 97mL 三氯甲烷,3mL 甲醇混匀。

④ 硅胶:柱层析用,80~200 目。

⑤ 硅胶 G:薄层色谱用。

⑥ 三氟乙酸。

⑦ 无水硫酸钠。

⑧ 硅藻土。

⑨ 10μg/mL 黄曲霉毒素 B_1 标准溶液:准确称取 1~1.2mg 黄曲霉毒素 B_1 标准品,先加入 2mL 乙腈溶解,再用苯稀释至 100mL,置于 4℃冰箱中保存。用紫外分光光度计测此标准溶液的最大吸收峰的波长及该波长的吸光度值,并按下式计算该标准溶液的浓度:

$$c_1 = \frac{A \times M \times 1\,000}{E_2}$$

式中:c_1——黄曲霉毒素 B_1 标准溶液的浓度,μg/mL;

A——测得的吸光度值;

M——黄曲霉毒素 B_1 的相对分子质量,312;

E_2——黄曲霉毒素 B_1 在苯-乙腈混合液中的摩尔消光系数,19 800。

根据计算,用苯-乙腈混合液调整标准溶液浓度为 10μg/mL,并用分光光度计核对其浓度。

⑩ 0.04μg/mL 黄曲霉毒素 B_1 标准工作液：准确吸取 10μg/mL 黄曲霉毒素标准溶液 0.4mL 于 100mL 容量瓶中，加苯-乙腈混合液稀释至刻度，混匀，此溶液相当于黄曲霉毒素 B_1 0.04μg/mL，置于 4℃ 冰箱中保存。

⑪ 次氯酸钠溶液：取 100g 漂白粉，加入 500mL 水，搅拌均匀，另将 80g 工业用碳酸钠（$Na_2CO_3·10H_2O$）溶于 500mL 温水中，再将两液混合、搅拌，澄清后过滤。此滤液次氯酸钠浓度为 2.5%。若用漂粉精制备，则碳酸钠的量可以加倍，所得溶液的浓度约为 5%。

(5) 试样制备　根据规定检取有代表性的试样。饲料中黄曲霉毒素的污染分布不均匀，应尽量增加初级试样取样量，并将试样粉碎混合均匀，以保证检测结果的可靠性。对局部发霉变质的试样检验时，应单独取样检验。采集的初级试样应全部粉碎过 20 目筛，连续多次用四分法缩分至 0.5~1kg，混匀。如果试样脂肪含量超过 5%，粉碎前应脱脂，分析结果应以未脱脂试样计。

(6) 测定步骤

① 提取：取 20g 制备好的试样，置于磨口锥形瓶中，加 10g 硅藻土、10mL 水和 100mL 三氯甲烷，加塞，在振荡器上振荡 30min，用滤纸过滤，滤液不少于 50mL。

② 柱层析纯化：

a. 柱的制备：柱中加约 2/3 的三氯甲烷，加 5g 无水硫酸钠，使表面平整，小量慢加 10g 柱层析硅胶，小心排出气泡，静止 15min，再慢慢加入 10g 无水硫酸钠，打开活塞，让液体留下，直至液体到达硫酸钠层上表面，关闭活塞。

b. 纯化：用移液管吸取 50mL 滤液，放入烧杯中，加 100mL 正己烷，混合均匀后定量转移至层析柱中，用正己烷洗涤烧杯倒入柱中。打开活塞，使液体以 8~12mL/min 流下，直全达到硫酸钠层上表面，再把 100mL 乙醚倒入柱中，使液体再流至硫酸钠层上表面，弃去以上收集液体，整个过程保证柱不干。

c. 洗脱：用 150mL 三氯甲烷-甲醇溶液洗脱柱子，用旋转蒸发器烧瓶收集全部洗脱液。在 50℃ 以下减压蒸馏，用苯-乙腈混合液定量转移残留物到刻度试管中，经 50℃ 以下水浴挥发，使液体体积到 2.0mL 为止。洗脱液也可在蒸发皿中经 50℃ 以下水浴挥发干，再用苯-乙腈混合液转移至具塞刻度试管中。

③ 薄层板的制备：称取约 3g 硅胶 G，加相当于硅胶量 2~3 倍的水，用力研磨 1~2min 至成糊状后立即倒入涂布器内，推成 5cm×20cm、厚度约 0.25mm 的薄层板 3 块。在空气中干燥约 15min 后，在 100℃ 活化 2h，取出，放干燥器中保存。一般可保存 2~3d，若放置时间较长，可再活化后使用，或直接使用商品硅胶 G 薄层层析板。

④ 试样测定：

a. 点样：将薄层板边缘附着的吸附剂刮净，在距薄层板下端 3cm 的基线上用微量注射器或血色素吸管滴加试样。一块板可滴加 4 个点，点距边缘和间距约为 1cm，点直径约为 3mm。在同一板上滴加点的大小应一致，滴加时可用吹风机用冷风边吹边加。滴加样式如下：

第一点：10μL 黄曲霉毒素 B_1 标准工作液（0.04μg/mL）。

第二点：20μL 试样。

第三点：20μL 试样+10μL 0.04μg/mL 黄曲霉毒素 B_1 标准工作液。

第四点：20μL 试样+10μL 0.2μg/mL 黄曲霉毒素 B_1 标准工作液。

b. 展开与观察：在展开槽内加 10mL 无水乙醚，预展 12cm，取出挥干。再于另一展开槽内加 10mL 丙酮-三氯甲烷混合液（8∶92），展开 10~12cm，取出。在紫外光下观察结果，方法如下。

由于试样点上加滴黄曲霉毒素 B_1 标准工作液，可使黄曲霉毒素 B_1 标准点与试样中的黄曲霉毒素 B_1 荧光点重叠。如试样为阴性，薄层板上的第三点中黄曲霉毒素 B_1 为 0.0004μg，可用作检查在试样内黄曲霉毒素 B_1 最低检出量是否正常出现；如为阳性，则起定性作用。薄层板上的第四点中黄曲霉毒素 B_1 为 0.002μg，主要起定位作用。

若第二点在与黄曲霉毒素 B_1 标准点的相应位置上无蓝紫色荧光点，表示试样中黄曲霉毒素 B_1 含量在 5μg/kg 以下；如在相应位置上有蓝紫色荧光点，则需进行确证试验。

c. 确证试验：为了证实薄层板上试样荧光是由黄曲霉毒素 B_1 产生的，加滴三氟乙酸，产生黄曲霉毒素 B_1 的衍生物，展开后此衍生物的比值约为 0.1。于薄层板左边依次滴加 2 个点。

第一点：10μL 0.04μg/mL 黄曲霉毒素 B_1 标准工作液。

第二点：20μL 试样。

于以上两点各加一小滴三氟乙酸盖于其上，反应 5min 后，用低于 40℃ 热风吹 2min 后，再依次于薄层板上滴加以下 2 个点。

第三点：10μL 0.04μg/mL 黄曲霉毒素 B_1 标准工作液。

第四点：20μL 试样。

在展开槽展开（方法同上），在紫外线灯下观察试样是否产生与黄曲霉毒素 B_1 标准点相同的衍生物。未加三氟乙酸的第三点和第四点，可依次作为试样与标准的衍生物空白对照。

⑤ 稀释：定量试样中的黄曲霉毒素 B_1 荧光点的荧光强度如与黄曲霉毒素 B_1 标准点的最低检出量（0.0004μg）的荧光强度一致，则试样中黄曲霉毒素 B_1 含量即为 5μg/kg。如试样中荧光强度比最低检出量强，则根据其强度估计减少滴加微升数或将试样稀释后再滴加不同微升数，直至试样点的荧光强度与最低检出量的荧光强度一致为止。滴加样式如下：

第一点：10μL 0.04μg/mL 黄曲霉毒素 B_1 标准工作液。

第二点：根据情况滴加 10μL 试样。

第三点：根据情况滴加 15μL 试样。

第四点：根据情况滴加 20μL 试样。

(7) 结果计算　按下式计算试样中黄曲霉毒素 B_1 的含量：

$$\omega_2 = 0.0004 \times \frac{V_1 \times D \times 1000}{m \times V_2}$$

式中：ω_2——试样中黄曲霉毒素 B_1 的含量，μg/kg；

V_1——加入苯-乙腈混合液的体积，mL；

V_2——与标准点最低检出量（0.0004μg）荧光强度一致时滴加试样的体积，mL；

m——浓缩液中所相当的试样质量，g；

D——浓缩试样的总稀释倍数；

0.0004——黄曲霉毒素 B_1 的最低检出量，μg；

1000——克转换为千克的系数。

(8) 注意事项　凡接触黄曲霉毒素的容器，需用 4% 次氯酸钠溶液浸泡半天后或用 5% 次氯酸钠溶液浸泡片刻后清洗备用，分析人员操作时要带上医用乳胶手套。

2. 酶联免疫吸附法

(1) 适用范围　适用于各种饲料原料、配合饲料及浓缩饲料。检出限为 0.1μg/kg。

(2) 原理　试样中黄曲霉毒素 B_1、酶标黄曲霉毒素 B_1 抗原与包被于微量反应板中的黄曲霉毒素 B_1 特异性抗体进行免疫竞争性反应，加入酶底物后显色，试样中黄曲霉毒素 B_1 的含量与颜色成反比。用目测法或仪器法通过与黄曲霉毒素 B_1 标准溶液比较判断或计算试样中黄曲霉毒素 B_1 的含量。

(3) 仪器设备

① 小型粉碎机。

② 标准筛：孔径 1.00mm。

③ 分析天平：感量 0.01g。

④ 滤纸：快速定性滤纸，直径 9~10cm。

⑤ 具塞锥形瓶：100mL。

⑥ 电动振荡器。

⑦ 微量连续可调取液器及配套吸头：10~100μL。

⑧ 恒温培养箱。

⑨ 酶标测定仪：内置 450nm 滤光片。

(4) 试剂和溶液　除特殊注明外，本方法所有试剂均为分析纯和蒸馏水（或去离子水）。

① 黄曲霉毒素 B_1 酶联免疫测试盒中的试剂包被抗黄曲霉毒素 B_1 抗体的聚苯乙烯微量反应板。

试样稀释液：甲醇-蒸馏水（7∶93）。

黄曲霉毒素 B_1 标准溶液：1μg/L、50μg/L。

酶标黄曲霉毒素 B_1 抗原：黄曲霉毒素 B_1-辣根过氧化物酶交联物。

0.01mol/L pH 7.5 磷酸盐缓冲液的配制：称取 3.01g 磷酸氢二钠、0.25g 磷酸二氢钠、8.76g 氯化钠，加水溶解至 1L。

酶标黄曲霉毒素 B_1 抗原稀释液：称取 0.1g 牛血清白蛋白（BSA）溶于 100mL 0.01mol/L pH 7.5 磷酸盐缓冲液中。

0.1mol/L pH 7.5 磷酸盐缓冲液：称取 30.1g 磷酸氢二钠、2.5g 磷酸二氢钠、87.6g 氯化钠，加水溶解至 1L。

洗涤母液：吸取 0.5mL 吐温-20 于 1 000mL 0.1mol/L pH 7.5 磷酸盐缓冲液。

pH 5.0 乙酸钠-柠檬酸缓冲液：称取 15.09g 乙酸钠、1.56g 柠檬酸，加水溶解至 1L。

底物溶液 a：称取四甲基联苯胺（TMB）0.2g 溶于 1L pH 5.0 乙酸钠-柠檬酸缓冲液中。

底物溶液 b：1L pH 5.0 乙酸钠-柠檬酸缓冲液中加入 28mL 0.3%过氧化氢溶液。

终止液：2mol/L 硫酸溶液。

② 甲醇水溶液：5mL 甲醇加 5mL 水混合。

③ 测试盒中试剂的配制：酶标黄曲霉毒素 B_1 抗原溶液：在酶标黄曲霉毒素 B_1 抗原中加入 1.5mL 酶标黄曲霉毒素 B_1 抗原稀释液，配成试验用酶标黄曲霉毒素 B_1 抗原溶液，冰箱中保存。洗涤液：洗涤母液中加 300mL 蒸馏水配成试验用洗涤液。

(5) 试样制备　试样制备同 1. 薄层色谱法。

(6)测定步骤

① 称取 5g 试样,精确至 0.01g,置于 100mL 具塞锥形瓶中,加入甲醇水溶液 25mL,加塞振荡 10min,过滤,弃去 1/4 初滤液,再收集适量试样液。如果试样中离子浓度高,建议对试样滤液进行萃取。

② 根据各种饲料中黄曲霉毒素 B_1 的限量规定和黄曲霉毒素 B_1 标准溶液浓度,用试样稀释液将试样液适当稀释,制成待测试样稀释液。

③ 试样测定:

a. 限量测定:

试剂平衡:将测试盒于室温放置约 15min,平衡至室温。

测定:在微量反应板上选一孔,加入 50μL 试样稀释液、50μL 酶标黄曲霉毒素 B_1 抗原稀释液,作为空白孔;根据需要,在微量反应板上选取适量的孔,每孔依次加入 50μL 黄曲霉毒素 B_1 标准溶液或待测试样稀释液。然后每孔加入 50μL 酶标黄曲霉毒素 B_1 抗原溶液。在振荡器上混合均匀。放在 37℃ 恒温培养箱中反应 30min。将反应板从培养箱中取出,用力甩干,加 250μL 洗涤液洗板 4 次,洗涤液不得溢出,每次间隔 2min,甩掉洗涤液,在吸水纸上拍干。每孔各加入 50μL 底物溶液 a 和 50μL 底物溶液 b。摇匀。在 37℃ 恒温培养箱中反应 15min。每孔加 50μL 终止液,在显色后 30min 内测定。

目测法结果判定:比较试样液孔与标准溶液孔的颜色,若试样液孔的颜色比标准溶液孔浅,则判定黄曲霉毒素 B_1 含量超标;若相当或深则判定为合格。

仪器法结果判定:用酶标测定仪,在 450nm 处用空白孔调零点,测定标准溶液孔及试样溶液孔吸光度 A 值,若试样溶液孔吸光度值小于标准溶液孔,为黄曲霉毒素 B_1 含量超标;若试样溶液孔吸光度值大于或等于标准溶液孔,为合格。

若试样溶液中黄曲霉毒素 B_1 含量超标,则根据试样溶液的稀释倍数,计算黄曲霉毒素 B_1 的含量。

b. 定量测定:若试样中黄曲霉毒素 B_1 的含量超标,则用酶标测定仪在 450nm 波长处进行定量测定,通过绘制黄曲霉毒素 B_1 的标准曲线来确定试样中黄曲霉毒素 B_1 的含量。用试样稀释液将 50μg/L 黄曲霉毒素 B_1 标准溶液稀释成 0.0、0.1、1、10、20、50μg/L 的标准工作溶液,按限量法测定步骤测得相应的吸光度值 A。以 0.0μg/L 黄曲霉毒素 B_1 标准工作溶液的吸光度值 A_0 为分母,其他浓度标准工作溶液的吸光度值 A 为分子的比值,再乘以 100 为纵坐标,对应的黄曲霉毒素 B_1 标准工作溶液浓度的常用对数值为横坐标绘制标准曲线。

根据试样 $A/A_0 \times 100$ 的值在标准曲线上查得对应的黄曲霉毒素 B_1 的含量。

(7)结果计算

① 计算公式:试样中黄曲霉毒素 B_1 的含量按下式计算。

$$\omega = \frac{\rho \times V \times n}{m}$$

式中:ω——试样中黄曲霉毒素 B_1 的含量,μg/kg;

ρ——从标准曲线上查得的试样提取液中黄曲霉毒素 B_1 含量,μg/L;

V——试样提取液体积,mL;

n——试样稀释倍数;

m——试样的质量,g。

② 结果表示：每个试样取 2 个平行样进行测定，以算术平均值为结果，计算结果保留 2 位有效数字。

③ 重复性：重复测定结果的相对偏差不得超过 10%。

(8) 注意事项

① 测定试剂盒在 4~8℃ 冰箱中保存，不得放在 0℃ 以下的冷冻室内保存，试剂盒有效期一般为 6 个月。

② 凡接触黄曲霉毒素 B_1 的容器，需浸入 1% 次氯酸钠溶液，12h 后清洗备用。为保障分析人员安全，操作时要带上医用乳胶手套。

③ 不同测试盒制造商间的产品组成和操作会有细微的差别，应严格按说明书要求规范操作。

3. 液相色谱-串联质谱法

(1) 适用范围　适用于单一饲料、配合饲料、浓缩饲料、添加剂预混合饲料中黄曲霉毒素 B_1、黄曲霉毒素 B_2、黄曲霉毒素 G_1、黄曲霉毒素 G_2 含量的测定。各黄曲霉毒素的检测限为 1.0μg/kg，定量限为 2.0μg/kg。

(2) 原理　试样中的黄曲霉毒素经乙腈溶液提取，正己烷脱脂及霉菌毒素多功能净化柱净化后，氮气吹干，甲酸乙腈溶液溶解，液相色谱-串联质谱法测定。采用色谱保留时间和质谱碎片及其离子丰度比定性，外标法定量。

(3) 仪器设备

① 液相色谱-串联质谱仪：配有电喷雾电离源。

② 离心机：最大转速 8 000r/min 或以上。

③ 固相萃取装置。

④ 旋涡混合器。

⑤ 分析天平：感量 0.000 1g。

⑥ 天平：感量 0.01g。

⑦ 氮吹仪。

⑧ 超声波清洗器。

⑨ 霉菌毒素多功能净化柱：Trilogy TC-M160 柱，或效果相当者。

(4) 试剂和溶液　除特殊注明外，本方法所有试剂均为分析纯和蒸馏水（或相应纯度的水）。

① 乙腈：色谱纯。

② 甲醇：色谱纯。

③ 正己烷。

④ 甲酸：色谱纯。

⑤ 冰乙酸。

⑥ 提取液：准确量取乙腈 840mL 和水 160mL，摇匀，即得。

⑦ 0.1% 甲酸溶液：准确量取甲酸 1mL 加水稀释至 1 000mL，摇匀，即得。

⑧ 0.02% 乙酸溶液：准确量取冰乙酸 0.2mL 加水稀释至 1 000mL，摇匀，即得。

⑨ 甲酸-乙腈溶液：取 0.1% 甲酸溶液 50mL 加乙腈至 100mL，摇匀，即得。

⑩ 黄曲霉毒素 B_1、黄曲霉毒素 B_2、黄曲霉毒素 G_1、黄曲霉毒素 G_2 标准品：纯度≥97.0%。

⑪ 标准储备液：分别精密称取 4 种霉菌毒素标准品至棕色容量瓶中，用甲醇配成浓度各为 100μg/mL 的霉菌毒素标准储备液，置-20℃保存。

⑫ 混合标准储备液：分别吸取一定量的 4 种霉菌毒素标准储备液，置于棕色容量瓶中，用甲醇稀释成浓度为 1.00μg/mL 的混合标准储备液。保存于 4℃冰箱中。

⑬ 基质匹配标准系列工作溶液：分别吸取一定量的混合标准储备液，添加空白试样提取液，氮气吹干后，用流动相稀释成浓度为 1~200μg/L 的混合标准系列工作溶液，临用新配。

（5）试样制备

① 试样采集与制备：采集有代表性的饲料试样，用四分法缩分至 200g。粉碎，过 0.42mm 筛，混匀，装入磨口瓶中，备用。

② 试样提取与净化：称取 5g（精确至 0.01g）试样于 50mL 离心管中，准确加入 25mL 提取液，涡旋混匀 2min，置于超声波清洗器中超声提取 20min，中间振荡 2~3 次；取出，于 8 000r/min 离心 5min，倾出上清液至分液漏斗中，加 15mL 正己烷，充分振摇。待静止分层后，准确量取下层液 5mL，过多功能净化柱，控制流速为 2mL/min，收集流出液，在 60℃下氮气吹干。用 1.0mL 甲酸-乙腈溶液溶解残渣，涡旋 30s，经 0.22μm 滤膜过滤后，上机测定。

（6）测定步骤

① 液相色谱条件：色谱柱为 C18 型柱，150mm×3.0mm、粒径 3.0μm（或其他等效色谱柱）；柱温，33℃；进样量，20μL；流动相、流速及梯度洗脱条件见表 8-1 所列。

表 8-1 流动相、流速及梯度洗脱参考条件

时间/min	流速/(mL/min)	甲酸溶液/%	甲醇/乙腈(1:1)	曲线
a. ESI+源梯度洗脱条件				
0	0.3	70	30	1
4.0	0.3	55	45	6
14.0	0.3	0	100	6
15.0	0.3	0	100	6
15.1	0.3	70	30	6

时间/min	流速/(mL/min)	乙酸溶液/%	甲醇/乙腈(1:1)	曲线
b. ESI-源梯度洗脱条件				
0	0.3	70	30	1
8.0	0.3	10	90	6
13.0	0.3	10	90	6
13.1	0.3	70	30	6
20.0	0.3	70	30	6

注：引自 NY/T 2071—2011。

② 质谱条件：离子源，电喷雾离子源；扫描方式，正离子扫描模式；检测方式，多反应监测。脱溶剂气、锥孔气均为高纯氮气，碰撞气为高纯氩气，使用前应调节各气体流量以使质谱灵敏度达到检测要求。毛细管电压、锥孔电压、碰撞能量等电压值应优化至最佳灵敏度。

定性离子对、定量离子对、保留时间及对应的锥孔电压和碰撞能量参考值见表 8-2 所列。

表 8-2　霉菌毒素 MS/MS 参数设置(a. ESI+监测模式)

霉菌毒素名称	保留时间/min	定性离子对 m/z	定量离子对 m/z	锥孔电压/V	碰撞能量/eV
黄曲霉毒素 B_1	13.7	313.1>241.1 313.1>285.1	313.1>241.1	39	32 20
黄曲霉毒素 B_2	13.2	315.1>259.1 315.1>287.0	315.1>259.1	44	28 24
黄曲霉毒素 G_1	12.6	329.0>243.1 329.0>283.1	329.0>243.1	40	26 24
黄曲霉毒素 G_2	12.0	331.0>245.1 331.0>217.1	331.0>245.1	42	32 20

注：引自 NY/T 2071—2011。

③ 定性测定：在相同试验条件下，试样中待测物质保留时间与标准溶液保留时间的偏差不超过标准溶液保留时间的±2.5%，且试样中各组分定性离子的相对丰度与浓度接近的标准溶液中对应的定性离子的相对丰度进行比较，偏差不超过表 8-3 规定的范围，则可判定试样中存在对应的待测物。

表 8-3　定性确证时相对离子丰度的最大允许偏差　　　　　　　　　　　%

相对离子丰度	>50	>20~50	>10~20	≤10
允许的最大偏差	±20	±25	±30	±50

④ 定量测定：在仪器最佳工作条件下，混合标准工作溶液与试样交替进样，采用基质匹配标准溶液校正，外标法定量。试样溶液中待测物的响应值均应在仪器测定的线性范围内，当试样的上机液浓度超过线性范围时，需根据测定浓度，稀释后进行重新测定。

(7) 结果计算

① 计算公式：试样中黄曲霉毒素 i 的含量按下式计算：

$$\omega_i = c_{sti} \times \frac{A_i}{A_{sti}} \times \frac{V}{m} \times f = c_i \times \frac{V}{m} \times f$$

式中：ω_i——黄曲霉毒素质量分数，μg/kg；

c_{sti}——基质标准溶液中黄曲霉毒素 i 的浓度，μg/L；

A_i——试样溶液中黄曲霉毒素 i 的峰面积；

A_{sti}——基质标准溶液中黄曲霉毒素 i 的峰面积；

V——试样定容体积，mL；

m——试样质量，g；

f——稀释倍数；

c_i——试样上机液中黄曲霉毒素 i 的浓度，μg/L。

② 结果表示：平行测定结果用算术平均值表示，结果保留 3 位有效数字。

③ 重复性：在重复性条件下获得的 2 次独立测定结果的相对偏差应不大于 20%。

(8) 注意事项　由于黄曲霉毒素毒性很强，实验人员应注意自我保护。操作时，应避免吸入、接触霉菌毒素标准溶液。配置溶液应在通风橱内进行，工作时应戴眼镜、穿工作服、戴医用乳胶手套。凡接触黄曲霉毒素的容器，需浸入 1% 次氯酸钠溶液，过夜后清洗。同时，为了降低接触黄曲霉毒素的机会,鼓励直接购买并使用黄曲霉毒素的标准储备液。

二、有害微生物

(一)霉菌

霉菌毒素是霉菌的有毒代谢产物,饲草饲料霉菌总数越大,其受霉菌毒素污染的可能性就越高,同时考虑到饲草饲料霉变的其他危害,在监测饲草饲料质量及评价其饲用价值时,监测霉菌总数具有十分重要的意义。霉菌总数(molds count)指饲料检样经处理并在一定条件下培养后,所得1g检样中所含霉菌的总数。

霉菌的检测主要采用平皿培养法,但由于霉菌种类很多,不同种类霉菌的生产速度不同,所需的培养基、培养温度也有差别,因此霉菌的检测方法目前还存在很多问题,有待进一步研究。此处介绍的方法主要参照GB/T 13092—2006。

1. 适用范围

适用于饲草饲料。

2. 原理

根据霉菌生长的生理特性,选择适宜霉菌生长的选择性培养基,采用平皿计数方法,测定霉菌总数。

3. 仪器和设备

① 分析天平:感量0.001g。

② 振荡器:往复式。

③ 高温灭菌器:2.5kg。

④ 恒温培养箱:[(25~28)±1]℃。

⑤ 微型混合器:2 900r/min。

⑥ 水浴锅:[(45~77)±1]℃。

⑦ 冰箱:普通冰箱。

⑧ 电炉。

⑨ 酒精灯。

⑩ 灭菌锥形瓶:250mL、500mL。

⑪ 灭菌试管:15mm×150mm。

⑫ 灭菌平皿:直径90mm。

⑬ 灭菌吸管:1mL、10mL。

⑭ 灭菌玻璃珠:直径5.0mm。

⑮ 灭菌广口瓶:100mL、500mL。

⑯ 灭菌金属勺、刀等。

⑰ 显微镜:1 500倍。

⑱ 干燥箱:[(50~250)±1]℃。

⑲ 接种棒:镍铬丝。

⑳ 温度计:(100±1)℃。

㉑ 载玻片。
㉒ 盖玻片。
㉓ 乳钵。
㉔ 试管架。
㉕ 橡皮乳头。

4. 试剂和溶液

除特殊注明外，本方法所有试剂均为分析纯和蒸馏水（或相应纯度的水）。

（1）高盐察氏琼脂（COA）培养基　称取硝酸钠 2g、磷酸二氢钾 1g、硫酸镁（$MgSO_4·7H_2O$）0.5g、氯化钾 0.5g、硫酸亚铁 0.01g、氯化钠 60g、蔗糖 30g、琼脂 20g 溶于 1 000mL 蒸馏水中，加热溶解后分装，121℃高压灭菌 30min。必要时，可酌量增加琼脂。

（2）稀释液　称取氯化钠 8.5g 溶于 1 000mL 蒸馏水中，加热溶解后分装，121℃高温灭菌 30min。

5. 试样制备

采样时注意试样的代表性和避免采样时的污染。首先准备好灭菌采样工具，如灭菌牛皮纸袋或广口瓶、金属勺和刀，在卫生学调查基础上，采取有代表性的试样。根据饲料仓库、饲料垛的大小和类型，分层定点采样，一般可分为三层五点或分层随机采样，不同点的试样，充分混合后，取 500g 左右送检；小量存贮的饲料可使用金属小勺采集上、中、下各部位的试样，混合；海运进口饲料每一船舱采集表层、上层、中层及下层 4 个部位的试样，每层从五点取样混合。采集的初级试样粉碎过 0.42mm 孔径筛，用四分法缩分至 250g。试样应尽快检验，否则应将试样于低温干燥处保存。

6. 测定步骤

（1）试样的稀释

① 以无菌操作称取试样 25g（或 10g）于含有 225mL（或 90mL）稀释液或生理盐水的灭菌锥形瓶中，至振荡器上振荡 30min。经充分振荡后制成 1∶10 的均匀稀释液。

② 用 1mL 灭菌吸管吸取 1∶10 稀释液 1mL，注入带玻璃珠的试管中，置于微型混合器上混合 3min，或注入试管中，另用带橡皮乳头的 1mL 灭菌吸管反复吹吸 50 次，使霉菌孢子充分分散开来。

③ 取 1mL 1∶10 稀释液，沿管壁缓慢注入含有 9mL 灭菌稀释液或生理盐水的试管中，另换一支吸管吹吸 5 次，此液为 1∶100 的稀释液。

④ 按上述方法操作，做 10 倍递增稀释，每稀释一次，换用一支 1mL 灭菌吸管，直至达到合适的稀释度。一般以 2~4 个稀释度为宜。

（2）培养　根据对试样污染情况的估计，选择 3 个合适稀释度，分别在做 10 倍稀释的同时，吸取 1mL 稀释液于灭菌平皿中，每个稀释度做 2 个平皿，然后将晾至（46±1）℃的高盐察氏培养基注入平皿中，每个平皿 15mL 左右，充分混合，待琼脂凝固后，倒置于[(25~28)±1]℃恒温培养箱中，培养 3d 后开始观察，连续观察一周。

7. 霉菌总数的计算方法

（1）计数原则　通常选择霉菌数在 10~100 的平皿进行计数，同稀释度的 2 个平皿的霉菌平均数乘以稀释倍数，即为每克试样中所含霉菌总数。

（2）稀释度　稀释度选择和霉菌总数报告方式见表 8-4 所列。

表 8-4　稀释度的选择和霉菌总数报告方式

例次	稀释液及霉菌数			稀释度选择	两稀释液之比	霉菌总数/(cfu/g)	报告方式/(cfu/g)
	10^{-1}	10^{-2}	10^{-3}				
1	多可不计	80	8	选 10~100	—	8 000	$8.0×10^3$
2	多可不计	87	12	均在 10~100，比值≤2 取平均值	1.4	10 350	$1.0×10^4$
3	多可不计	95	20	均在 10~100，比值>2 取较小数	2.1	9 500	$9.5×10^3$
4	多可不计	多不可计	110	均>100，取稀释度最高的数	—	110 000	$1.1×10^5$
5	9	2	0	均<10，取稀释度最低的数	—	90	90
6	0	0	0	均无菌落生长则以<1 乘以最低稀释度	—	<10	<10
7	多可不计	102	3	均不在 10~100，取最接近 10 或 100 的数	—	10 200	$1.0×10^4$

注：引自齐德生，《饲料毒物学附毒物分析》（第 2 版），2018。

8. 注意事项

（1）接种方式的选择　在微生物检测计数方法中，采用的接种方式包括了平板倾注法、平板涂布法和平板滴注法，以上 3 种方法都可以很好地说明饲料中霉菌的污染状况。但由于滴注法接菌量过少（50μL 稀释液），对计数结果存在一定的影响，且操作不便，目前国标中常用的是倾注法和涂布法。对于霉菌总数的测定来说，目前现行有效的标准采用的是平板倾注法。但近年来国际上也有不少研究认为涂布法更适于霉菌的计数，通过对这 2 种方法进行比较试验后得出，在霉菌计数中采用涂布法比倾注法更有优势，涂布法更简便，也更高效。

（2）培养温度的选择　目前国标中规定的霉菌培养温度是[(25~28)±1]℃，在经过调查后发现，大部分常见霉菌菌株的最适生长温度为 25~30℃。但有一些产曲霉毒素的菌株却需要更高的温度，如黄曲霉（35℃）、烟曲霉（37℃）、构巢曲霉（33℃）。因此，在培养过程中可根据实际检测需要适当地调整培养温度。

（3）培养时间的选择　现行国标采用的霉菌培养时间是"3d 后开始观察，共培养观察 5d"。有研究者在对 30 种常见霉菌的生长速度调查后发现，正常培养条件下，培养 3~4d 的菌落数与 5~7d 的基本相同，但因为培养时间短，菌种的特征不明显，如果只做霉菌计数，培养 3~4d 已基本达到目的。如果还要进一步分类鉴定，则需要培养 7~14d 甚至更长的时间。值得注意的是，对于一些含有生长特别快，菌丝很多的菌，如毛霉、根霉、木霉等，以及湿度较大的试样来说，在正常的培养条件下培养 3d 后已无法准确计数，则必须提早观察，应在 48h 内计数，否则菌丝就会覆盖整个平皿，无法准确计数。

（4）计数范围的选择　霉菌菌落由孢子和菌丝组成，容易扩散生长，在直径只有 9cm 的平皿里，菌落数稍多就相互交叉重叠，影响计数，但数量太少又会产生较大的误差，因此选择适当的稀释度计数是保证结果准确的关键环节之一。

（二）沙门菌

沙门菌是较为常见的食源性病原体，污染源主要是畜禽粪便。对饲料中沙门菌的检测有传统的培养方法（GB/T 13091—2002）、聚合酶链式反应（PCR）法（GB/T 28642—2012）和免疫学检测方法等。传统的培养方法步骤较烦琐，需经分步增菌，以增加病原菌的可检出率。PCR 法为快速方法。

传统的培养方法虽然可靠，但费力耗时，全过程需要至少 4~7d 才能得出明确的检测结果。随着 DNA 和抗体技术的发展，沙门菌的检测方法得到很大改进，其中很多可以在 48h 内检出。此处重点介绍 PCR 法和以酶标抗体为基础的沙门菌免疫学检测方法。

1. PCR 法

（1）适用范围　国标推荐的饲料中沙门菌快速检测的 PCR 方法（GB/T 28642—2012），适用于饲料中沙门菌的定性筛选。

（2）原理　利用沸水浴使菌体细胞破裂，释放基因组 DNA，离心使细胞壁等有形物沉淀，以上清液为模板进行扩增，琼脂糖凝胶电泳检测 PCR 扩增产物。

（3）仪器设备

① PCR 仪。

② 恒温水浴锅。

③ 离心机：离心转速 12 000g。

④ 微量移液器。

⑤ 电泳仪。

⑥ 凝胶成像仪。

⑦ 天平：感量 0.01g。

⑧ 电热恒温培养箱。

（4）试剂和溶液　除特殊注明外，本方法所有试剂均为分析纯（或生化试剂）和蒸馏水（或相应纯度的水）。

① 沙门菌检测用引物序列为：

Sal F：5′-TCG CAC CGT CAA AGG AAC CGT AAA GC-3′

Sal R：5′-GCA TTA TCG ATC AGT ACC AGC CGT CT-3′

② Premix Taq 缓冲液（2×）：内含 TaqDNA 聚合酶 1.25U/25μL、4mmol Mg^{2+}、dNTP 各 0.4mmol。

③ 琼脂糖：电泳级。

④ Marker 2000。

⑤ 缓冲蛋白胨水：蛋白胨 10g，氯化钠 5g，磷酸氢二钠 9g，磷酸二氢钾 1.5g，蒸馏水 1 000mL。按上述成分配制好，校正 pH 值，分装于 500mL 瓶中，121℃ 高压灭菌 20min，临用时分装在 500mL 无菌瓶中，每瓶 225mL。或配好后校正 pH 值，分装于 500mL 瓶中，每瓶 225mL，121℃ 高压灭菌 20min，冷却备用。

⑥ 大豆蛋白胨肉汤培养基：

a. 溶液 A：称取蛋白胨 5g、氯化钠 8g、磷酸二氢钾 1.4g、磷酸氢二钾 0.2g，溶于 1 000mL 蒸馏水，加热至约 70℃ 溶解，调节 pH 值到 7，此溶液需当天使用。

b. 溶液 B：称取氯化镁 400g，溶于 1 000mL 蒸馏水中。

c. 溶液 C：称取孔雀绿 0.4g，溶于 100mL 蒸馏水中，溶液室温保存于棕色玻璃瓶中。

完全培养基：溶液 A 1 000mL，溶液 B 100mL，溶液 C 10mL，按上述比例配制，校正 pH 值，使灭菌后 pH 值为 5.2，分装于试管中，每管 10mL。115℃ 高压灭菌 15min，置于冰箱保存。

⑦ 亚硒酸盐胱氨酸增菌液：

a. 基础液：胰蛋白胨5g、乳糖4g、磷酸氢二钠10g、亚硒酸钠4g、蒸馏水1 000mL。溶解前3种成分于水中，煮沸5min冷却后，加入亚硒酸钠，校正pH值到7.0后分装，每瓶1 000mL。

b. L-胱氨酸溶液：L-胱氨酸0.1g、1mol/L 氢氧化钠溶液15mL，在无菌环境中，用灭菌水将上述成分稀释到100mL。

完全培养基：量取基础液1 000mL、L-胱氨酸溶液10mL，调节pH值为7.0。基础液冷却后，以无菌操作加L-胱氨酸溶液，将培养基分装于适当容量的灭菌瓶中，每瓶100mL。

⑧ 10倍上样缓冲液：0.05%的溴酚蓝、50%丙三醇溶液、1%的SDS。

⑨ 质控菌株：沙门菌阳性标准菌株。

⑩ 50×TAE 缓冲液：

a. 0.5mol/L 乙二胺四乙酸二钠溶液（pH 8.0）：取乙二胺四乙酸二钠186.1g，加入800mL蒸馏水充分搅拌，加10mol/L的氢氧化钠调节pH值至8.0，待完全溶解后，定容至1L。高压灭菌。

b. 称取Tris碱242g溶于700mL的水中，加入0.5mol/L 乙二胺四乙酸二钠溶液（pH 8.0）100mL，冰乙酸57.1mL，充分溶解，用水定容至1L。

⑪ 1×TAE 缓冲液：取20mL 50×TAE，加水定容至1 000mL。Tris-乙酸（TAE）终浓度为0.04mol/L，乙二胺四乙酸二钠终浓度为0.001mol/L。

⑫ 5mg/mL 溴化乙锭：取溴化乙锭0.05g 溶于10mL水中。

(5) 试样制备　将试样充分混匀后密封低温保存待用，注意整个过程中不要将试样人为污染。

(6) 测定步骤

① 试样的增菌及模板的制备：取25g试样于225mL的缓冲蛋白胨水中，(37±1)℃培养(18±2)h进行预增菌。取0.1mL预增菌液转移至10mL大豆蛋白胨肉汤培养基内，(41.5±1)℃培养(24±3)h。同时取10mL预增菌液于100mL亚硒酸盐胱氨酸增菌液中(37±1)℃培养(24±3)h进行选择性增菌。取选择性增菌液1mL于离心管中10 000g离心10min，弃上清，1.0mL无菌去离子水悬浮离心10min，弃上清，再用0.2mL无菌去离子水悬浮，95℃水浴20min，将离心管迅速转移至冰浴中使其迅速冷却，用涡旋仪混匀裂解物，20~25℃下10 000g离心3min，转移上清至新鲜管中备用（模板制备可选用商业试剂盒）。检测过程中分别设阳性对照和阴性对照，用添加沙门菌阳性标准菌株的试样作阳性对照，用不含沙门菌的试样作阴性对照。

② PCR 扩增：50μL的反应体系，在0.2mL的反应管中分别加Premix Taq缓冲液25μL，模板4.0μL，浓度为20μmol/L的上下游引物各1μL，去离子水19μL。

反应程序为：94℃预变性2min，30个循环；94℃变性1min，58.4℃退火40s，72℃延伸30s；72℃终延伸7min后4℃保存。

③ 电泳检测PCR扩增产物：取1.5g琼脂糖，于100mL 1×TAE缓冲液中加热，充分融化，冷却至65℃左右时，加入10μL溴化乙锭，充分混匀，根据需要在模板内放入合适的梳子，制成约5.0mm厚的胶块。在电泳槽中加入1×TAE缓冲液，使液面没过凝胶2~3mm。将6.0~8.0μL的PCR扩增产物与1μL 10倍上样缓冲液混合后点样，取6.0μL Marker 2000点样。5~

8V/cm 恒压电泳，直至溴酚蓝指示剂迁移至凝胶中部，用成像仪进行凝胶成像。

（7）结果表述

① 在阴性对照于 330bp 处未出现条带，而阳性对照在 330bp 处出现扩增条带的条件下，如待测试样在 330bp 处未出现相应大小的扩增条带，则可报告待测试样未检出沙门菌；如待测试样在 330bp 处出现扩增条带，则为疑似阳性试样，此时需用 GB/T 13091—2002 进行确证，最终结果以后者检测结果为准。对于疑似阳性试样，可以对其扩增产物进行测序，所得测序结果在 Genebank 数据库中的目的基因序列进行 BLAST 比对。

② 如果阴性对照出现条带和（或）阳性对照未出现预期大小的扩增条带，本次待测试样的结果无效，应重新进行检测，并排除污染因素。

（8）注意事项

① 试验材料：Premix Taq 缓冲液（2×）和 10 倍上样缓冲液为商品化成品。以上用于 PCR 反应及电泳试验的试剂可用功能相当的其他产品替代；L-胱氨酸溶液的完全培养基在配置当日使用。

② 检测过程中防止交叉污染的措施：按照 GB/T 19495.2—2004、SN/T 1870—2016 和 GB 19489—2008 的要求执行。

③ 废弃物处理：检测过程中的废弃物及一切可能被污染的物品均应做无害化处理。

2. 酶联免疫吸附法

（1）适用范围　适用于饲料中沙门菌的定性检测。

（2）测定原理　利用固相酶联免疫吸附原理，将沙门菌特异性抗体包被到聚苯乙烯材质的微孔板内。被检测的试样增菌液中如果含有沙门菌，即可与抗体结合。酶标记的二抗与板孔中包被的一抗结合，加入酶底物进行显色，颜色的深浅与试样中沙门菌的含量有关。同时做阳性和阴性对照，在 2 个对照都成立的前提下，进行综合判定。

（3）仪器设备

① 分析天平：感量 0.01g。

② 振荡器：往复式。

③ 连续可调移液器：20~200μL。

④ 恒温培养箱：可调节温度至 37℃。

⑤ 冰箱。

⑥ 酶标仪：配备 450nm 波长滤光片。

⑦ 高压灭菌锅。

⑧ 培养瓶：500mL。

（4）试剂和溶液　除特殊注明外，本方法所有试剂均为分析纯（或生化试剂）和蒸馏水（或相应纯度的水）。

① 酶联免疫试剂盒的组成：抗体包被的酶标板、阳性对照、阴性对照、辣根过氧化物酶标记的二抗、二抗稀释液、浓缩洗涤母液、终止液、底物液（主要成分为四甲基联苯胺）。

② 工作洗涤液：根据试剂盒说明书要求，对洗涤母液按照规定比例进行稀释，配置洗涤工作液。

③ 增菌培养基：按照 GB/T 13091—2002 附录 B 中的增菌培养基进行配置，或根据试剂盒说明书进行配置。配置好的增菌培养基灭菌备用。

(5) 试样制备　将试样充分混匀后密封低温保存待用，注意整个过程中不要将试样人为污染。

(6) 测定步骤　按照试剂盒说明书进行，通常分为以下 5 个步骤。

① 试样前增菌 18~24h。

② 加样：加增菌后的待检试样溶液 100μL 于反应孔中，置于 37℃ 培养箱孵育 1h，洗涤 3 次（同时做空白孔、阴性对照孔和阳性对照孔）。

③ 加抗体：于各反应孔中加入新鲜的酶标抗体 100μL，37℃ 孵育 0.5~1h，洗涤 3 次。

④ 加底物液显色：于各反应孔中加入临时配置的底物液 100μL，37℃ 孵育 10~30min。

⑤ 终止反应：于各反应孔中加入终止液 50μL。

(7) 结果判定　沙门菌的 ELISA 检测结果应根据所使用试剂盒说明书的规定进行判定，不同试剂盒的判定标准略有不同。

通常反应孔内颜色越深，阳性程度越强，阴性反应孔内无色或颜色极浅。依据所呈颜色的深浅，以"+""-"号表示。

也可根据 OD 值判定：于 450nm 处，以空白对照孔调零后测各孔 OD 值，若大于规定的阴性对照 OD 值或大于一定的倍数即判定为阳性。

思考题

1. 简述黄曲霉毒素的测定原理和步骤。
2. 简述测定异硫氰酸酯的原理。
3. 简述氰化物引起动物中毒的机制及其危害。
4. 简述测定亚硝酸盐的原理。
5. 简述饲料中沙门菌的测定原理。

（李大彪）

第九章 特殊成分的检测

饲料产品质量的好坏不仅与饲料原料的营养价值有关，还与饲料产品的加工工艺、贮藏条件等密切相关。豆粕等大豆制品及其副产品是畜禽理想的蛋白质饲料，但生大豆中含有胰蛋白酶抑制因子、血球凝集素、皂角苷、甲状腺肿诱发因子以及抗凝固因子等抗营养因子，降低了大豆的生物学价值，甚至危害动物的健康。加热可使大豆中的抗营养因子失活，但加热过度会破坏大豆中的赖氨酸、精氨酸等热敏氨基酸，降低消化率及生物学价值，因此加热程度对豆粕等的质量有很大影响。目前可采用多种指标评价大豆制品的受热处理程度及其抗营养因子的灭活程度，如尿素酶活性、抗胰蛋白酶活性、氮溶解指数以及蛋白溶解度等。

尿素酶活性的测定使用最广泛，但尿素酶活性只能作为加热至合适程度的评价指标，不能检测大豆饼粕的过熟程度，因而不能反映受严重热处理的大豆饼粕质量。抗胰蛋白酶活性是直接反映大豆制品中抗营养因子水平及加热程度的可靠指标，可用来检测加热过度的大豆饼粕，但该法费时，所用试剂昂贵而未被广泛使用。Rinehart 发现了采用 0.2%氢氧化钾溶液测定蛋白质溶解度的方法来评价大豆饼粕的质量，可克服上述尿素酶活性评价工作上的不足。北美一些饲料公司已将蛋白质溶解度列入质量控制指标之一。生豆饼粕的蛋白质溶解度可达到100%，但随热处理时间的延长，蛋白质溶解度降低。试验表明，蛋白质溶解度更加密切地反映了过熟处理的大豆饼粕与畜禽生产性能的关系。当蛋白质溶解度大于85%时，为过生；蛋白质溶解度小于70%时，则为过熟。

一、尿素酶活性的测定

尿素酶活性的定义为在(30 ± 5)℃和 pH 7 的条件下，每克大豆制品每分钟分解尿素所释放的氨态氮的质量。测定有定性法和定量法。定性法简单、快速，易于在生产中应用，但不宜用作仲裁法。酚红法是常用的定性方法。定量法包括比色法、滴定法和 pH 增值法。比色法简单、快速，干扰较小；滴定法原理严谨，对酶活性的表示方式直观、准确，是我国现行推荐性国家标准方法（GB/T 8622—2006），具有仲裁性。但由于滴定法要求精度高，所用试剂品种较多，且配制复杂，测定过程中操作时间较长，操作步骤严格，给检测人员的批次测定带来不便，难以迅速地指导生产。在实际生产中，一般多用 pH 增值法测定尿素酶活性。pH 增值法由于测定结果的准确度和精确度都不高，因此不具有仲裁性。

（一）酚红法

1. 原理

酚红指示剂在 pH 6.4~8.2 时由黄变红，尿素酶可将尿素水解产生氨，释放的氨使酚红指示剂变红，根据变红试样占所有试样的比例来判断尿素酶活性的大小。

2. 仪器设备

表面皿。

3. 试剂和溶液

① 0.2mol/L 氢氧化钠：称取 0.8g 氢氧化钠溶于 100mL 蒸馏水。

② 1.0mol/L 硫酸：移取 14.0mL 浓硫酸溶于 500mL 蒸馏水。

③ 尿素-酚红溶液：称取 0.8g 酚红溶于 20mL 0.2mol/L 氢氧化钠溶液，用蒸馏水稀释至约 300mL，加入 60g 尿素，并溶解，转移至 2L 容量瓶，冲洗烧杯数次，加蒸馏水至约 1.5L，加入 9.4mL 1.0mol/L 硫酸溶液，用蒸馏水定容至 2L；此时溶液应具有明亮的琥珀色（过段时间溶液会变为深橘红色，可滴入稀硫酸溶液搅拌，直至溶液再次变为琥珀色）。

4. 测定步骤

取少量待测试样于表面皿中，加入适量配制好的尿素-酚红试剂使试样均匀浸湿，静置 5min，观察试样的颜色反应。

如果红斑面积多于 20%，则认为该试样尿素酶活性超标，为不合格产品。

5. 注意事项

① 对于较粗、具有大块状的试样，最好将其稍微粉碎，但不可过细，否则不易观察。

② 试样一定要铺平，便于观察。

③ 溶液保质期为 3 个月，最好 1 个月内用完。

④ 此方法容易受颗粒度影响。

(二)滴定法

参照国家标准《饲料用大豆制品中尿素酶活性的测定》（GB/T 8622—2006）。此方法适用于大豆、由大豆制得的产品和副产品。此方法可了解大豆制品的湿热处理程度。

1. 原理

将粉碎的大豆制品与中性尿素缓冲溶液混合，在 30℃左右保持 30min，尿素酶催化尿素水解产生氨的反应。用过量盐酸中和所产生的氨，再用氢氧化钠标准溶液回滴。

2. 仪器设备

① 粉碎机：粉碎时应不生强热（如球磨机）。

② 标准筛：孔径 200μm。

③ 分析天平：感量 0.000 1g。

④ 恒温水浴锅。

⑤ 计时器。

⑥ 酸度计：精度 0.02，附有磁力搅拌器和滴定装置。

⑦ 试管：直径 18mm、长 150mm，有磨口塞子。

⑧ 移液管：10mL。

3. 试剂和溶液

除特殊注明外，本方法所有试剂均为分析纯和蒸馏水（或相应纯度的水）。

① 尿素。

② 磷酸氢二钠。

③ 磷酸二氢钾。

④ 尿素缓冲溶液(pH 7.0±0.1)：称取 8.95g 磷酸氢二钠和 3.40g 磷酸二氢钾溶于水并稀释至 1 000mL，再将 30g 尿素溶在此缓冲液中，可保存 1 个月。

⑤ 0.1mol/L 盐酸标准溶液。

⑥ 0.1mol/L 氢氧化钠标准溶液：按 GB 601—77《标准溶液制备方法》的规定配制。

4. 试样制备

用粉碎机将 10g 试样粉碎，使之全部通过试样筛。对特殊试样(水分或挥发物含量较高而无法粉碎的产品)应先在实验室温度下进行预干燥，再进行粉碎，当计算结果时应将干燥失重计算在内。

5. 测定步骤

称取约 0.2g 试样(精确至 0.000 1g)置于试管中，加入 10mL 尿素缓冲液，立即盖好试管盖剧烈振摇后，将试管马上置于(30±0.5)℃恒温水浴锅中，准确保持 30min。取出后立即加入 10mL 0.1mol/L 盐酸溶液，振摇后迅速冷却至 20℃。将试管内容物全部转入 50mL 烧杯中，用 5mL 蒸馏水冲洗试管 2 次，立即用 0.1mol/L 氢氧化钠标准溶液滴定至 pH 值为 4.7。记录氢氧化钠标准溶液消耗量。

另取试管做空白试验，测定步骤同上。

6. 结果计算

(1) 计算公式　尿素酶活性[U，mg/(g·min)]按下式计算：

$$U = \frac{14 \times c \times (V_0 - V)}{30 \times m}$$

式中：c——氢氧化钠标准溶液的浓度，mol/L；

V_0——空白试验消耗氢氧化钠溶液体积，mL；

V——测定试样消耗氢氧化钠溶液体积，mL；

m——试样质量，g。

注：若试样经粉碎前的预干燥处理时，则按下式计算：

$$U = \frac{14 \times c \times (V_0 - V)}{30 \times m} \times (1 - S)$$

式中：S——预干燥时试样失重的百分率。

(2) 结果表示　每个试样取 2 个平行样进行测定，测定结果在重复性的允许差范围内，以其算术平均值为结果。

(3) 重复性　同一分析人员用相同方法，连续 2 次测定结果之差不超过平均值的 10%，以其算术平均值报告结果。

7. 注意事项

① 若试样粗脂肪含量高于 10%，则应先进行不加热的脱脂处理后，再测定尿素酶活性。

② 若测得试样的尿素酶活性大于 1mg/(g·min)，则试样称量应减少到 0.05g。

(三) pH 增值法

1. 原理

将粉碎的大豆制品与尿素缓冲溶液混合，尿素酶催化尿素水解产生氨，使溶液 pH 值改变，改变的程度与尿素酶活性大小相关，因此可以用其与空白溶液的差值表示尿素酶活性的高低。

2. 仪器设备

① 粉碎机：粉碎时应不生强热(如球磨机)。
② 试样筛：孔径 400μm。
③ 具塞刻度试管：直径 18mm、长 150mm。
④ 酸度计：具有玻璃电极、甘汞电极。
⑤ 恒温水浴锅。
⑥ 分析天平：感量 0.000 1g。

3. 试剂和溶液

除特殊注明外，本方法所有试剂均为分析纯和蒸馏水(或相应纯度的水)。

① 尿素。
② 磷酸氢二钾。
③ 磷酸二氢钾。
④ 磷酸盐缓冲溶液：称取 4.335g 磷酸氢二钾和 3.403g 磷酸二氢钾溶于水并稀释至 1 000mL，调节溶液 pH 值至 7.0。
⑤ 尿素磷酸盐缓冲溶液：称取 15g 尿素溶在此缓冲液中，并调节溶液 pH 值至 7.0，可保存 1 个月。

4. 测定步骤

准确称取 0.400g 试样 2 份，分别置于 2 支试管中，其中一支加入 20mL 磷酸盐缓冲液，作为空白试验(A 管)。另一支加入 20mL 尿素磷酸盐缓冲液，作为试验管(B 管)，立即盖好试管塞并剧烈摇动，置于 (30±0.5)℃ 恒温水浴中，每隔 5min 振摇一次，准确计时，保持 30min 后，每管立即分别加入 4 滴饱和氯化汞溶液，以终止反应。分别测其 pH 值。

5. 结果计算

尿素酶活性(U)计算如下：

$$U = b - a$$

式中：b——B 管的 pH 值；
a——A 管的 pH 值。

6. 注意事项

① 应提前一天浸泡电极，保持电极清洁。
② 有时试样中的可溶物会附着在电极上，使电解质经过甘汞电极的多孔纤维流动速度降低，因此测定溶液的 pH 值时应快速。

二、抗胰蛋白酶活性

1. 原理

胰蛋白酶抑制剂能够和胰蛋白酶结合，通过测定底物被未结合的胰蛋白酶分解生成的产物——对硝基苯胺溶液的吸光度，然后以它和未加抑制剂的标准吸光度之差来表示被抑制的胰蛋白酶活性。

2. 仪器设备

U-3310 紫外可见分光光度计。

3. 试剂和溶液

① Tris 缓冲溶液：称取 6.05g 羟甲基氨基甲烷（Tris）和 2.94g 氯化钙（$CaCl_2 \cdot H_2O$），溶于 900mL 去离子水中，用 1mol/L 盐酸调 pH 值，使溶液在 37℃时的 pH 值为 8.2，再用去离子水稀至 1 000mL。

② BAPA 溶液：称取苯甲酰-DL-精氨酸-B-硝基替苯氨（BAPA）盐酸盐 40mg 溶于 1mL 二甲基亚砜中，并将预热至 37℃的 Tris 缓冲溶液稀释成 100mL，现配现用，保持在 37℃。

③ 30%乙酸溶液：量取 30mL 冰乙酸用水稀释至 100mL。

④ 胰蛋白酶溶液：称取胰蛋白酶 10mg，转移至 500mL 容量瓶，用 0.001mol/L 盐酸 20mL 溶解，以去离子水稀释定容并混匀。

4. 试样制备

称取粉碎过 140μm 筛的大豆粕试样 1.000 0g 于 250mL 锥形瓶中，加入 0.006mol/L 氢氧化钠溶液 50mL 于 25℃振荡提取 0.5h，振荡速度为 150r/min，以 1.0mol/L 盐酸溶液或 1.0mol/L 氢氧化钠溶液调 pH 值为 9.5~9.8，继续提取 2.5h。静置，取上清液进行试验。

5. 测定步骤

（1）胰蛋白酶标准浓度的调整　取 2 支试管，一支作为酶反应试管，另一支作为空白试管。

① 空白反应：空白试管中加入蒸馏水 2mL，BAPA 溶液 5mL，恒温 37℃，10min 后，加入 30%乙酸溶液 1mL，胰蛋白酶溶液 2mL，混匀，过滤。

② 酶催化反应：酶反应试管中加入蒸馏水 2mL，恒温 37℃，加入胰蛋白酶溶液 2mL，振荡混匀，加入 BAPA 溶液 5mL，10min 后加入 30%乙酸溶液 1mL 混匀，以终止反应，过滤。用光程 1cm 吸收皿，以空白溶液作参比，于 410nm 波长处测定吸光度。

根据吸光度调整胰蛋白酶的浓度，如吸光度不在 0.380~0.420，需稀释或提高胰蛋白酶的浓度，重新做试验，直至吸光度在 0.380~0.420。

（2）试样浓度的调整　在酶反应试管中，加入上清液 1.0mL，加蒸馏水至 2mL，以下步骤同（1）② 酶催化反应，同时进行空白试验，以对应的空白溶液作参比进行测定。

在空白试管中，加入上清液 1.0mL，加蒸馏水至 2mL，以下步骤同（1）① 空白反应，同时进行空白试验，以对应的空白溶液作参比进行测定。

按下式计算胰蛋白酶抑制剂活性（TIU）：

$$TIU = (A_{标准} - A_{试样})/0.01$$

式中：$A_{标准}$——未抑制的酶反应体系的吸光度；

$A_{试样}$——抑制的酶反应体系的吸光度。

调整试样稀释液的浓度，使其 1.0mL 试样稀释液的吸光度在 0.190~0.210。

（3）试样测定　在酶反应试管中，分别加入稀释后的试样溶液 1.0、1.4mL，各加蒸馏水至 2mL，以下步骤同（1）② 酶催化反应，同时进行空白试验，以对应的空白溶液作参比进行测定。

在空白试管中，分别加入稀释后的试样溶液 1.0、1.4mL，各加蒸馏水至 2mL，以下步骤同（1）① 空白反应，同时进行空白试验，以对应的空白溶液作参比进行测定。

按下式计算试样稀释液中胰蛋白酶抑制剂活性（T）：

$$T = (TIU_{1.0} + TIU_{1.4})/2$$

式中：T——试样稀释溶液中胰蛋白酶抑制剂活性；
$TIU_{1.0}$——1.0mL 试样稀释溶液中胰蛋白酶抑制剂活性；
$TIU_{1.4}$——1.4mL 试样稀释溶液中胰蛋白酶抑制剂活性。

按下式计算试样中胰蛋白酶抑制剂活性：

$$U = T \times 50 \times D/m$$

式中：U——每克试样中胰蛋白酶抑制剂活性，TIU/g；
50——试样萃取液体积；
D——试样提取液的稀释倍数；
m——试样的质量，g。

三、蛋白质溶解度的测定

0.2%氢氧化钾蛋白质溶解度是衡量豆粕过熟的很好指标。此方法适用于豆粕生熟度的检测。

1. 原理

加热不同程度的豆粕，在 0.2%氢氧化钾溶液中的溶解度不同，由此根据氢氧化钾溶解后的豆粕含氮量与原样中含氮量的比值即可判断出豆粕的生熟度。

2. 仪器设备

① 实验室用试样粉碎机。
② 标准筛：孔径 0.25mm。
③ 分析天平：感量 0.0001g。
④ 磁力搅拌器。
⑤ 离心机。
⑥ 凯氏定氮装置。

3. 试剂和溶液

① 0.2%氢氧化钾溶液。
② 其他试剂为凯氏定氮所需的标准试剂。

4. 试样制备

取待测豆粕试样适量，粉碎，过 0.25mm 筛，充分混匀，装入磨口瓶中备用。

5. 测定步骤

① 称取豆粕试样 1.5g(精确至 0.001g)，加入 75mL 0.2%氢氧化钾溶液，在磁力搅拌器上搅拌 20min。
② 将溶液转移至离心管中，2 700r/min 离心 10min，过滤。
③ 取 15mL 上清液进行凯氏定氮，方法参见第三章蛋白质的测定内容。
④ 凯氏定氮法同时测定原样中粗蛋白质的含量。

6. 结果计算

氢氧化钾蛋白质溶解度(PS)，数值以%表示，按下式计算：

$$PS = \frac{CP_1}{CP_2} \times 100$$

式中：CP_1——豆粕试样溶于氢氧化钾溶液中的粗蛋白含量；
　　　CP_2——豆粕试样总粗蛋白含量。

7. 注意事项

① 豆粕粉碎至少过 0.25mm 筛。
② 该方法可以用于全脂大豆，但高脂肪试样容易结块，需要细心操作并适当搅拌和混合。
③ 豆粕各部分蛋白质变化很大，试样必须磨细并混合均匀，取有代表性的试样。

思考题

1. 评价大豆制品湿热处理程度的指标有哪些？各有什么优缺点？
2. 大豆制品中尿素酶活性的检测方法有哪些？各自方法是什么？

（曹志军　詹　康　苏衍菁）

第十章 饲草产品的检测

饲草产品的测定是对饲草产品的感官性状、物理形状、营养成分和有毒有害物质等进行定性或定量测定，从而对饲草产品的质量安全做出正确和全面的评定。我国饲草产品种类繁多，包括草捆、草粉、草颗粒、草块及青贮饲料等。在实际生产过程中，由于原料分布广泛且种类多样，加工调制过程中受自然环境和管理水平的影响较大，导致其营养成分、饲用价值和安全状况良莠不齐，对饲草产品的质量和安全控制增加了困难。因此，对饲草产品进行检验在科学评价饲草产品质量和安全水平、建立具有国际竞争力的牧草生产体系、完善饲草产品质量安全监督和保证草产业健康持续发展等方面具有重要意义。本章重点介绍干草草捆、草粉和青贮饲料产品质量的测定原理和方法以及质量分级标准。

一、干草草捆

干草草捆是将干燥到一定程度的散干草压紧打捆，便于贮藏、运输和流通。干草草捆根据形状分为方草捆和圆草捆，根据密度分为低密度和高密度草捆。草捆的质量很大程度取决于原料干草的品质。

干草草捆的质量评定包括感官评价、化学分析和营养价值评定三方面。

(一)感官评价

通过肉眼观察、触摸和嗅觉来检测草捆的品质，可以做出初步的质量评估。感官评价主要包括以下几个方面。

1. 饲草种类

草捆中各种干草的种类和比例是影响其品质的一个重要因素。饲草种类不同，其营养价值差异很大，通常将饲草种类分为豆科、禾本科、其他可食草、不可食草和有毒植物。根据草捆中主要干草组成种类及其含量，以及所含杂草和有毒有害植物的情况，可以大致评估草捆的品质。优质豆科或禾本科饲草所占的比例越大，草捆品质越好，杂草比例多则草捆品质较差。如果杂草中有少量的地榆、防风、茴香等，可以增加干草的芳香气味，能刺激并增强家畜的食欲，但不应含有白头翁和翠雀花等有毒植物。

2. 饲草成熟度

饲草成熟度是指饲草在收获时的发育状态。植物的生长阶段(抽穗或孕蕾)和开花的程度，茎秆硬度和纤维化程度是决定饲草品质的重要因素。在饲草的最适刈割期收获，并在正常气候条件下加工调制的草捆，颜色青绿、气味芳香、叶量丰富、质地柔软、营养成分和消化利用率高，收获时期提前或延迟会导致干草茎秆粗硬、叶片枯黄、叶量减少、产量降低、品质下降等。收获前判断饲草的成熟度比较容易，打捆后则比较困难。

3. 叶量多少

草捆中叶片与茎秆的比例是决定草捆品质的重要指标。从草捆中抽取一束干草，观察叶柄上叶片的多少，优质干草叶片基本不脱落或很少脱落，劣质干草则叶片存量较少。与禾本科牧草相比，豆科牧草在调制加工过程中叶片容易脱落。

4. 颜色

优质草捆的颜色是鲜绿色，表明饲草加工调制以及贮藏适时适宜，没有遭受雨淋、霉变或过度发热。新鲜收获后的植株会在刈割、打捆或堆垛时，因阳光漂白、雨淋、发酵作用而失绿。饲草收获较晚和发霉也会使草捆颜色变浅。草捆的水分含量超过20%~25%会导致草捆发热，使干草颜色变为棕褐色、褐色或黑色。

5. 气味

一般以新收获干草的气味作为参照比较。如出现霉臭、腐臭等不良气味，则表明品质低劣，动物通常会拒绝采食。

6. 质地

适时收获调制的干草草捆由于叶片含量多，水分含量适宜，因而较柔软。质地粗劣的干草会损伤动物的采食器官，降低采食量。

7. 污染杂质状况

品质优良的干草草捆应没有霉菌、昆虫和病害的污染，也不含泥土、灰尘、石块、钉子等异物。

草捆的感官评价可参照 Sid Bosworth 和 Dan Hudsaon 的方法，从饲草成熟度、叶量、颜色、气味或状况、异物等方面进行评分(表10-1)。

表10-1 草捆感官评价

因子		情况	分值	评价
成熟度	豆科牧草	现蕾期或更早	26~30	
		始花期	20~25	
		开花后期	10~19	
		种子形成期或更晚	0~9	
	禾本科牧草	孕穗期前	26~30	
		孕穗期	20~25	
		抽穗早期	10~19	
		完全抽穗或之后	0~9	
叶量		叶量大且叶片附着	18~20	
		叶量大，叶片脱落	11~17	
		叶量中等	6~12	
		茎多，叶片破碎	0~5	
颜色		鲜绿	18~20	
		表面或部分漂白	11~17	
		全部金黄色或黄色	6~12	
		深棕色或黑色(雨淋)	0~5*	
		棕色(过热)	0~5*	

(续)

因　子	情　况	分　值	评　价
气味或状况	鲜草味	15~20	
	霉味或其他不佳气味	0~10	
	霉臭或大量灰尘	0~5*	
异物	无异物	10	
	少量杂草	5~9	
	动物拒食或成熟的杂草	0~4	
	其他异物	0~5*	

注：*这些情况下，干草可能没有饲喂利用价值。

虽然感官评价可及时对草捆质量做出相应判断，但是影响感官评价的因素有很多。除了草捆自身受各种因素的影响之外，检测人员的感觉器官、专业知识、评价经验等都会影响评价结果。

(二)化学分析评定

化学分析评定也是实验室评定，通过特定实验程序和规程对草捆的质量进行检测的方法。评定内容包括营养成分分析和相关的计算指标。

1. 营养成分分析

草捆的常规营养成分分析指标主要包括水分、粗蛋白、粗脂肪、粗灰分、无氮浸出物、中性洗涤纤维、酸性洗涤纤维、酸性洗涤木质素、酸性洗涤不溶氮和中性洗涤不溶氮，测定方法参照第三章相关内容。当家畜日粮标准中对营养成分的要求高且准确时，需要检测矿物质含量。矿物质元素分析指标主要包括钙、总磷、铁、铜、锰、锌、镁，测定方法参照第六章相关内容。

2. 计算指标

根据常规营养成分的分析结果，可以计算得到干物质采食量、总可消化养分、相对饲喂价值等指标结果，用于评价草捆的饲喂价值。常见的计算指标有以下几种。

① 干物质采食量(dry matter intake, DMI)：通过测定试样的中性洗涤纤维含量，预测家畜采食量的多少。

$$DMI(\%BW) = 120/NDF$$

② 总可消化养分(total digestible nutrients, TDN)：是指饲草被家畜采食时，其养分被草食动物利用的情况。可以用 Weiss(1993) 的公式估算：

$$TDN(\%) = 0.98 \times NFC + 0.93 \times CP + 0.9 \times 2.25 \times EE + 0.75 \times (NDF_N - ADL) \times [1 - (ADL/NDF_N)^{0.667}] - 7$$

式中：NFC——非纤维性碳水化合物；

NFC = 100% − (NDF+CP+EE+CA)；

NDF_N = NDF−NDIP，NDIP 为中性洗涤不溶氮。

③ 相对饲喂价值(relative feed value, RFV)：是结合酸性洗涤纤维和中性洗涤纤维含量，对饲草品质进行评价和比较的指数。其含义为当一种牧草作为家畜唯一的能量来源时，该牧草含有的可消化干物质的自由采食量。

$$相对饲喂价值 = DDM \times DMI / 1.29$$

式中：$DDM = 88.9 - 0.779 \times ADF$；

　　　DDM——干物质消化率(digestibility of dry matter，DDM)。

④ 相对饲草品质(relative forage quality，RFQ)：在通过估测纤维消化率，计算总可消化养分和干物质采食量的基础上计算而得。

$$相对饲草品质 = DMI \times TDN / 1.23$$

在相对饲草品质计算公式中，DMI 和 TDN 的估测，不同于相对饲喂价值计算中的相应数值。

$DMI_{豆科} = [(0.012 \times 1\,305)/(NDF/100) + (NDFD - 45) \times 0.374]/1\,305 \times 100$

$TDN_{豆科} = 0.98 \times NFC + 0.93 \times CP + 0.97 \times 2.25 \times FA + NDF_N \times NDFD/100 - 7$

$DMI_{禾本科} = 0.442 \times CP - 0.01 \times CP^2 - 0.063\,8 \times TDN + 0.000\,922 \times TDN^2 + 0.018 \times ADF - 0.001\,96 \times ADF^2 - 0.005\,29 \times CP \times ADF - 2.318$

$TDN_{禾本科} = 0.98 \times NFC + 0.87 \times CP + 0.97 \times FA + NDF_N \times NDFDp/100 - 10$

式中：DMI——干物质采食量(%，以体重计)；

　　　TDN——总可消化养分(%，以 DM 计)；

　　　FA——脂肪酸，$FA = EE - 1$(%，以 DM 计)；

　　　NDF_N——无氮的中性洗涤纤维，$NDF_N = 0.93 \times NDF$(%，以 DM 计)；

　　　NDFD——NDF 的 48h 体外消化率(%，以 NDF 计)；

　　　NDFDp——可消化中性洗涤不溶性蛋白，$NDFDp = 22.7 + 0.642 \times NDFD$(%，以 NDF 计)。

(三)营养价值评定

体内法、半体内法和体外法是目前评定饲草营养价值的主要方法。

1. 体外法(*in vitro*)

饲草营养价值的体外评定方法主要是通过不同的手段模拟动物消化道的内环境，在体外进行饲草的营养价值评定试验。根据不同消化道的生理特点和消化特性，体外评定法主要包括模拟瘤胃发酵试验和模拟胃肠道消化试验。

模拟瘤胃发酵试验可分为批次体外产气法和连续培养法。

批次体外产气法也称为人工瘤胃产气法，由德国霍恩海姆大学动物营养研究所 K. H. Menke 等(1979)建立，是采用最多的评价反刍动物饲料营养价值的方法之一。其原理是将一定重量的饲草试样放置在体外培养管或瓶中，接种瘤胃液和缓冲液混合物进行培养，培养条件模拟瘤胃温度、pH 值、缓冲能力、微量营养物质、氮源及其厌氧环境。用该法测得的 200mg 饲料干物质 24h 产气量与活体内有机物质消化率之间具有高度正相关。利用活体外产气量可比较准确地估测饲料的瘤胃有机物质消化率。该方法的优点是快速、简单、成本低，且测定结果的重现性好；其缺点是经过一定时间培养后，由于微生物产物抑制、pH 值下降等原因，会出现微生物活力下降和微生物组成变化等问题，所以，批次培养不能持续很长时间。

相对于批次培养，连续培养法有底物(饲料)和缓冲液的连续进入与食糜(固相和液相食糜)的连续排出，能真正代表活体内瘤胃发酵的情况。活体外连续培养系统(continuous culture system，CCS)分为单外流(single-flow)和双外流(dual-flow)型连续培养系统两种。单外流型CCS是指消化食糜固相和液相均以相同速度外流的系统，以Rusitec单外流连续培养系统为代表，系统简单、方便，且能收集发酵产生的气体；其主要缺点是不能区分发酵流出液的液相和固相组分。双外流CCS是将消化食糜固相和液相外流速度分别加以控制的系统。在反刍动物体内，瘤胃液相外流速度和固相外流速度是不同的。一般液相外流速度[(4%~10%)/h]明显高于固相外流速度[(2%~7%)/h]。因此，双外流型连续培养系统更接近于活体内瘤胃发酵的情况。

模拟胃肠道消化试验主要是通过酶解法测定饲料在后消化道内的消化率。在特定温度和pH值条件下，用酶或酶混合物模拟动物体内消化酶的水解条件，体外培养一段时间后根据其水解程度估测饲料养分的消化率。最常用的方法是体外酶解三步法，将装有饲料试样的尼龙袋在瘤胃内培养16h后，其残渣再分别经胃蛋白酶和胰蛋白酶液培养一定时间；用100%三氯乙酸溶液终止酶解反应。根据上清液中的可溶性蛋白质和瘤胃降解后的饲料残渣的粗蛋白质来估测小肠消化率参数。

2. 半体内法(in situ)

半体内法，也称为尼龙袋法，主要用于饲料蛋白质的瘤胃降解率测定，也可用于饲料干物质和纤维物质的瘤胃降解率测定。原理是通过瘤胃瘘管将装有少量饲料试样的尼龙袋放置在瘤胃内培养一段时间，根据袋内饲料试样某养分含量的减少量，计算其在瘤胃中相应时间点的消失率，再根据各时间点的消失率计算有效降解率。该方法的优点是简单易行、重复性好、省时省力。目前，在国际上已经普遍用于饲料蛋白质降解率的测定。

3. 体内法(in vivo)

饲料所含养分进入动物消化道后，并不能完全被动物消化利用，只有一部分经物理、化学及生物消化后为动物吸收，还有一部分养分不能被动物利用，它们与消化道分泌物和脱落的肠壁细胞一起以粪便的形式排出体外。化学分析法只能说明饲料本身所含有的各种养分含量，但不能表明饲料被动物消化利用的程度。消化试验法即是评定饲料养分在动物消化道被消化吸收的程度。动物食入饲料的养分减去粪中排出的该养分，即称为可消化养分；饲料中可消化某养分占饲料中该养分总量的百分率称为消化率。消化率用公式表示为：

$$某养分消化率 = \frac{可消化养分}{饲料中该养分含量} \times 100\%$$

饲料可消化养分或消化率反映了饲料养分能被动物消化利用的程度，是评价饲料营养价值的重要指标。但是，按以上方法测得的养分消化率应称为表观消化率。因为从粪中排出的养分并非完全来自于饲料本身未被消化吸收的部分，还有一部分是来自于动物自身代谢的内源性产物，包括消化道分泌的消化液、消化道黏膜及脱落的上皮细胞和消化道微生物等，这些产物被称为粪代谢产物。真消化率可用以下公式来表示：

$$某养分真消化率 = \frac{食入的某饲料养分含量 - (粪中排泄的某养分含量 - 代谢性产物的某养分含量)}{食入的某饲料养分含量} \times 100\%$$

理论上，同一饲料养分的表观消化率总是低于真消化率。用真消化率表示饲料某养分的消化程度更为真实、可靠。但对许多养分来说，更准确收集测定动物粪代谢产物中的养分极难实现，通常用表观消化率来评定饲料的消化性能。

体内消化试验是测定饲料养分消化率的主要方法，根据粪便收集方法的不同，可分为全收粪法和指示剂法。全收粪法根据收集粪便的部位不同，分为肛门收粪法和回肠末端收粪法；指示剂法根据指示剂的来源分为内源指示剂法和外源指示剂法,这 2 种方法仍可分为肛门收粪法和回肠末端收粪法。

(四)草捆质量分级标准

许多国家都已制定统一的干草草捆评价标准,并根据标准划分干草等级作为评定和检验干草草捆品质的依据。

我国有农业部颁布的农业行业标准《豆科牧草干草质量分级》(NY/T 1574—2007)、《苜蓿干草捆质量分级》(NY/T 1170—2006)和《禾本科牧草干草质量分级》(NY/T 728—2003)。

1. 豆科牧草草捆质量分级标准

(1)分级标准　按照《豆科牧草干草质量分级》(NY/T 1574—2007)执行(表 10-2、表 10-3)。

表 10-2　豆科牧草干草质量感官和物理指标及分级

指　标	等　级			
	特级	一级	二级	三级
色泽	草绿	灰绿	黄绿	黄
气味	芳香味	草味	浅草味	无味
收获期	现蕾期	开花期	结实初期	结实期
叶量/%	50~60	49~30	29~20	19~6
杂草/%	<3.0	<5.0	<8.0	<12.0
含水量/%	15~16	17~18	19~20	21~22
异物/%	0	<0.2	<0.4	<0.6

表 10-3　豆科牧草干草质量的化学指标及分级

指　标	等　级			
	特级	一级	二级	三级
粗蛋白质/%	>19.0	>17.0	>14.0	>11.0
中性洗涤纤维/%	<40.0	<46.0	<53.0	<60.0
酸性洗涤纤维/%	<31.0	<35.0	<40.0	<42.0
粗灰分/%	<12.5	<12.5	<12.5	<12.5
β-胡萝卜素/(mg/kg)	≥100.0	≥80.0	≥50.0	≥50.0

注:各项指标均以 86% 干物质为基础计算。

(2)质量等级判定　豆科牧草草捆质量等级的最终判定可采取综合判定、分类别判定和单项指标判定 3 种方式。

① 综合判定:抽检试样的各项感官指标和理化指标均同时符合某一等级时,则判定所代表的该批次产品为该等级;当有任意一项指标低于该等级标准时,则按单项指标最低值所在等级定级。任意一项低于三级标准时,则判定所代表的该批次产品为等级外产品。

② 分类别判定:豆科牧草干草质量按感官质量或理化质量单独判定等。

③ 单项指标判定:豆科牧草干草某一项(或几项)质量指标所在的质量等级,判定为该产品在该项(或几项)指标的质量等级。

2. 苜蓿干草捆质量分级标准

(1) 分级标准　按照《苜蓿干草捆质量分级》(NY/T 1170—2006)执行(表10-4、表10-5)。

表10-4　苜蓿干草捆质量评价感官指标

项目	指标	项目	指标
气味	无异味或有干草芳香味	形态	干草形态基本一致,茎秆叶片均匀一致
色泽	暗绿色、绿色或浅绿色	草捆层面	无霉变、无结块

表10-5　苜蓿干草捆质量分级　　　　　　　　　%

质量指标	等级			
	特级	一级	二级	三级
粗蛋白质	≥22.0	≥20.0, <22.0	≥18.0, <20.0	≥16.0, <18.0
中性洗涤纤维	<34.0	≥34.0, <36.0	≥36.0, <40.0	≥40.0, <44.0
酸性洗涤纤维	<3.0	≥3.0, <5.0	≥5.0, <8.0	≥8.0, <12.0
粗灰分	<12.5	<12.5	<12.5	<12.5
水分	≤14.0	≤14.0	≤14.0	≤14.0

(2) 质量等级判定　苜蓿干草捆质量等级判定原则为:

① 感官指标符合要求后,再根据理化指标定级。

② 除水分和粗灰分外,产品按单项指标最低值所在等级定级。

③ 感官指标不符合要求或有霉变或明显异物的为不合格产品。

3. 禾本科牧草草捆质量分级标准

(1) 分级标准　按照《禾本科牧草干草质量分级》(NY/T 728—2003)执行。同时规定了不同等级干草的外部感官性状。

① 特级:抽穗前刈割,色泽呈鲜绿色或绿色,有浓郁的干草香味,无杂物和霉变,人工草地及改良草地杂类草不超过1%,天然草地杂类草不超过3%。

② 一级:抽穗前刈割,色泽呈绿色,有草香味,无杂物和霉变,人工草地及改良草地杂类草不超过2%,天然草地杂类草不超过5%。

③ 二级:抽穗初期或抽穗期刈割,色泽正常,呈绿色或浅绿色,有草香味,无杂物和霉变,人工草地及改良草地杂类草不超过5%,天然草地杂类草不超过7%。

④ 三级:结实期刈割,茎粗、叶色淡绿或浅黄,无杂物和霉变,干草杂类草不超过8%。

(2) 质量等级判定　禾本科牧草干草质量等级判定原则为:

① 按照粗蛋白质和水分含量确定为相应的质量等级,如特级,或一级、二级、三级或为不合格产品(表10-6)。

表10-6　禾本科牧草干草质量分级　　　　　　　　　%

质量指标	等级			
	特级	一级	二级	三级
粗蛋白质	≥11	≥9	≥7	≥5
水分	≤14	≤14	≤14	≤14

② 再根据外部感官性状进一步确定各自等级。对于特级、一级、二级的干草试样，其叶色发黄、发白者降低一个等级；天然草地有毒、有害草不超过 1% 时，保留原来等级；达到 1% 时，降低一个等级；超过 1% 时，如果无法剔除，不能饲喂家畜，为不合格产品；有明显霉变或异物的试样为不合格产品。

二、草　粉

草粉是以饲草为主要原料，经干燥、粉碎而生产的草产品。根据原料部位的不同可分为全草粉、叶粉和精叶粉。

草粉的质量评价包括感官评价和化学分析评价两部分。

（一）感官评价

检验人员凭借自身感官对草粉物理性状进行鉴定的方法。主要内容包括以下几个方面。
① 形状：品质优良的草粉为粉状或颗粒状，无变质、结块。
② 色泽：品质优良的草粉呈暗绿色、绿色或淡绿色。
③ 气味：品质优良的草粉具有草香味，无发霉及异味。
④ 杂物：不允许含有毒有害物质，不得混入其他物质，如沙石、铁屑、塑料废品、毛团等杂物。若加入氧化剂、防霉剂等添加剂时，应说明所添加的成分与剂量。

（二）化学分析评定

化学分析评定主要是对草粉营养成分检测，其中以含水量、粗蛋白、粗纤维、中性洗涤纤维、酸性洗涤纤维、粗脂肪、粗灰分和胡萝卜素的含量为评价质量的主要指标，常规营养成分的测定方法参照第三章相关内容。根据草粉使用目的要求，有时还需要检测叶黄素、维生素和矿物质元素含量等。矿物质元素的测定方法参照第六章相关内容，维生素的测定方法参照第七章相关内容。β-胡萝卜素和叶黄素的含量目前常采用高效液相色谱法测定。

（三）草粉质量分级标准

世界各国草粉的质量标准不尽一致。捷克规定以粗蛋白、胡萝卜素的含量作为草粉质量等级划分的指标，将草粉质量分为四级。美国官方饲料管制协会（AAFCO）规定的苜蓿草粉质量等级标准中，草粉质量分为六级，但烘干苜蓿草粉质量等级是以粗蛋白、粗纤维为指标分为六级；日晒苜蓿草粉根据粗蛋白含量分为六级。我国 1989 年颁布国家标准《饲料用苜蓿草粉》（GB 10389—1989）《饲料用白三叶草粉》（GB 10390—1989），以粗蛋白、粗纤维、粗灰分为质量控制指标，按含量高低将草粉划分为三级。《饲料用白三叶草粉》（GB 10390—1989）后转化为农业行业推荐性标准《饲料用白三叶草粉》（NY/T 141—1989）。《饲料用苜蓿草粉》（GB 10389—1989）经转化修订为国家农业行业推荐性标准《苜蓿干草粉质量分级》（NY/T 140—2002），在草粉质量分级指标和等级划分上都进行了调整。

1. 苜蓿草粉质量分级标准(NY/T 140—2002)

(1) 感官性状规定

① 形状：粉状、无结块。

② 色泽：暗绿色、绿色或淡绿色。

③ 气味：有草香味、无异味。

④ 其他：无发酵、无发霉、无变质。

(2) 质量指标及分级标准　干草粉以水分、粗蛋白质、粗纤维、粗灰分及胡萝卜素为质量控制的主要指标，按含量分为4个等级(表10-7)。

表10-7　苜蓿干草粉质量分级

质量指标	等级标准			
	特级	一级	二级	三级
粗蛋白质/%	≥19.0	≥18.0	≥16.0	≥14.0
粗纤维/%	<22.0	<23.0	<28.0	<32.0
粗灰分/%	<10.0	<10.0	<10.0	<11.0
胡萝卜素/(mg/kg)	≥130.0	≥130.0	≥100.0	≥60.0

注：各项指标均以干物质为基础计算。

(3) 质量等级判定　干草粉的水分含量不得超过13%。若超过此标准，则不予定级。其他质量指标的测定值均以干物质为基础计算。当各项指标测定值均同时符合某一等级时，则定为该等级。干草粉中有任何一项指标次于该等级标准时，则按单项指标最低值所在等级定级。

2. 白三叶草粉质量分级标准(NY/T 141—1989)

(1) 感官性状规定

① 形状：粉状、颗粒状或饼状、无结块。

② 色泽：暗绿色、绿色或褐绿色。

③ 气味：无异味。

④ 其他：无发酵、无发霉、无变质。

(2) 质量指标及分级标准　干草粉以水分、粗蛋白质、粗纤维、粗灰分及胡萝卜素为质量控制的主要指标，按含量分为4个等级(表10-8)。

表10-8　饲料用白三叶草粉质量分级标准　　　　　　　　　　%

质量指标	等级标准		
	一级	二级	三级
粗蛋白质	≥18.0	≥16.0	≥14.0
粗纤维	<23.0	<28.0	<32.0
粗灰分	<10.0	<10.0	<11.0

注：各项指标均以87%干物质为基础计算。

(3) 质量等级判定　干草粉的水分含量不得超过13%。三项质量指标必须全部符合相应等级的规定；二级饲料用白三叶草粉为中等质量标准，低于三级者为等外品。

三、青贮饲料

青贮饲料是将植物性原料在密闭缺氧的条件下贮藏，经过乳酸菌为主的发酵，抑制各种有害微生物的繁殖，形成的饲用发酵产品。

青贮饲料的质量检测一般分为现场评定和量化评定两部分。

(一)现场评定

在青贮饲料开封后的生产现场，通过感官评定和简易测定技术评价青贮饲料的品质。

1. 感官评定

在青贮设施现场，用感官考察青贮料的气味、颜色和质地等来评判青贮饲料品质的好坏。评价者对青贮饲料在嗅、看、摸等感官观察的基础上，参照青贮饲料的评价标准判定对应的等级。

(1)观察色泽　青贮饲料颜色越接近原料本色，青贮品质越好。优良的青贮饲料呈青绿色或黄绿色；中等青贮饲料呈黄褐色或暗棕色；品质低劣的青贮饲料呈暗色、褐色、黑色或黑绿色。

(2)辨别气味　品质优良的青贮饲料具有轻微的酸味和水果香味，气味柔和，不刺鼻，这是由于存在乳酸的原因。品质中等的，稍有酒精味或醋味，芳香味较弱。若青贮饲料有腐臭味或令人作呕的气味，说明产生了丁酸。有霉味则说明压得不实，空气进入引起霉变。出现类似猪粪尿的气味，则说明蛋白质已大量分解。

(3)检查质地　品质良好的青贮饲料压得非常紧密，拿在手中却较松散、质地柔软、略带湿润。叶、茎、花瓣维持原来的状态，能够清楚地看出茎、叶上的叶脉和绒毛。相反，如果青贮饲料黏成一团，好像一块污泥，或者质地松散、干燥、粗硬，表示水分过多或过少，不是良好青贮饲料。发黏、腐烂的青贮饲料不适于饲喂家畜。

2. 压实密度

采用专用取样器测定压实密度。用电动取样器打洞取样，测量洞的深度。

$$压实密度 = 取样重量 / (取样器横截面积 \times 洞的深度)$$

3. 有氧稳定性

通过红外线照相机或30cm探针式温度计检测青贮温度。超过25℃有氧稳定性差。

4. 破碎度评估

对全株青贮玉米饲料要进行破碎度评估。用1L的容器装满青贮饲料，然后检查整粒的玉米，不超过2个为优级。

5. 颗粒度评估

用宾州筛检测颗粒度，并结合TMR类型判定颗粒度是否符合技术标准。颗粒度指标分析是为了更好地利用青贮中的物理有效纤维，同时也对青贮制作过程中的收割机性能和现场管理进行评估。青贮颗粒度与牧场TMR的类型、干草的性价比和取料机的类型密切相关，综合考虑相关条件，才能有效利用青贮的物理有效纤维。

6. 霉变评估

检测窖墙壁和窖顶，是否有霉变的青贮饲料以及霉变青贮饲料的数量。

（二）量化评定

现场评定只能表观评价青贮饲料发酵的优劣，需要结合量化评定青贮饲料的品质。量化评定需要在实验室进行，采用化学分析的方法，进行发酵品质检测、营养价值分析和安全指标检测。

1. 代表性青贮饲料试样的采集

具体内容参照第一章的相关内容。

2. 发酵品质检测

青贮发酵指标是评估青贮品质的第一限制性指标。评价指标包括pH值、氨态氮和有机酸（乳酸、乙酸、丙酸、丁酸）。

(1) 青贮浸出液的制备　称取15g新鲜青贮饲料试样，置于组织捣碎机中，加入蒸馏水135mL，匀浆1min。匀浆液用四层纱布过滤，残渣充分挤压后，将滤液转移到漏斗上用滤纸过滤，滤液供测定。

(2) pH值测定　采用玻璃电极pH计测定青贮浸出液的pH值。测定前，先对pH计进行标定。然后将pH计电极的玻璃泡没入青贮浸出液中，适度搅拌，待读数稳定后记录，即为该青贮试样的pH值。

青贮饲料的乳酸发酵良好时pH值低，不良发酵则使pH值升高。常规青贮pH值为4.2以下为优，4.2~4.5为良，4.6~4.8为可利用，4.8以上不能利用。但对半干青贮饲料不能以pH值为标准，需根据营养价值来判断。

(3) 氨态氮　该指标是青贮饲料中以游离铵离子形态存在的氮，以其占青贮饲料总氮的百分比表示，是衡量青贮过程中蛋白质降解程度的指标。

目前青贮饲料中氨态氮的测定方法包括水蒸气蒸馏法、微量扩散法和比色法。这里详细介绍常用的苯酚-次氯酸钠比色法。

详细步骤如下：

① 苯酚试剂的配制：将0.15g亚硝基铁氰化钠溶解在1.5L蒸馏水中，再加入29.7g结晶苯酚，定容到3L后贮存在棕色的玻璃试剂瓶中；次氯酸钠试剂：将15g氢氧化钠溶解在2L蒸馏水中，再加入113.6g磷酸氢二钠，中火加热，并不断搅拌至完全溶解，冷却后加入44.1mL含8.5%活性氯的次氯酸钠溶液，并混匀，定容到3L，贮藏于棕色试剂瓶中；标准铵溶液：称取0.660 7g经100℃ 24h烘干的硫酸铵溶于蒸馏水中，定容至100mL，其中含0.1mol/L铵离子，配制成100mmol/L的铵储备液。将上述储备液稀释配制成1.0、2.0、3.0、4.0、5.0mmol/L 5种不同浓度梯度的标准液。

② 测定步骤：向每支试管中加入50μL经适当倍数稀释的试样液或标准液，空白为50μL蒸馏水；向每支试管中加入2.5mL的苯酚试剂，摇匀；再向每支试管中加入2mL次氯酸钠试剂，并混匀。将混合液在95℃水浴中加热显色反应5min；冷却后，630nm波长下比色。

③ 结果计算：根据标准液的浓度和吸光度，以吸光度值和标准液浓度分别作为横纵坐标制作标准曲线，拟合计算方程。将试样测定的吸光度值带入计算方程，得到浸出液的浓度，再通过换算浸出液制备过程中对应的试样量，从而获得氨态氮在试样中的比例。

(4) 有机酸　有机酸总量及其构成可以反映青贮发酵过程及青贮饲料品质的优劣。生产上常需测定的指标主要有乳酸和挥发性脂肪酸，包括乙酸、丙酸、丁酸。

测定有机酸的方法有酶法、离子色谱法、薄层色谱法、气相色谱法、液相色谱法等多种方法。其中，气相色谱法和高效液相色谱法具有精确度高、检出限量低、测定快速等优点，目前大多采用这2种方法。下面分别介绍采用气相色谱法仪器和高效液相色谱法仪器检测乳酸和挥发性脂肪酸的技术。

① 气相色谱法(内标法)仪器：气相色谱仪、氢火焰离子化检测器(FID)、HP-INNOWAX(19091N-133)毛细管柱(30m×0.25mm×0.25μm)、微量注射器(10μL)。

色谱条件：柱温采用程序升温方法，初始温度120℃，采用10℃/min的速率升温至220℃，保持2min；气化室温度250℃，检测室温度270℃；载气使用高纯氮气，总压力为160kPa，总流量为80.7mL/min，柱流量1.89mL/min，线速度44.7cm/s，分流比40∶1，吹扫流量3.0mL/min，循环流量30.0mL/min，氢气流量40mL/min，空气流量400mL/min。

试剂与溶液：a. 内标液：配制42mmol/L和1mol/L的巴豆酸溶液，作为内标储备液。b. 标准液：称取乙、丙、丁酸的色谱纯标准品和分析纯乳酸适量，分别加入6μL 1mol/L的内标溶液，以超纯水稀释至1mL，配制成乙、丙、丁酸浓度分别为2、4、6、8、10mmol/L，乳酸浓度分别为12、24、36、48、60mmol/L的标准系列溶液。

上机分析：取青贮浸提液5mL于10mL离心管中并分别加入1mL 25%的偏磷酸和1mL 42mmol/L的巴豆酸(保证内标物浓度一致)，振荡、静置30min后离心10min，取上清液用于上机分析。

计算公式：青贮饲料鲜样中各种有机酸的总量可按下式计算：

$$各有机酸浓度(mmol/L) = \frac{(5+2) \times P\% \times (15+135)}{5 \times 15} \times 100\%$$

② 高效液相色谱法(外标法)仪器：高效液相色谱仪(配紫外检测器、柱温箱与输液泵)。

色谱条件：采用COMOSIL 5C18-PAD色谱柱(4.6mm×250mm)，进行二元梯度洗脱，流动相A为20mmol/L磷酸二氢钠(磷酸调pH 2.65)，B为甲醇；起始流动相为100%A，0%B，维持5min；到8min为90%A，10%B，维持14min；最后在22min时恢复起始浓度，平衡柱子，进下一个样；流速1mL/min，柱温30℃，检测波长215nm，进样体积20μL。

试剂与溶液：标准溶液配制用超纯水配制浓度为乳酸150mg/mL、乙酸100mg/mL、丙酸10mg/mL、丁酸10mg/mL的混合标准母液，再逐级稀释成6个不同浓度梯度，各级浓度见表10-9所列。将混合标准溶液经0.22μm微孔滤膜过滤(与试样的处理条件保持相同)后，进行高效液相色谱分析(图10-1)，以绘制标准曲线，其中峰面积Y对质量浓度X求回归方程和相关系数。

表10-9 混合标准系列溶液中各有机酸浓度

有机酸	有机酸浓度/(mg/mL)					
	A	B	C	D	E	F
乳酸	2.250	1.500	0.750	0.500	0.300	0.150
乙酸	1.125	0.750	0.375	0.250	0.150	0.075
丙酸	0.225	0.150	0.075	0.050	0.030	0.015
丁酸	0.225	0.150	0.075	0.050	0.030	0.015

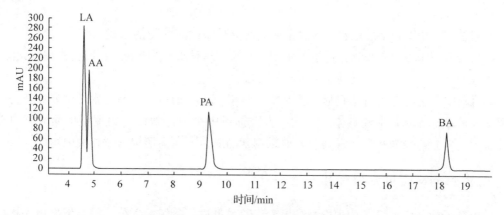

图 10-1　混合标准溶液中有机酸的色谱图
LA. 乳酸；AA. 乙酸；PA. 丙酸；BA. 丁酸

上机分析：青贮浸提液用 0.22μm 水系滤膜过滤，滤液直接上机分析。根据获得的色谱图像，参考标准试样的图像以及标准曲线即可测得试样中的有机酸含量。

3. 青贮营养价值分析

(1) 干物质　是衡量青贮饲料品质的最主要指标，直接关系到青贮饲料中有效成分的含量，能反映青贮饲料是否有养分损失，以及是否在最适宜的时间收割和青贮，并对日粮配比具有重要意义。

干物质的测定常见的有烘干法和冻干法。烘干法可参照第三章第一节相关内容。冻干法测定，需要配备冷冻干燥机。冻干前，需要将新鲜的青贮试样冰冻，然后迅速放入冷冻干燥机，操作机器降温并将空气排空。这种方法可以防止试样中挥发性物质的损失。

(2) 粗蛋白及含氮物质

① 粗蛋白质：具体方法参照第三章第二节的相关内容。

② 非蛋白氮：植物组织中的非蛋白氮主要是氨基酸和酰胺，以及少量无机氮化物，是可溶于三氯乙酸溶液的小分子。可加入三氯乙酸，使其最终浓度为 5%，将蛋白沉淀出来，以测定非蛋白氮。

测定步骤：准确称取风干试样 0.1~0.5g 2 份，或称取鲜样 2~5g，试样含氮量 1~3mg 为宜。分别放入 100mL 带塞磨口锥形瓶中，加入 20mL 5% 三氯乙酸，振荡提取或 90℃水浴中浸提 15min 后，用漏斗直接将试样液滤入凯氏瓶中，并用三氯乙酸将锥形瓶中的试样冲洗数次，每次用量 10mL。将非蛋白氮提取液在小火上浓缩分至 3~5mL，加入 5mL 浓硫酸，混合催化剂（$Se：CuSO_4：K_2SO_4 = 1：5：50$）0.3~0.5g，置于消煮炉上消煮。当消煮液澄清后停止消煮。采用凯氏定氮法测定含氮量，从而得到试样中非蛋白氮的含量。

(3) 纤维类物质　青贮饲料中的纤维类组分主要包括纤维素、半纤维素、木质素等。常用 Van Soest 的洗涤纤维体系测定。中性洗涤纤维、酸性洗涤纤维和木质素的测定参照第三章第三节的相关内容。

(4) 可溶性碳水化合物　可溶性碳水化合物（WSC）是青贮饲料中容易被家畜利用的重要能量物质。同时还是乳酸菌增殖的发酵底物，为其提供能量来源。因此，测定青贮原料和青贮饲料可溶性碳水化合物含量对青贮调制和评价青贮饲料营养价值均有重要意义。详细测定方法参照第三章第六节内容。

（5）淀粉　在对全株青贮玉米进行营养价值评定时需检测淀粉的含量。测定淀粉含量的方法有国标法（GB/T5009.9—2008，包括酸水解法和酶水解法）、还原糖法、比色法和旋光法等。

4. 安全评价

青贮过程中产生的有毒有害物质主要是霉菌毒素。青贮饲料中霉菌毒素的主要种类为黄曲霉毒素、玉米赤霉烯酮和呕吐毒素。因此，青贮饲料中霉菌毒素评定的主要指标为黄曲霉毒素，其次为玉米赤霉烯酮和呕吐毒素。黄曲霉毒素的测定方法参照第八章相关内容。

（三）青贮饲料质量分级标准

青贮饲料质量分级是根据品质检测结果对青贮质量进行等级的划分，需要依据单一指标和综合多项指标来进行分级。其中，常以多项指标为依据进行青贮饲料的质量分级。由于世界各国主要青贮饲料的种类不同，青贮品质评价和质量分级方法各有不同，目前没有统一的质量分级标准。下面列出我国、美国以及日本现有的青贮质量评价体系和质量分级方法供参考。

1. 我国青贮饲料质量分级评定

（1）现场评定

① 感官评定：青贮饲料开封启用时，从色泽、气味和质地等进行感官评定。

a. 色泽：青贮饲料的颜色评价从亮绿色、黄绿色、淡黄褐色到暗褐色由高到低，赋予不同的分值。分值越高表示青贮饲料的色泽越好，质量也越高。

b. 气味：青贮饲料的气味评价，按气味从酸香味、舒适感、酸臭味、刺鼻酸味、不舒适感到腐败味、霉烂味，赋予由高到低不同的分值。分值越高表示青贮饲料的气味正常，质量也越高。

c. 质地：青贮饲料的质地评价，根据质地状况，从松散柔软、不黏手、（中间）、略带黏性、腐烂发黏、结块出现的不同情况赋予相应的分值。分值越高，表示青贮饲料的质地较好，质量也较高。

② pH值：采用广泛pH试纸测定。

青贮pH值的判别标准如下：优等：pH 4.0以下；良好：pH 4.1~4.3；一般：pH 4.4~5.0；劣等：pH 5.0以上。

③ 综合评分：将青贮饲料水分、感官指标和pH值加以综合、量化，以便于科学、简便地评定青贮饲料的质量，分为优等、良好、一般、劣等（表10-10）。

（2）实验室分析

① 化学分析：根据pH值、氨态氮占总氮的比例以及乳酸、乙酸、丁酸在有机酸中所占的比例等指标来进行评价。按照各指标测定结果确定相应的得分。青贮饲料pH值得分在0~25（表10-11）。氨态氮/总氮得分在-6~25（表10-12），是反映青贮饲料中蛋白质及氨基酸分解的程度。比值越大，说明蛋白质分解越多，意味着青贮质量不佳。各种有机酸含量得分范围并不完全相同，乳酸和乙酸含量得分都在0~25，而丁酸含量得分在-10~50（表10-13）。有机酸总量及其构成可以反映青贮发酵过程的好坏，其中最重要的是乙酸、丁酸和乳酸，乳酸所占比例越大越好。

表 10-10 中国牧草青贮的现场评分标准

质量分级	pH 值(25)	水分(20)	气味(25)	色泽(20)	质地(10)
优等	3.6(25) 3.7(23) 3.8(21) 3.9(20) 4.0(18)	70%(20) 71%(19) 72%(18) 73%(17) 74%(16) 75%(14)	酸香味、舒适感 (18~25)	亮绿色 (14~20)	松散软弱、不黏手 (8~10)
良好	4.1(17) 4.2(14) 4.3(10)	76%(13) 77%(12) 78%(11) 79%(10) 80%(8)	臭酸味 (9~17)	黄绿色 (8~13)	(中间) (4~7)
一般	4.4(8) 4.5(7) 4.6(6) 4.5(5) 4.8(3) 4.9(1)	81%(7) 82%(6) 83%(5) 84%(3) 85%(1)	刺鼻酸味、 不舒适感 (1~8)	浅黄褐色 (1~7)	略带黏性 (1~3)
劣等	5.0以上(0)	86%(0)	腐霉味、霉烂味(0)	暗褐色(0)	腐烂发黏、结块(0)

注：引自刘建新，2003。

表 10-11 青贮饲料 pH 值的得分标准

pH 值	得分	pH 值	得分
<3.80	25	4.21~4.40	10
3.81~4.00	20	4.41~4.80	5
4.01~4.20	15	>4.81	0

注：引自刘建新，2003。

表 10-12 青贮饲料氨态氮/总氮的得分标准

氨态氮/总氮(%)	得分	氨态氮/总氮(%)	得分
<5.0	25	16.1~18.0	9
5.1~6.0	24	18.1~20.0	6
6.1~7.0	23	20.1~22.0	4
7.1~8.0	2	22.1~26.0	2
8.1~9.0	21	26.1~30.0	1
9.1~10.0	20	30.1~35.0	0
10.1~12.0	18	35.1~40.0	-3
12.1~14.0	15	>40.1	-6
14.1~16.0	12		

注：引自刘建新，2003。

表 10-13　青贮饲料有机酸含量的得分标准

占总酸比例/%	得分 乳酸	得分 乙酸	得分 丁酸	占总酸比例/%	得分 乳酸	得分 乙酸	得分 丁酸
<0.1	0	25	50	30.1~35.0	7	19	8
0.1~1.0	0	25	47	35.1~40.0	9	16	6
1.1~2.0	0	25	42	40.1~45.0	12	14	3
2.1~5.0	0	25	37	45.1~50.0	14	11	1
5.1~10.0	0	25	32	50.1~55.0	17	9	-2
10.1~15.0	0	25	27	55.1~60.0	19	6	-4
15.1~20.0	0	25	22	60.1~65.0	22	0	-9
20.1~25.0	2	23	17	65.0~70.0	24	0	-10
25.1~30.0	4	21	12	>70.0	25	0	-10

注：①各种有机酸占总酸的比例按毫克当量计算；②鲜样中的有机酸百分含量与毫克当量的换算关系如下：乳酸(毫克当量)=乳酸(%)×11.105；乙酸(毫克当量)=乙酸(%)×16.685；丁酸(毫克当量)=丁酸(%)×11.356。(引自刘建新，2003)

② 综合评定：青贮饲料的综合评分采取 pH 值评分、氨态氮评分和有机酸评分结合，各部分分数在总分中各占 25%、25% 和 50%。具体方法是将有机酸得分数除以 2，作为有机酸的相对得分；再将有机酸相对得分与 pH 值得分、氨态氮得分相加，即可获得综合得分。综合得分包含了青贮饲料中蛋白质和碳水化合物两方面的信息，得分越高者质量等级越高。

依据实验室评定综合得分划分青贮饲料的等级，分为优等、良好、一般和劣质 4 个等级(表 10-14)。

表 10-14　中国青贮饲料的等级划分

质量等级	优等	良好	一般	劣质
评定得分	100~76	75~51	50~26	25 以下

注：引自刘建新，2003。

2. 美国青贮饲料质量分级评价

(1) 青贮原料的评价　根据青贮原料的种类、生育期、感官评定以及蛋白和纤维含量划分青贮原料的质量等级，将青贮原料分为特级、优秀、良好、一般和低劣 5 个等级(表 10-15)。

表 10-15　美国青贮前禾本科、豆科牧草的化学评定和感官评定标准

等级	生育期	粗蛋白/%	酸性洗涤纤维/%	感官指标
特级	豆科牧草开花前期	19	<31	叶片含量 40%~50%，外来物质如麦秆和种子的含量≤5%
优秀	豆科牧草开花早期	17~19	<34	豆科牧草叶片含量 35%~45%，禾本科叶片含量≥50%，外来物质的含量≤5%~10%
良好	≥50%豆科牧草达到了花期；禾本科牧草达到抽穗期	13~17	<39	豆科牧草叶片含量 25%~40%，禾本科叶片含量≥40%，外来物质含量≤15%
一般	全部豆科牧草都达到了开花期；禾本科牧草乳熟期	8~13	>39	豆科牧草叶片含量≤30%，禾本科叶片含量 30%~40%，外来物质含量≥10%~15%
低劣	豆科牧草开花后期；禾本科牧草蜡熟期或完熟期	<8	>42	豆科牧草外来物质含量≥20%，许多成熟的牧草，叶片含量很少

注：引自毛培胜，2012。

(2)青贮饲料的评价

① 感官评定：美国的青贮饲料评定标准中，采取颜色、气味、质地、水分、pH 指标来评定青贮饲料的品质，将青贮饲料划分为优、中、差 3 个等级（表 10-16）。

表 10-16 美国青贮饲料的品质评定

等级	优	中	差	
			发酵品质差	温度过高
颜色	鲜艳、浅黄绿色或者棕绿色，依据青贮饲料原料的不同而定	微黄绿色到棕绿色	深绿色、蓝绿色、灰色或棕色	棕色到黑色
气味	有乳酸气味，没有丁酸气味	有轻微的丁酸和氨气气味	有强烈的丁酸、氨水、变质气味	糖或烟叶燃烧的气味
质地	质地坚实，柔软物质不易从纤维上搓落	质地柔软，柔软物质可与纤维分离	质地黏滑，柔软物质容易从纤维上搓落，并有腐臭气味	质地干硬，搓落易碎，并有腐臭气味
水分	青贮窖：60%~70% 青贮塔：60%~65% 厌氧青贮塔：40%~50%	超过 65%	超过 72%	依据青贮设施的不同，一般低于 55%
pH 值	高水分青贮：低于 4.2 萎蔫青贮：低于 4.8	4.6~4.8	超过 5.2	pH 值不作为有效的判定指标

注：引自毛培胜，2012。

② 实验室评定：根据 pH 值划分不同含水量青贮饲料的等级，同时选择乳酸、丁酸含量以及乳酸、乙酸、丁酸占有机酸的比例、氨态氮、酸性洗涤不溶氮为青贮品质的评价指标，将青贮饲料划分为优、中、低 3 个等级（表 10-17）。

表 10-17 美国青贮饲料的实验室评价等级标准

项目	等级		
	优	中	低
含水量低于 65% 青贮饲料的 pH 值	<4.8	<5.2	>5.2
含水量高于 65% 青贮饲料的 pH 值	<4.2	<4.5	>4.8
乳酸含量（DM 百分比）	3~14	易变的	易变的
丁酸含量（DM 百分比）	<0.2	0.2~0.5	>0.5
占有机酸总量的比例			
乳酸	>60	40~60	<40
乙酸	<25	25~40	>40
丁酸	<5	5~10	>10
氨态氮（总氮百分比）	<10	10~16	>16
酸性洗涤不溶氮（总氮百分比）	<15	15~30	>30

注：引自毛培胜，2012。

3. 日本青贮饲料品质评价与质量分级

日本的青贮饲料评价主要包括感官评定、Flieg 评分、McDonald 简易评价以及 V-Score 评价 4 种方法。

(1) 感官评定

① 色泽：从优至劣依次区分为亮黄绿色、黄绿色、黄绿色略带褐色、黄褐色、褐色、褐

黑色，在评价体系中可对其相应分配不同的得分。

② 质地：分为干净清爽、轻微黏性、黏性发热、发霉。

③ 气味：气味反映发酵产物的组成，分为舒适的酸香味、刺激性的酸味、氨味和霉味。

（2）Flieg 评分　Flieg 评分是德国 Flieg(1938 年)提出的，根据有机酸组成评价发酵品质的方法，Zummer(1966 年)对该方法进行了修订，Flieg 评分在日本应用广泛。

Flieg 评分是对青贮饲料进行水蒸气蒸馏，获得有机酸，通过换算确定乳酸、乙酸、丁酸的含量，再根据各种有机酸的质量比计算评分(表 10-18)。乳酸、挥发性脂肪酸(VFA)通过比色、液相色谱、气相色谱等方法定量，以此为基础获得的评分与传统方法保持良好的一致性。

Flieg 评分的使用前提是乳酸发酵旺盛，主要应用于高水分的青贮饲料。在评价低水分青贮饲料、发酵受抑制青贮饲料时，往往评价品质过低。

表 10-18　Flieg 评分(修订版，1966)

乳 酸		乙 酸		丁 酸	
质量比/%	得分	质量比/%	得分	质量比/%	得分
0.0~25.0	0	0.0~15.0	20	0.0~1.0	50
25.1~27.5	1	15.1~17.5	19	1.6~3.0	30
27.6~30.0	2	17.6~20.0	18	3.1~4.0	20
30.1~32.0	3	20.1~22.0	17	4.1~6.0	15
32.1~34.0	4	22.1~24.0	16	6.1~8.0	10
34.1~36.0	5	24.1~25.4	15	8.1~10.0	9
36.1~38.0	6	25.5~26.7	14	10.1~12.0	8
38.1~40.0	7	26.8~28.0	13	12.1~14.0	7
40.1~42.0	8	28.1~29.4	12	14.1~16.0	6
42.1~44.0	9	29.5~30.7	11	16.1~17.0	5
44.1~46.0	10	30.8~32.0	10	17.1~18.0	4
46.1~48.0	11	32.1~33.4	9	18.1~19.0	3
48.1~50.0	12	33.5~34.7	8	19.1~20.0	2
50.1~52.0	13	34.8~36.0	7	20.1~30.0	1
52.1~54.0	14	36.1~37.4	6	30.1~32.0	-1
54.1~56.0	15	37.5~38.7	5	32.1~34.0	-2
56.1~58.0	16	38.8~40.0	4	34.1~36.0	-3
58.1~60.0	17	40.1~42.5	3	36.1~38.0	-4
60.1~62.0	18	42.6~45.0	2	38.1~40.0	-5
62.1~64.0	19	45.0~	0	40.0~	-10
64.1~66.0	20				
66.1~67.0	21				
67.1~68.0	22				
68.1~69.0	23				
69.1~70.0	24				
70.1~71.2	25				
71.3~72.4	26				
72.5~73.7	27				
73.8~75.0	28				
75.0~	30				

注：引自毛培胜，2012。

（3）McDonald 简易评价　由 McDonald 等提出以 pH 值和氨态氮/总氮（VBN/TN）值为基准的评价方法。pH 值划分为 3 级：≤4.2 为良，4.3~4.5 为中，≥4.5 为差。VBN/TN 值划分为 5 级：≤12.5 为优，12.5~15.0 为良，15.1~17.5 为中，17.6~20.0 为差，≥20.1 为极差。

（4）V-Score 评价　V-Score 评价方法是以 VBN/TN 和 VFA 为指标评价发酵品质，克服了须将青贮饲料按照高水分和低水分分别评价，导致难以准确划分含水量水平的弊端，实现全水分青贮饲料的评价。在该评价体系中，评价对象是密封良好的青贮饲料，发霉、无法作为饲料用的严重变质青贮饲料不作为评价对象。此外，青贮饲料开封后的好氧稳定性有时与贮藏品质相反。因此，好氧稳定性也不在评价范围之内。

为了比较不同青贮饲料的品质，该方法根据计算评分（表 10-19），将青贮饲料划分为 3 个等级，80 分以上为良，60~80 分为合格，60 分以下为差。

表 10-19　V-Score 分数配计算式（鲜样重百分比）　　　　　　　　　%

VBN/TN	X_{N1}	≤5	5~10	10~20	>20
	计算式	$Y_N = 50$	$Y_N = 60 - 2X_N$	$Y_N = 80 - 4X_N$	$Y_N = 0$
乙酸+丙酸 （C2+C3）	X_{A1}	≤0.2	0.2~1.5		>1.5
	计算式	$Y_{A1} - 10$	$Y_A = \dfrac{(150 - 100X_A)}{13}$		$Y_A = 0$
丁酸及以上 VFA （C4 以上）	X_{B1}		0~0.5		>0.5
	计算式		$Y_B = 40 - 80X_B$		$Y_B = 0$
		$V\text{-}SCORE_1\ Y = Y_N + Y_A + Y_B$			

注：引自毛培胜，2012。

V-Score 评价方法具有较多优点，可适用干草捆青贮等低水分青贮饲料；青贮饲料从低水分到高水分可实现统一评分；水稻、苜蓿等低蛋白或高蛋白原料均可适用；采用可定量分析的成分作为评价指标等。

思考题

1. 如何进行干草草捆的质量评定？
2. 如何评定苜蓿草粉的质量？
3. 青贮饲料的现场评估流程有哪些？
4. 衡量青贮发酵过程中蛋白质分解程度的指标是什么？如何进行检测？
5. 如何对青贮饲料进行安全评价？

（黄倩倩　王　琳　严　康）

第十一章
配合饲料产品的检测

衡量配合饲料产品质量除了考虑营养成分含量及其利用率之外，还要考虑产品加工质量指标，包括粉碎粒度、混合均匀度、颗粒硬度、颗粒粉化率等。本章参照饲料工业相关国家标准，介绍配合饲料产品加工质量的主要指标及其测定原理和测定方法。

一、粉碎粒度

粒度(particle size)是饲料原料或加工产品粗细度的表征。粉碎后的固体颗粒不仅形状不同，其大小也不一致。球形颗粒的粒度即为直径，非球形颗粒则有以面积、体积或质量为基准的各种粒度表示。因此，不能简单地用粒度一个指标来笼统概括。

常用粒度测定方法有筛分法、显微镜法和沉降法等。在饲料行业，除对个别微小的组分因粒度极微，采用显微镜法外，通常采用筛分法。筛分法有两层筛法、四层筛法、八层筛法和十四层筛法。本节主要介绍四层筛法和八层筛法。饲料工业中，畜禽饲料的粉碎粒度在 50~4 000μm 之间，特种水产饲料的粉碎粒度在 50~300μm 之间。

(一)四层筛法(算术平均粒径法)

1. 适用范围

四层筛法又称为算术平均粒径法，适于测定粉碎加工所生成的产品基本上是球体或方体颗粒的粗细度，而不适用于蒸煮压扁的片状饲料或铡过的细长碎干草。

2. 测定原理

用 10 目、18 目、40 目和底筛(盲筛)的标准编织筛组成的筛箱，在振筛机上振动筛分。

3. 仪器设备

① 标准筛：金属丝编织，由筛盖、10 目、18 目、40 目和底筛(盲筛)的标准筛组成。

② 振筛机：拍击式电动振筛机、筛体振幅(35±10)mm，振动频率为(220±20)次/min，拍击次数(150±10)次/min，筛体的运动方式为平面回转运动。

③ 台式天平：感量0.01g。

4. 测定步骤

① 称取试样 100g。

② 组装标准筛，按目数由小到大依次从上往下安装。将试样放入 10 目筛层的中心，在振筛机上振动筛分 10min，直到最细一层筛子试样的质量达到稳定状态时为止。检查是否达到稳定状态的方法如下，当筛分进行到 10min 后，每隔 5min 检查称量一次。如果在某一个 5min 内最细一层筛上试样的质量变化不大于试样总质量的 0.2% 时，就认为在前一个周期一开始就完成了筛分。

③ 称量并记录各层筛上试样的质量。

5. 结果计算

(1) 计算公式　粉碎试样的算术平均粒径以直径表示，按下式计算：

$$d'_{gw} = \frac{1}{100}\left[\frac{d'_0+d'_1}{2}m_0 + \frac{d'_1+d'_2}{2}m_1 + \frac{d'_2+d'_3}{2}m_2 + \frac{d'_3+d'_4}{2}m_3\right]$$

式中：d'_{gw}——粉碎试样的算术平均粒径，mm；

　　　$d'_i(i=0,1,2,3)$——由底筛上数各层筛的孔径，mm；当采用国产标准筛时，10目、18目、40目的筛孔尺寸分别为2mm、1.10mm和0.42mm，其筛比为 2~2.35；

　　　d'_4——假想的10目筛的筛上物能全部通过的孔径，mm；此处按筛比为2计算时，d_4 = 4mm（5目筛）；

　　　$m_i(i=0,1,2,3)$——由底筛上数各层筛子的筛上物的质量，g。

(2) 结果表示　检验结果保留小数点后1位有效数字。筛分损失率不宜超过1%。

四层筛法的缺点是不能表示饲料粒径的均匀程度，对要求粉碎得较细的饲料或原料，由于筛网粗、分级少而无法测定。

（二）八层筛法

八层筛法由美国农业工程协会推荐，称为均匀度模数（MU）法与粒度模数（MF）法。均匀度模数是被粉碎饲料的粒度分布表征。

均匀度模数法测定步骤：

① 称取试样250g。

② 用3/8、4、8、14、28、48、100目标准泰勒筛组成套筛。在振筛机上筛分5min。

③ 分别称取各筛上物的质量，并求出其质量百分数。

④ 均匀度用3个数字分别代表中、粗、细3个粒级，求和除以10取整，即为均匀度模数，见表11-1所列。表中MU代表试样中、粗、细3个粒度之间的比例，以1:6:3表示。

表 11-1　均匀度模数

项目	筛上物/%	粒级和/10	MU
3/8	1.0		
4	2.5	10.5/10≈	1
8	7.0		
14	24.0		
28	35.5	59.5/10≈	6
48	22.5		
100	7.5	30.0/10≈	3
底筛	0.0		

注：引自饶应昌，2003。

粒度模数是将八层筛上物质量百分数分别乘以不同的权数（从底筛上数分别为0、1、2、3、4、5、6、7），乘积累加再除以100得到，见表11-2所列。

表 11-2　粒度模数

项目	权数	筛上物/%	乘积	MF
3/8	7	1.0	7.0	
4	6	2.5	15.0	
8	5	7.0	35.0	
14	4	24.0	96.0	3.12
28	3	35.5	106.5	
48	2	22.5	45.0	
100	1	7.5	7.5	
底筛	0	0.0	0	

注：引自饶应昌，2003。

MF 可以反映试样的平均粒度，将 MF 和 MU 两者结合起来就可以反映粒度总的情况。缺点：MF 的加权数是主观定的，物理意义不明确。

二、配合饲料混合均匀度

配合料混合均匀度的测定常用国家标准 GB 5918—2008 推荐的甲基紫法和氯离子选择电极法。对于预混料，常用原子吸收法和邻菲罗啉比色法。其中，甲基紫法不适用于添加有苜蓿粉、槐叶粉等含色素组分的饲料产品混合均匀度的测定，因此，对含有饲草的配合饲料混合均匀度检测时还可采用沉淀法。

(一)氯离子选择电极法(仲裁法)

1. 原理

通过氯离子选择电极的电极电位对溶液中氯离子的选择性响应来测定氯离子的含量，以同一批次饲料的不同试样中氯离子含量的差异来反映饲料的混合均匀度。

2. 仪器设备

① 氯离子选择电极。
② 双盐桥甘汞电极。
③ 酸度计或电位计：精度 0.2mV。
④ 磁力搅拌器。
⑤ 烧杯：100mL、250mL。
⑥ 移液管：1mL、5mL、10mL。
⑦ 容量瓶：50mL。
⑧ 分析天平：感量 0.000 1g。

3. 试剂和溶液

除特殊注明外，本方法所有试剂均为分析纯和蒸馏水(或相应纯度的水)。

① 0.5mol/L 硝酸溶液：吸取浓硝酸 35mL，用水稀释至 1 000mL。
② 2.5mol/L 硝酸钾溶液：称取 252.75g 硝酸钾于烧杯中，加水微热溶解，用水稀释至 1 000mL。

③ 氯离子标准溶液：称取经550℃灼烧1h冷却后的氯化钠8.244 0g于烧杯中，加水微热溶解，转入1 000mL容量瓶中，用水稀释至刻度，摇匀，溶液中含氯离子5mg/mL。

4. 试样制备

本法所需试样应单独采集。每一批饲料产品抽取10个有代表性的原始试样，每个试样的采样量约200g。取样点的确定应考虑各方位的深度、袋数或料流的代表性，但每一个试样应由一点集中取样。取样时不允许有任何翻动或混合。将每个试样在实验室内充分混合。颗粒饲料试样需粉碎，过1.40mm筛。

5. 测定步骤

① 标准曲线绘制：精确量取氯离子标准工作溶液0.1、0.2、0.4、0.6、1.2、2.0、4.0、6.0mL于50mL容量瓶中，加入5mL硝酸溶液和10mL硝酸钾溶液，用水稀释至刻度，摇匀，即可得到0.50、1.00、2.00、3.00、6.00、10.00、20.00、30.00mg/mL的氯离子标准系列，将溶液分别倒入100mL的干燥烧杯中，放入磁力搅拌子，以氯离子选择电极为指示电极，甘汞电极为参比电极，搅拌3min。在酸度计或电位计上读取电位值(mV)，以溶液的电位值为纵坐标，氯离子浓度为横坐标，在半对数坐标纸上绘制出标准曲线。

② 试液制备：准确称取试样(10.00±0.05)g置于250mL烧杯中，准确加入100mL水，搅拌10min，静置澄清，用干燥的中速定性滤纸过滤，滤液作为试液备用。

③ 试液的测定：准确吸取试液10mL，置于50mL容量瓶中，加入5mL硝酸溶液和10mL硝酸钾溶液，用水稀释至刻度，摇匀，然后倒入100mL的干燥烧杯中，检测电位值(mV)，从标准曲线上求得氯离子浓度的对应值x。按此步骤依次测定出同一批次的10个试液中的氯离子浓度x_1、x_2、x_3、…、x_{10}。

6. 结果计算

（1）计算公式　以同一批次10个试样测得的氯离子浓度为x_1、x_2、x_3、…、x_{10}，按下式分别计算平均值($\bar{x}$)、标准差(S)。

混合均匀度值以同一批次的10个试样测得的氯离子浓度值的变异系数值(CV)表示，CV越大，混合均匀度越差。10个试样测得的氯离子浓度值的变异系数值(%)按下式计算：

$$\bar{x}=\frac{x_1+x_2+x_3+\cdots+x_{10}}{10}$$

$$S=\sqrt{\frac{(x_1-\bar{x})^2+(x_2-\bar{x})^2+\cdots+(x_{10}-\bar{x})^2}{10-1}}$$

$$CV=\frac{S}{\bar{x}}\times100\%$$

式中：$\bar{x}$——各氯离子浓度值的平均值；

　　　S——10个吸光度值计算出的标准差；

　　　CV——变异系数,%。

（2）结果表示　取2个平行样测定的算术平均值为结果，结果保留小数点后两位有效数字。

（3）混合均匀度判定标准　配合饲料$CV\leqslant10\%$，预混合饲料$CV\leqslant7\%$。

(二)甲基紫法

1. 适用范围

本法主要适用于混合机和饲料加工工艺中混合均匀度的测定。不适用于添加有苜蓿粉、槐叶粉等含色素组分的饲料产品混合均匀度的测定。

2. 原理

本法以甲基紫色素作为示踪物，在大批饲料加入混合机后，再将甲基紫与添加剂一起加入混合机，混合规定时间，然后取样，以比色法测定试样中甲基紫的含量，以同一批次饲料的不同试样中甲基紫含量的差异来反映饲料的混合均匀度。本方法参考 GB/T 5918—2008。

3. 仪器设备

① 分光光度计：带 1mm 比色皿。
② 标准筛：筛孔净孔尺寸 100μm。
③ 分析天平：感量 0.000 1g。
④ 烧杯：100mL、250mL。

4. 试剂和溶液

甲基紫(生物染色剂)和无水乙醇。

甲基紫示踪剂：将测定用的甲基紫混匀并充分研磨，使其全部通过径孔尺寸 100μm 的标准筛。按照每吨饲料用 10g 甲基紫，即甲基紫添加比例为 1∶100 000。甲基紫研磨后放在干燥密封的瓶内，防止受潮结块，当天使用当天研磨过筛；取样后应及时测定，不可存放时间过长。

5. 试样制备

本法所需试样应单独采取。每一批饲料产品抽取 10 个有代表性的原始试样，每个试样的采样量约 200g。取样点的确定应考虑各方位的深度、袋数或料流的代表性，但每一个试样应由一点集中取样。取样时不允许有任何翻动或混合。将每个试样在实验室内充分混合。颗粒饲料试样需粉碎通过 1.40mm 筛。

6. 测定步骤

① 将甲基紫与饲料充分混匀，多点取样(每点 10g)于 100mL 烧杯中。
② 加入 30mL 无水乙醇，不时地加以搅动，烧杯上盖一表面皿，静置 30min 后用滤纸过滤(定性滤纸，中速)至 50mL 容量瓶，用无水乙醇洗涤残渣并定容。
③ 于 590nm 下，用无水乙醇调节分光光度计零点，将试样装入 1mm 比色皿测定吸光度，每个试样测定 2 次取平均值。

7. 结果计算

① 试液吸光度平均值 $\bar{x}$、标准差 S 计算同"仲裁法"。
② 混合均匀度值以同一批次的 10 个试液中吸光度的变异系数值表示，CV 越大，混合均匀度越差。10 个试液中吸光度的变异系数值(%)的计算同"仲裁法"。

三、容　重

容重，又称体积密度，是指饲料在自然堆积状态下单位体积饲料的质量，国际单位为 kg/m³。饲料工业常用单位为 t/m³。

颗粒饲料容重的测定有常规操作法和容重计测量法 2 种。

(一)常规操作法

见第二章"容重法"。

(二)容重计测量法

1. 原理

颗粒饲料容重可采用专用的电子谷物容重器测定。电子谷物容重器由电子称重系统、容量筒、谷物筒和中间筒、插板、排气砣、底座构成，其中电子秤采用高精度称重传感器和数字显示电路组成。测量部分是利用料斗先将谷物筒里的谷物均匀地分布在中间筒内，再将插板抽出使中间筒谷物每次均匀地分布在容量筒内，插上插板取出 1 000mL 的谷物，测其质量，从而反映出被测物体的实际容重。

2. 测定步骤

① 从试样中均匀的分取试样，用规定的选筛分别进行筛选，取下层筛和上层筛上的谷物(拣出空壳和比粮粒大的杂质)混匀后作为测定容重的试样。

② 测量时先将插板插入容量筒的豁口槽中，放上排气砣，将其平稳地放在电子秤上，按"清零"键使其接下来的称量的质量为谷物质量。

③ 将容量筒安装在铁板底座上。将备制的试样倒入谷物筒内，装满刮平，再将谷物筒套在中间筒上，打开漏斗开关，待试样全部落入中间筒后，取下谷物筒，关闭漏斗开关。用手握住谷物筒与中间筒的接合处，平稳地抽出插板，使试样和排气砣一同落入容量筒中，再将插板平稳地插入豁口槽中，取下中间筒，将容量筒从铁板底座上取下，倒净插板上方多余的试样，平稳地放在电子秤上称量。等数字平稳显示后，按"打印"键，即可打印出测量结果。

四、颗粒硬度和粉化率

(一)颗粒硬度

方法见第二章"硬度测定"。

(二)粉化率

粉化率是指饲料在特定条件下产生的粉末质量占其总质量的百分比。粉化率反映了颗粒的坚实程度，是对颗粒在运输过程中经受振动、撞击、压迫、摩擦等外力后可能出现破碎的预测，是对颗粒本身质量的说明，实际生产中还常用颗粒耐久性指数(PDI)来表征，PDI(%)=100%-粉化率。粉化率越低，PDI 越大，颗粒质量越好；反之，颗粒质量则越差。

方法见第二章"粉化率"。

思考题

1. 常用饲料粒度测定方法有哪些？
2. 饲料混合均匀度测定的意义是什么？
3. 对饲草配合饲料混合均匀度测定时，能否采用甲基紫法？为什么？比较可行的测定方法有哪些？
4. 什么是颗粒饲料的粉化率？粉化率与PDI之间的关系是什么？

（林　森　程秀花　赵静雯）

参考文献

常碧影，张丽英，2005. 饲料安全检测及其发展趋势（上）[J]. 饲料广角（3）：25-27.
常碧影，张丽英，2005. 饲料安全检测及其发展趋势（下）[J]. 饲料广角（4）：17-20.
陈海燕，2018. 饲料检测技术的研究现状及发展方向[J]. 智库时代，163(47)：184-185.
李静，马飞，李培武，等，2014. 农产品与饲料中T-2毒素免疫亲和柱净化-液相色谱串联质谱检测技术研究[J]. 分析测试学报，33(10)：1095-1101.
李令芳，2008. 影响颗粒饲料耐久性指数的因素及其控制[J]. 饲料工业，29(1)：3-5.
林淼，赵国琦，2018. 饲草饲料分析与评定[M]. 北京：中国农业出版社.
罗艺，罗恩全，宋代军，2006. 不同魔芋粉使用量对肉中鸭饲料颗粒稳定性的影响[J]. 中国家禽，24：116-118.
聂青平，1994. 判别饲料优劣的简便方法——容重测定法[J]. 中国检验检疫，11：12.
齐德生，2018. 饲料毒物学附毒物分析[M]. 2版. 北京：科学出版社.
饶应昌，2003. 饲料加工工艺与设备[M]. 北京：中国农业出版社.
饶正华，李丽蓓，2002. 饲料中霉菌污染检测法的探讨[J]. 饲料研究，6：25-26.
唐兴，2015. 调质温度、冷却时间对饲料硬度的影响[J]. 农业开发与装备（3）：72.
王金荣，2012. 饲料产品分析实验技术[M]. 北京：中国农业大学出版社.
夏玉宇，朱丹，1994. 饲料质量分析检验[M]. 北京：化学工业出版社.
杨振浩，2001. 饲料颗粒的耐久性指数和粉化率[J]. 广东饲料，5：28-29.
尹刘益，佘容，刘耀敏，2018. 2种培养基在饲料霉菌总数检验中的应用比对分析[J]. 饲料研究，3：88-90.
余云雷，齐德生，张妮娅，2005. 大豆脲酶活性测定方法比较研究[J]. 养殖与饲料（6）：19-21.
张丽英，2007. 饲料分析及饲料质量检测技术[M]. 3版. 北京：中国农业大学出版社.
周芷锦，赵真效，穆琳，等，2014. 饲料霉菌污染与霉菌总数检测方法[J]. 中国饲料，8：35-37.
JOHN P，1998. 打粒技术及对家畜之影响[J]. 饲料营养杂志，12：4-25.

附　录

附录一　国际相对原子质量表

元素	符号	相对原子质量	元素	符号	相对原子质量	元素	符号	相对原子质量
银	Ag	107.868	铪	Hf	178.49	铷	Rb	85.467 8
铝	Al	26.981 54	汞	Hg	200.59	铼	Re	186.207
氩	Ar	39.948	钬	Ho	164.930 3	铑	Rh	102.905 5
砷	As	74.921 6	碘	I	126.904 5	钌	Ru	101.07
金	Au	196.966 5	铟	In	114.82	硫	S	32.066
硼	B	10.81	铱	Ir	192.22	锑	Sb	121.76
钡	Ba	137.327	钾	K	39.098 3	钪	Sc	44.955 9
铍	Be	9.012 18	氪	Kr	83.80	硒	Se	78.96
铋	Bi	208.980 4	镧	La	138.905 5	硅	Si	28.085 5
溴	Br	79.904	锂	Li	6.941	钐	Sm	150.4
碳	C	12.011	镥	Lu	174.97	锡	Sn	118.71
钙	Ca	40.08	镁	Mg	24.305	锶	Sr	87.62
镉	Cd	112.41	锰	Mn	54.938 0	钽	Ta	180.947 9
铈	Ce	140.12	钼	Mo	95.94	铽	Tb	158.925 3
氯	Cl	35.453	氮	N	14.006 7	碲	Te	127.60
钴	Co	58.933 2	钠	Na	22.989 77	钍	Th	232.038 1
铬	Cr	51.996	铌	Nb	92.906 4	钛	Ti	47.867
铯	Cs	132.905 4	钕	Nd	144.24	铊	Tl	204.383 3
铜	Cu	63.546	氖	Ne	20.179	铥	Tm	168.934 2
镝	Dy	162.50	镍	Ni	58.693	铀	U	238.029
铒	Er	167.26	镎	Np	237.048 2	钒	V	50.941 5
铕	Eu	151.96	氧	O	15.999 4	钨	W	183.84
氟	F	18.998 403	锇	Os	190.2	氙	Xe	131.29
铁	Fe	55.845	磷	P	30.973 76	钇	Y	88.905 9
镓	Ga	69.72	铅	Pb	207.2	镱	Yb	173.04
钆	Gd	157.25	钯	Pd	106.4	锌	Zn	65.39
锗	Ge	72.64	镨	Pr	140.907 7	锆	Zr	91.22
氢	H	1.007 9	铂	Pt	195.09			
氦	He	4.002 60	镭	Ra	226.023 4			

附录二　试剂的规格种类

分　类	描　述	用　途
优级纯	guaranteed reagent(GR),标签为深绿色；主成分含量很高、纯度很高	适用于精确分析和研究,有的可作基准物质
分析纯	analytical reagent(AR),标签为金光红色；主成分含量很高、纯度较高,干扰杂质很低	适用于工业分析及化学实验
化学纯	chemical pure(CP),标签为中蓝色；主成分含量高、纯度较高,存在干扰杂质	适用于化学实验和合成制备
实验纯(少用)	laboratory reagent(LR),主成分含量高,纯度较差,杂质含量不做选择	适用于一般化学实验和合成
色谱纯	chromatographic grade(CG),质量指标注重干扰气相(液相)色谱峰的杂质；主成分含量高	气相(液相)色谱分析专用
光谱纯	spectrum pure(SP),用于光谱分析	适用于分光光度计、原子吸收光谱、原子发射光谱标准品
电子纯	electric pure(EP),电性杂质含量极低	适用于电子产品生产
高纯试剂(3N、4N、5N)	extrapure(EP),主成分含量分别为 99.9%、99.99%、99.999%以上	适用于高纯度要求
电泳试剂	electrophoresis reagent(ER),质量指标注重电性杂质含量控制	电泳专用
生化试剂	biochemical(BC),质量指标注重生物活性杂质	配制生化检验试液和生化合成
生物染色剂	biological stain(BS),质量指标注重生物活性杂质	配制微生物标本染色液,也可用于有机合成
指示剂	indicator(Ind),质量指标为变色范围和变色敏感程度	配制指示溶液用,也可用于有机合成
基准试剂	PT	作为基准物质,标定标准溶液

附录三　容量分析基准物质及其干燥条件

基准物质	干燥温度和时间	基准物质	干燥温度和时间
碳酸钠(Na_2CO_3)	270~300℃,40~50min	氯化钠(NaCl)	500~650℃,干燥 40~50min
草酸钠($Na_2C_2O_4$)	130℃,1~1.5h	硝酸银($AgNO_3$)	室温,硫酸干燥器中至恒重
草酸($H_2C_2O_4 \cdot 2H_2O$)	室温,空气干燥 2h	碳酸钙($CaCO_3$)	120℃,干燥至恒重
四硼酸钠($Na_2B_4O_7 \cdot 10H_2O$)	室温,在氯化钠和蔗糖饱和液的干燥器中,4h	氯化锌($ZnCl_2$)	800℃灼烧至恒重
邻苯二甲酸氢钾($KHC_6H_4O_4$)	100~120℃,干燥至恒重	锌(Zn)	室温,干燥 24h 以上
重铬酸钠($K_2Cr_2O_7$)	100~110℃,干燥 34h	氧化镁(MgO)	800℃灼烧至恒重

附录四　常用酸碱指示剂及其配制

指示剂	pK_a	变色范围 pH 值	酸色	碱色	配制方法
百里酚蓝（麝香草酚蓝）	1.65	1.2~2.8	红	黄	1g/L 的 20%乙醇溶液
甲基橙	3.4	3.1~4.4	红	橙黄	0.5g/L 水溶液
溴甲酚绿	4.9	3.8~5.4	黄	蓝	1g/L 的 20%乙醇溶液或 0.1g 指示剂溶于 2.9mL 0.05mol/L 氢氧化钠溶液，加水稀释至 100mL
甲基红	5.0	4.4~6.2	红	黄	1g/L 的 60%乙醇溶液
溴百里酚蓝	7.3	6.2~7.3	黄	蓝	1g/L 的 20%乙醇溶液
中性红	7.4	6.8~8.0	红	黄橙	1g/L 的 60%乙醇溶液
百里酚蓝（第二变色范围）	9.2	8.0~9.6	黄	蓝	1g/L 的 20%乙醇溶液
酚酞	9.4	8.0~10.0	无色	红	5g/L 的 90%乙醇溶液
百里酚蓝	10.0	9.4~10.6	无色	蓝	1g/L 的 90%乙醇溶液

附录五　混合酸碱指示剂及其配制

指示剂组成(体积比)	变色点 pH 值	酸色	碱色	备注
1 份 1g/L 甲基橙水溶液 1 份 2.5g/L 靛蓝二磺酸钠水溶液	4.1	紫	绿	灯光下可滴定
1 份 0.2g/L 甲基橙水溶液 1 份 1g/L 溴甲酚绿钠水溶液	4.3	橙	蓝紫	pH 3.5 黄色 pH 4.05 绿黄 pH 4.3 浅绿
3 份 1g/L 溴甲酚绿 20%乙醇溶液 1 份 2g/L 甲基红 60%乙醇溶液	5.1	酒红	绿	颜色变化明显
1 份 2g/L 甲基红乙醇溶液 1 份 1g/L 甲基蓝乙醇溶液	5.4	红紫	绿	pH 5.2 红紫 pH 5.4 暗蓝 pH 5.6 绿色
1 份 1g/L 溴甲酚钠水溶液 1 份 1g/L 氯酚红钠水溶液	6.1	黄绿	蓝紫	pH 5.6 蓝绿 pH 5.8 蓝色 pH 6.0 浅紫 pH 6.2 蓝紫
1 份 1g/L 溴甲紫钠水溶液 1 份 1g/L 溴百里酚蓝钠水溶液	6.7	黄	紫蓝	pH 6.2 黄紫 pH 6.6 紫色 pH 6.8 蓝紫
1 份 1g/L 中性红乙醇溶液 1 份 1g/L 次甲基蓝乙醇溶液	7.0	蓝紫	紫蓝	pH 7.0 蓝紫，必须保存在棕色瓶中
1 份 1g/L 甲基红钠水溶液 3 份 1g/L 百里酚蓝钠水溶液	8.3	黄	绿	pH 8.2 玫瑰色 pH 8.4 紫色
1 份 1g/L 百里酚蓝 50%乙醇溶液 3 份 1g/L 酚酞 50%水溶液	9.0	黄	紫	pH 9.0 绿色

附录六　普通酸碱溶液及其配制

名称 （分子式）	密度 ρ /(g/cm³)	质量分数 ω /%	近似浓度 /(mol/L)	欲配溶液的浓度/(mol/L)			
				6	3	2	1
				配制 1 L 溶液所需要的体积/mL(质量/g)			
盐酸(HCl)	1.18~1.19	36~38	12	500	250	167	83
硝酸(HNO_3)	1.39~1.40	65~68	15	381	191	128	64
硫酸(H_2SO_4)	1.83~1.84	95~98	18	84	42	28	14
冰乙酸(CH_3COOH)	1.05	99.9	17	358	177	118	59
磷酸(H_3PO_4)	1.69	85	15	39	19	12	6
氨水($NH_3 \cdot H_2O$)	0.90~0.91	28	15	4 700	200	134	77
氢氧化钠(NaOH)				(240)	(120)	(80)	(40)
氢氧化钾(KOH)				(339)	(170)	(113)	(56.5)

附录七　常用缓冲溶液及其配制

氯化钾-盐酸缓冲溶液

A. 0.2mol/L KCl/mL	50	50	50	50	50	50	50
B. 0.2mol/L HCl/mL	97.0	64.5	41.5	26.3	16.6	10.6	6.7
水/mL	53.0	85.5	108.5	123.7	133.4	139.4	143.3
pH 值(20℃)	1.0	1.2	1.4	1.6	1.8	2.0	2.2

邻苯二甲酸氢钾-盐酸缓冲溶液

A. 0.2mol/L $KHC_6H_4O_4$/mL	50	50	50	50	50
B. 0.2mol/L HCl/mL	46.70	32.95	20.32	9.90	2.63
水/mL	103.30	117.05	129.68	140.10	147.37
pH 值(20℃)	2.2	2.6	3.0	3.4	3.8

邻苯二甲酸氢钾-氢氧化钾缓冲溶液

A. 0.2mol/L $KHC_6H_4O_4$/mL	50	50	50	50	50
B. 0.2mol/L KOH/mL	0.40	7.50	17.70	29.95	39.85
水/mL	149.60	142.50	132.30	120.05	110.15
pH 值(20℃)	4.0	4.4	4.8	5.2	5.6

乙酸-乙酸钠缓冲溶液

A. 0.2mol/L CH_3COOH/mL	185	164	126	80	42	19
B. 0.2mol/L CH_3COONa/mL	15	36	74	120	158	181
pH 值(20℃)	3.6	4.0	4.4	4.8	5.2	5.6

磷酸二氢钾-氢氧化钠缓冲溶液

A. 0.2mol/L KH$_2$PO$_4$/mL	50	50	50	50	50	50
B. 0.2mol/L KOH/mL	3.72	8.60	17.80	29.63	39.50	45.20
水/mL	146.26	141.20	132.30	120.37	110.50	104.80
pH 值（20℃）	5.8	6.2	6.6	7.0	7.4	7.8

硼砂-氢氧化钠缓冲溶液

A. 0.2mol/L 硼砂/mL	90	80	70	60	50	40
B. 0.2mol/L NaOH/mL	10	20	30	40	50	60
pH 值（20℃）	9.35	9.48	9.66	9.94	11.04	12.32

氢氧化铵缓冲溶液

A. 0.2mol/L NH$_3$·H$_2$O/mL	1	1	1	1	1	1
B. 0.2mol/L NH$_4$Cl/mL	32	8	2	1	1	1
pH 值（20℃）	8.0	8.58	9.1	9.8	10.4	11.0

常用缓冲溶液的配制

pH 值	配制方法
3.6	CH$_3$COONa·3H$_2$O 8g，溶于适量水中，加 6mol/L CH$_3$COOH 134mL，稀释至 500mL
4.0	CH$_3$COONa·3H$_2$O 20g，溶于适量水中，加 6mol/L CH$_3$COOH 134mL，稀释至 500mL
4.5	CH$_3$COONa·3H$_2$O 32g，溶于适量水中，加 6mol/L CH$_3$COOH 68mL，稀释至 500mL
5.0	CH$_3$COONa·3H$_2$O 50g，溶于适量水中，加 6mol/L CH$_3$COOH 34mL，稀释至 500mL
8.0	NH$_4$Cl 50g，溶于适量水中，加 15mol/L NH$_3$·H$_2$O 3.5mL，稀释至 500mL
8.5	NH$_4$Cl 40g，溶于适量水中，加 15mol/L NH$_3$·H$_2$O 8.8mL，稀释至 500mL
9.0	NH$_4$Cl 35g，溶于适量水中，加 15mol/L NH$_3$·H$_2$O 24mL，稀释至 500mL
9.5	NH$_4$Cl 30g，溶于适量水中，加 15mol/L NH$_3$·H$_2$O 65mL，稀释至 500mL
10.0	NH$_4$Cl 27g，溶于适量水中，加 15mol/L NH$_3$·H$_2$O 197mL，稀释至 500mL

附录八　化学试剂　标准滴定溶液的制备（GB/T 601—2016）

1. 范围

本标准规定了化学试剂标准滴定溶液的配制和标定方法。

本标准适用于以滴定法测定化学试剂纯度及杂质含量的标准滴定溶液配制和标定。其他领域也可选用。

2. 规范性引用文件

下列文件对于本文件的应用是必不可少的。凡是注日期的引用文件，仅注日期的版本适用于本文件。凡是不注日期的引用文件，其最新版本（包括所有的修改单）适用于本文件。

GB/T 603　化学试剂　试验方法中所用制剂及制品的制备

GB/T 606 化学试剂 水分测定通用方法 卡尔·费休法

GB/T 6379.6—2009 测量方法与结果的准确度(正确度与精密度) 第6部分：准确度值的实际应用

GB/T 6682 分析实验室用水规格和试验方法

GB/T 9725—2007 化学试剂 电位滴定法通则

JJG 130 工作用玻璃液体温度计

JJG 196—2006 常用玻璃量器

JJG 1036 电子天平

3. 一般规定

3.1 除另有规定外，本标准所用试剂的级别应在分析纯(含分析纯)以上，所用制剂及制品，应按 GB/T 603 的规定制备，实验用水应符合 GB/T 6682 中三级水的规格。

3.2 本标准制备的标准滴定溶液的浓度，除高氯酸标准滴定溶液、盐酸-乙醇标准滴定溶液、亚硝酸钠标准滴定溶液[$c(NaNO_2)=0.5mol/L$]外，均指20℃时的浓度。在标准滴定溶液标定、直接制备和使用时若温度不为20℃时，应对标准滴定溶液体积进行补正(见附录A)。规定"临用前标定"的标准滴定溶液，若标定和使用时的温度差异不大时，可以不进行补正。标准滴定溶液标定、直接制备和使用时所用分析天平、滴定管、单标线吸管等按相关检定规程定期进行检定或校准，其中滴定管的容量测定方法按附录B进行。单标线容量瓶、单标线吸管应有容量校正因子。

3.3 在标定和使用标准滴定溶液时，滴定速度一般应保持在6~8mL/min。

3.4 称量工作基准试剂的质量小于等于0.5g时，按精确至0.01mg称量；大于0.5g时，按精确至0.1mg称量。

3.5 制备标准滴定溶液的浓度应在规定浓度的±5%范围以内。

3.6 除另有规定外，标定标准滴定溶液的浓度时，需两人进行实验，分别做四平行，每人四平行标定结果相对极差不得大于相对重复性临界极差[$CR_{0.95}(4)_r=0.15\%$]，两人共八平行标定结果相对极差不得大于相对重复性临界极差[$CR_{0.95}(8)_r=0.18\%$]。在运算过程中保留5位有效数字，取两人八平行标定结果的平均值为标定结果，报出结果取4位有效数字。需要时，可采用比较法对部分标准滴定溶液的浓度进行验证(参见附录C)。

3.7 本标准中标准滴定溶液浓度的相对扩展不确定度不大于0.2%($k=2$)，其评定方法参见附录D。

3.8 本标准使用工作基准试剂标定标准滴定溶液的浓度。当对标准滴定溶液浓度的准确度有更高要求时，可使用标准物质(扩展不确定度应小于0.05%)代替工作基准试剂进行标定或直接制备，并在计算标准滴定溶液浓度时，将其质量分数代入计算式中。

3.9 标准滴定溶液的浓度小于或等于0.02mol/L时(除0.02mol/L乙二胺四乙酸二钠、氯化锌标准滴定溶液外)，应于临用前将浓度高的标准滴定溶液用煮沸并冷却的水稀释(不含非水溶剂的标准滴定溶液)，必要时重新标定。当需用本标准规定浓度以外的标准滴定溶液时，可参考本标准中相应标准滴定溶液的制备方法进行配制和标定。

3.10 贮存：

a)除另有规定外，标准滴定溶液在10~30℃下，密封保存时间一般不超过6个月；碘标准滴定溶液、亚硝酸钠标准滴定溶液[$c(NaNO_2=0.1mol/L)$]密封保存时间为4个月；高氯酸标准滴定溶液、氢氧化钾-乙醇标准滴定溶液、硫酸铁(Ⅲ)铵标准滴定溶液密封保存时间为2个月。超过保存时间的标准滴定溶液进行复标定后可以继续使用。

b)标准滴定溶液在10~30℃下，开封使用过的标准滴定溶液保存时间一般不超过2个月（倾出溶液后立即盖紧）；碘标准滴定溶液、氢氧化钾-乙醇标准滴定溶液一般不超过1个月；硝酸钠标准滴定溶液[$c(NaNO_2=0.1mol/L)$]一般不超过15d；高氯酸标准滴定溶液开封后当天使用。

c)当标准滴定溶液出现浑浊、沉淀、颜色变化等现象时，应重新制备。

3.11 贮存标准滴定溶液的容器，其材料不应与溶液起理化作用，壁厚最薄处不小于0.5mm。

3.12 本标准中所用溶液以"%"表示的除"乙醇(95%)"外其他均为质量分数。

4. 标准滴定溶液的配制与标定

4.1 氢氧化钠标准滴定溶液

4.1.1 配制

称取110g氢氧化钠，溶于100mL无二氧化碳的水中，摇匀，注入聚乙烯容器中，密闭放置至溶液清亮。按表1的规定量，用塑料管量取上层清液，用无二氧化碳的水稀释至1 000mL，摇匀。

表1

氢氧化钠标准滴定溶液的浓度 $c(NaOH)/(mol/L)$	氢氧化钠溶液的体积 V/mL
1	54
0.5	27
0.1	5.4

4.1.2 标定

按表2的规定量，称取于105~110℃电烘箱中干燥至恒重的工作基准试剂邻苯二甲酸氢钾，加无二氧化碳的水溶解，加2滴酚酞指示液(10g/L)，用配制的氢氧化钠溶液滴定至溶液呈粉红色，并保持30s。同时做空白试验。

表2

氢氧化钠标准滴定溶液的浓度 $c(NaOH)/(mol/L)$	工作基准试剂邻苯二甲酸氢钾的质量 m/g	无二氧化碳水的体积 V/mL
1	7.5	80
0.5	3.6	80
0.1	0.75	50

氢氧化钠标准滴定溶液的浓度[$c(NaOH)$]，按式(1)计算：

$$c(NaOH) = \frac{m \times 1\,000}{(V_1 - V_2) \times M} \tag{1}$$

式中：m——邻苯二甲酸氢钾质量，单位为克(g)；

V_1——氢氧化钠溶液体积，单位为毫升(mL)；

V_2——空白试验消耗氢氧化钠溶液体积,单位为毫升(mL);

M——邻苯二甲酸氢钾的摩尔质量,单位为克每摩尔(g/mol)[$M(KHC_8H_4O_4)$ = 204.22]。

4.2 盐酸标准滴定溶液

4.2.1 配制

按表3的规定量,量取盐酸,注入1 000mL水中,摇匀。

表3

盐酸标准滴定溶液的浓度 $c(HCl)/(mol/L)$	盐酸的体积 V/mL
1	90
0.5	45
0.1	9

4.2.2 标定

按表4的规定量,称取于270~300℃高温炉中灼烧至恒量的工作基准试剂无水碳酸钠,溶于50mL水中,加10滴溴甲酚绿-甲基红指示液,用配制的盐酸溶液滴定至溶液由绿色变为暗红色,煮沸2min,加盖具钠石灰管的橡胶塞,冷却,继续滴定至溶液再呈暗红色。同时做空白试验。

表4

盐酸标准滴定溶液的浓度 $c(HCl)/(mol/L)$	工作基准试剂无水碳酸钠的质量 m/g
1	1.9
0.5	0.95
0.1	0.2

盐酸标准滴定溶液的浓度[$c(HCl)$],按式(2)计算:

$$c(HCl) = \frac{m \times 1\ 000}{(V_1 - V_2) \times M} \tag{2}$$

式中:m——无水碳酸钠质量,单位为克(g);

V_1——盐酸溶液体积,单位为毫升(mL);

V_2——空白试验消耗盐酸溶液体积,单位为毫升(mL);

M——无水碳酸钠的摩尔质量,单位为克每摩尔(g/mol)[$M(1/2Na_2CO_3)$ = 52.994]。

4.3 硫酸标准滴定溶液

4.3.1 配制

按表5的规定量,量取硫酸,缓缓注入1 000mL水中,冷却,摇匀。

表5

硫酸标准滴定溶液的浓度 $c(1/2H_2SO_4)/(mol/L)$	硫酸的体积 V/mL
1	30
0.5	15
0.1	3

4.3.2 标定

按表6的规定量,称取于270℃~300℃高温炉中灼烧至恒量的工作基准试剂无水碳酸钠,溶于50mL水中,加10滴溴甲酚绿-甲基红指示液,用配制的硫酸溶液滴定至溶液由绿色变为暗红色,煮沸2min,加盖具钠石灰管的橡胶塞,冷却,继续滴定至溶液再呈暗红色。同时做空白试验。

表6

硫酸标准滴定溶液的浓度 $c(1/2H_2SO_4)/(mol/L)$	工作基准试剂无水碳酸钠的质量 m/g
1	1.9
0.5	0.95
0.1	0.2

硫酸标准滴定溶液的浓度$[c(1/2H_2SO_4)]$,按式(3)计算:

$$c(1/2H_2SO_4) = \frac{m \times 1\,000}{(V_1 - V_2) \times M} \quad (3)$$

式中:m——无水碳酸钠质量,单位为克(g);

V_1——硫酸溶液体积,单位为毫升(mL);

V_2——空白试验消耗硫酸溶液体积,单位为毫升(mL);

M——无水碳酸钠的摩尔质量,单位为克每摩尔(g/mol)$[M(1/2Na_2CO_3) = 52.994]$。

4.4 碳酸钠标准滴定溶液

4.4.1 方法一

4.4.1.1 配制

按表7的规定量,称取无水碳酸钠,溶于1 000mL水中,摇匀。

表7

碳酸钠标准滴定溶液的浓度 $c(1/2Na_2CO_3)/(mol/L)$	无水碳酸钠的质量 m/g
1	53
0.1	5.3

4.4.1.2 标定

量取35.00~40.00mL配制的碳酸钠溶液,加表8规定量的水,加10滴溴甲酚绿-甲基红指示液,用表8规定的相应浓度的盐酸标准滴定溶液滴定至溶液由绿色变为暗红色,煮沸2min,加盖具钠石灰管的橡胶塞,冷却,继续滴定至溶液再呈暗红色。同时做空白试验。

表8

碳酸钠标准滴定溶液的浓度 $c(1/2Na_2CO_3)/(mol/L)$	加入水的体积 V/mL	盐酸标准滴定溶液的浓度 $c(HCl)/(mol/L)$
1	50	1
0.1	20	0.1

碳酸钠标准滴定溶液的浓度$[c(1/2Na_2CO_3)]$,按式(4)计算:

$$c(1/2Na_2CO_3) = \frac{(V_1 - V_2) \times c_1}{V} \quad (4)$$

式中：V_1——盐酸标准滴定溶液体积，单位为毫升(mL)；
　　　V_2——空白试验消耗盐酸标准滴定溶液体积，单位为毫升(mL)；
　　　c_1——盐酸标准滴定溶液浓度，单位为摩尔每升(mol/L)；
　　　V——碳酸钠溶液体积，单位为毫升(mL)。

4.4.2 方法二

按表9的规定量，称取于270~300℃高温炉中灼烧至恒量的工作基准试剂无水碳酸钠，溶于水，移入1 000mL容量瓶中，稀释至刻度。

表9

碳酸钠标准滴定溶液的浓度 $c(1/2Na_2CO_3)/(mol/L)$	工作基准试剂无水碳酸钠的质量 m/g
1	53.00±1.00
0.1	5.3±0.20

碳酸钠标准滴定溶液的浓度[$c(1/2Na_2CO_3)$]，按式(5)计算：

$$c(1/2Na_2CO_3)=\frac{m\times 1\ 000}{V\times M} \tag{5}$$

式中：m——无水碳酸钠质量，单位为克(g)；
　　　V——无水碳酸钠溶液体积，单位为毫升(mL)；
　　　M——无水碳酸钠的摩尔质量，单位为克每摩尔(g/mol)[$M(1/2NaCO_3)=52.994$]。

4.5 重铬酸钾标准滴定溶液[$c(1/6K_2Cr_2O_7)=0.1mol/L$]

4.5.1 方法一

4.5.1.1 配制

称取5g重铬酸钾，溶于1 000mL水中，摇匀。

4.5.1.2 标定

量取35.00~40.00mL配制的重铬酸钾溶液，置于碘量瓶中，加2g碘化钾及20mL硫酸溶液(20%)，摇匀，于暗处放置10min。加150mL水(15~20℃)，用硫代硫酸钠标准滴定溶液[$c(Na_2S_2O_3)=0.1mol/L$]滴定，近终点时加2mL淀粉指示液(10g/L)，继续滴定至溶液由蓝色变为亮绿色。同时做空白试验。

重铬酸钾标准滴定溶液的浓度[$c(1/6K_2Cr_2O_7)$]，按式(6)计算：

$$c(1/6K_2Cr_2O_7)=\frac{(V_1-V_2)\times c_1}{V} \tag{6}$$

式中：V_1——硫代硫酸钠标准滴定溶液体积，单位为毫升(mL)；
　　　V_2——空白试验硫代硫酸钠标准滴定溶液体积，单位为毫升(mL)；
　　　c_1——硫代硫酸钠标准滴定溶液浓度，单位为摩尔每升(mol/L)；
　　　V——重铬酸钾溶液体积，单位为毫升(mL)。

4.5.2 方法二

称取4.90g±0.20g已于120℃±2℃的电烘箱中干燥至恒量的工作基准试剂重铬酸钾，溶于水，移入1 000mL容量瓶中，稀释至刻度。

重铬酸钾标准滴定溶液的浓度[$c(1/6K_2Cr_2O_7)$]，按式(7)计算：

$$c(1/6K_2Cr_2O_7)=\frac{m\times 1\ 000}{V\times M} \tag{7}$$

式中：m——重铬酸钾质量，单位为克(g)；
  V——重铬酸钾溶液体积，单位为毫升(mL)；
  M——重铬酸钾的摩尔质量，单位为克每摩尔(g/mol)[$M(1/6K_2Cr_2O_7)=49.031$]。

4.6 硫代硫酸钠标准滴定溶液[$c(Na_2S_2O_3)=0.1mol/L$]

4.6.1 配制

称取26g五水合硫代硫酸钠（或16g无水硫代硫酸钠），加0.2g无水碳酸钠，溶于1 000mL水中，缓缓煮沸10min，冷却。放置2周后用4号玻璃滤锅过滤。

4.6.2 标定

称取0.18g已于120℃±2℃干燥至恒量的工作基准试剂重铬酸钾，置于碘量瓶中，溶于25mL水，加2g碘化钾及20mL硫酸溶液(20%)，摇匀，于暗处放置10min。加150mL水(15~20℃)，用配制的硫代硫酸钠溶液滴定，近终点时加2mL淀粉指示液(10g/L)，继续滴定至溶液由蓝色变为亮绿色。同时做空白试验。

硫代硫酸钠标准滴定溶液的浓度[$c(Na_2S_2O_3)$]，按式(8)计算：

$$c(Na_2S_2O_3)=\frac{m\times1\ 000}{(V_1-V_2)\times M} \tag{8}$$

式中：m——重铬酸钾质量，单位为克(g)；
  V_1——硫代硫酸钠溶液体积，单位为毫升(mL)；
  V_2——空白试验硫代硫酸钠溶液体积，单位为毫升(mL)；
  M——重铬酸钾的摩尔质量，单位为克每摩尔(g/mol)[$M(1/6K_2Cr_2O_7)=49.031$]。

4.7 溴标准滴定溶液[$c(1/2Br_2)=0.1mol/L$]

4.7.1 配制

称取3g溴酸钾和25g溴化钾，溶于1 000mL水中，摇匀。

4.7.2 标定

量取35.00~40.00mL配制的溴溶液，置于碘量瓶中，加2g碘化钾及5mL盐酸溶液(20%)，摇匀，于暗处放置5min。加150mL水(15~20℃)，用硫代硫酸钠标准滴定溶液[$c(Na_2S_2O_3)=0.1mol/L$]滴定，近终点时加2mL淀粉指示液(10g/L)，继续滴定至溶液蓝色消失。同时做空白试验。

溴标准滴定溶液的浓度[$c(1/2Br_2)$]，按式(9)计算：

$$c(1/2Br_2)=\frac{(V_1-V_2)\times c_1}{V} \tag{9}$$

式中：V_1——硫代硫酸钠标准滴定溶液体积，单位为毫升(mL)；
  V_2——空白试验硫代硫酸钠标准滴定溶液体积，单位为毫升(mL)；
  c_1——硫代硫酸钠标准滴定溶液浓度，单位为摩尔每升(mol/L)；
  V——溴溶液体积，单位为毫升(mL)。

4.8 溴酸钾标准滴定溶液[$c(1/6KBrO_3)=0.1mol/L$]

4.8.1 配制

称取3g溴酸钾，溶于1 000mL水中，摇匀。

4.8.2 标定

量取35.00~40.00mL配制的溴酸钾溶液，置于碘量瓶中，加2g碘化钾及5mL盐酸溶液(20%)，摇匀，于暗处放置5min。加150mL水(15~20℃)，用硫代硫酸钠标准滴定溶液[$c(Na_2S_2O_3)=0.1mol/L$]滴定，近终点时加2mL淀粉指示液(10g/L)，继续滴定至溶液蓝色消失。同时做空白试验。

溴酸钾标准滴定溶液的浓度[$c(1/6KBrO_3)$]，按式(10)计算：

$$c(1/6KBrO_3) = \frac{(V_1-V_2) \times c_1}{V} \tag{10}$$

式中：V_1——硫代硫酸钠标准滴定溶液体积，单位为毫升(mL)；

V_2——空白试验硫代硫酸钠标准滴定溶液体积，单位为毫升(mL)；

c_1——硫代硫酸钠标准滴定溶液浓度，单位为摩尔每升(mol/L)；

V——溴酸钾溶液体积，单位为毫升(mL)。

4.9 碘标准滴定溶液[$c(1/2I_2)$ = 0.1mol/L]

4.9.1 配制

称取13g碘和35g碘化钾，溶于100mL水中，置于棕色瓶中，放置2d，稀释至1 000mL，摇匀。

4.9.2 标定

4.9.2.1 方法一

称取0.18g已于硫酸干燥器中干燥至恒量的工作基准试剂三氧化二砷，置于碘量瓶中，加6mL氢氧化钠标准滴定溶液[$c(NaOH)$ = 1mol/L]溶解，加50mL水，加2滴酚酞指示液(10g/L)，用硫酸标准滴定溶液[$c(1/2H_2SO_4)$ = 1mol/L]滴定至溶液无色，加3g碳酸氢钠及2mL淀粉指示液(10g/L)，用配制的碘溶液滴定至溶液呈浅蓝色。同时做空白试验。

碘标准滴定溶液的浓度[$c(1/2I_2)$]，按式(11)计算：

$$c(1/2I_2) = \frac{m \times 1\,000}{(V_1-V_2) \times M} \tag{11}$$

式中：m——三氧化二砷质量，单位为克(g)；

V_1——碘溶液体积，单位为毫升(mL)；

V_2——空白试验碘溶液体积，单位为毫升(mL)；

M——三氧化二砷的摩尔质量，单位为克每摩尔(g/mol)[$M(1/4As_2O_3)$ = 49.460]。

4.9.2.2 方法二

量取35.00~40.00mL配制的碘溶液，置于碘量瓶中，加150mL水(15~20℃)，加5mL盐酸溶液[$c(HCl)$ = 0.1mol/L]，用硫代硫酸钠标准滴定溶液[$c(Na_2S_2O_3)$ = 0.1mol/L]滴定，近终点时加2mL淀粉指示液(10g/L)，继续滴定至溶液蓝色消失。

同时做水所消耗碘的空白试验：取250mL水(15~20℃)，加5mL盐酸溶液[$c(HCl)$ = 0.1mol/L]，加0.05~0.20mL配制的碘溶液及2mL淀粉指示液(10g/L)，用硫代硫酸钠标准滴定溶液[$c(Na_2S_2O_3)$ = 0.1mol/L]滴定至溶液蓝色消失。

碘标准滴定溶液的浓度[$c(1/2I_2)$]，按式(12)计算：

$$c(1/2I_2) = \frac{(V_1-V_2) \times c_1}{V_3-V_4} \tag{12}$$

式中：V_1——硫代硫酸钠标准滴定溶液体积，单位为毫升(mL)；

V_2——空白试验硫代硫酸钠标准滴定溶液体积，单位为毫升(mL)；

c_1——硫代硫酸钠标准滴定溶液浓度，单位为摩尔每升(mol/L)；

V_3——碘溶液体积，单位为毫升(mL)；

V_4——空白试验中加入碘溶液体积，单位为毫升(mL)。

4.10 碘酸钾标准滴定溶液

4.10.1 方法一
4.10.1.1 配制
按表 10 的规定量,称取碘酸钾,溶于 1 000mL 水中,摇匀。

表 10

碘酸钾标准滴定溶液的浓度 $c(1/6\mathrm{KIO}_3)/(\mathrm{mol/L})$	碘酸钾的质量 m/g
0.3	11
0.1	3.6

4.10.1.2 标定
按表 11 的规定量,量取配制的碘酸钾溶液、水及碘化钾,置于碘量瓶中,加 5mL 盐酸溶液(20%),摇匀,于暗处放置 5min。加 150mL 水(15~20℃),用硫代硫酸钠标准滴定溶液 $[c(\mathrm{Na}_2\mathrm{S}_2\mathrm{O}_3)=0.1\mathrm{mol/L}]$ 滴定,近终点时加 2mL 淀粉指示液(10g/L),继续滴定至溶液蓝色消失。同时做空白试验。

表 11

碘酸钾标准滴定溶液的浓度 $c(1/6\mathrm{KIO}_3)/(\mathrm{mol/L})$	碘酸钾溶液的体积 V/mL	水的体积 V/mL	碘酸钾的质量 m/g
0.3	11.00~13.00	20	3
0.1	35.00~40.00	0	2

碘酸钾标准滴定溶液的浓度 $[c(1/6\mathrm{KIO}_3)]$,按式(13)计算:

$$c(1/6\mathrm{KIO}_3)=\frac{(V_1-V_2)\times c_1}{V} \tag{13}$$

式中:V_1——硫代硫酸钠标准滴定溶液体积,单位为毫升(mL);
V_2——空白试验硫代硫酸钠标准滴定溶液体积,单位为毫升(mL);
c_1——硫代硫酸钠标准滴定溶液浓度,单位为摩尔每升(mol/L);
V——碘酸钾溶液体积,单位为毫升(mL)。

4.10.2 方法二
按表 12 的规定量,称取已于 180℃±2℃ 的电烘箱中干燥至恒量的工作基准试剂碘酸钾,溶于水,移入 1 000mL 容量瓶中,稀释至刻度。

表 12

碘酸钾标准滴定溶液的浓度 $c(1/6\mathrm{KIO}_3)/(\mathrm{mol/L})$	工作基准试剂碘酸钾的质量 m/g
0.3	10.70±0.50
0.1	3.57±0.15

碘酸钾标准滴定溶液的浓度 $[c(1/6\mathrm{KIO}_3)]$,按式(14)计算:

$$c(1/6\mathrm{KIO}_3)=\frac{m\times 1\,000}{V\times M} \tag{14}$$

式中:m——碘酸钾质量,单位为克(g);
V——碘酸钾溶液体积,单位为毫升(mL);
M——碘酸钾的摩尔质量,单位为克每摩尔(mol/L)$[M(1/6\mathrm{KIO}_3)=35.667]$。

4.11 草酸(或草酸钠)标准滴定溶液[$c(1/2H_2C_2O_4) = 0.1$ mol/L 或 $c(1/2Na_2C_2O_4) = 0.1$ mol/L]

4.11.1 方法一

4.11.1.1 配制

称取6.4g二水合草酸(或6.7g草酸钠)，溶于1 000mL水中，摇匀。

4.11.1.2 标定

量取35.00~40.00mL配制的草酸(或草酸钠)溶液，加100mL硫酸溶液(8+92)，用高锰酸钾标准滴定溶液[$c(1/5 KMnO_4) = 0.1$ mol/L]滴定，近终点时加热至约65℃，继续滴定至溶液呈粉红色，并保持30s。同时做空白试验。

草酸(或草酸钠)标准滴定溶液的浓度[$c(1/2 H_2C_2O_4)$ 或 $c(1/2 Na_2C_2O_4)$]，按式(15)计算：

$$c = \frac{(V_1 - V_2) \times c_1}{V} \tag{15}$$

式中：V_1——高锰酸钾标准滴定溶液体积，单位为毫升(mL)；

V_2——空白试验消耗高锰酸钾标准滴定溶液体积，单位为毫升(mL)；

c——高锰酸钾标准滴定溶液浓度，单位为摩尔每升(mol/L)；

V——草酸(或草酸钠)溶液体积，单位为毫升(mL)。

4.11.2 方法二

称取6.70g±0.30g已于105℃±2℃的电烘箱中干燥至恒量的工作基准试剂草酸钠，溶于水，移入1 000mL容量瓶中，稀释至刻度。

草酸钠标准滴定溶液的浓度[$c(1/2 Na_2C_2O_4)$]，按式(16)计算：

$$c(1/2 Na_2C_2O_4) = \frac{m \times 1\,000}{V \times M} \tag{16}$$

式中：m——草酸钠质量，单位为克(g)；

V——草酸钠溶液体积，单位为毫升(mL)；

M——草酸钠的摩尔质量，单位为克每摩尔(g/mol)[$M(1/2Na_2C_2O_4) = 66.999$]。

4.12 高锰酸钾标准滴定溶液[$c(1/5KMnO_4) = 0.1$ mol/L]

4.12.1 配制

称取3.3g高锰酸钾，溶于1 050mL水中，缓缓煮沸15min，冷却，于暗处放置2周，用已处理过的4号玻璃滤锅(在同样浓度的高锰酸钾溶液中缓缓煮沸5min)过滤。贮存于棕色瓶中。

4.12.2 标定

称取0.25g于105~110℃电烘箱中干燥至恒量的工作基准试剂草酸钠，溶于100mL硫酸溶液(8+92)中，用配制的高锰酸钾溶液滴定，近终点时加热至约65℃，继续滴定至溶液呈粉红色，并保持30s。同时做空白试验。

高锰酸钾标准滴定溶液的浓度[$c(1/5KMnO_4)$]，按式(17)计算：

$$c(1/5KMnO_4) = \frac{m \times 1\,000}{(V_1 - V_2) \times M} \tag{17}$$

式中：m——草酸钠质量，单位为克(g)；

V_1——高锰酸钾溶液体积，单位为毫升(mL)；

V_2——空白试验高锰酸钾溶液体积，单位为毫升(mL)；

M——草酸钠的摩尔质量,单位为克每摩尔(g/mol)[$M(1/2Na_2C_2O_4)$ = 66.999]。

4.13 硫酸铁(Ⅱ)铵标准滴定溶液{$c[(NH_4)_2Fe(SO_4)_2]$ = 0.1mol/L}

4.13.1 制剂配制

4.13.1.1 硫磷混酸溶液

于100mL水中缓慢加入150mL硫酸和150mL磷酸,摇匀,冷却至室温,用高锰酸钾溶液调至微红色。

4.13.1.2 N-苯代邻氨基苯甲酸指示液(2g/L)(临用前配制)

称取0.2g N-苯代邻氨基苯甲酸指示液,溶于少量水,加0.2g无水碳酸钠,温热溶解,稀释至100mL。

4.13.2 配制

称取40g六水合硫酸铁(Ⅱ)铵,溶于300mL硫酸溶液(20%)中,加700mL水,摇匀。

4.13.3 标定(临用前标定)

4.13.3.1 方法一

称取0.18g已于120℃±2℃电烘箱中干燥至恒量的工作基准试剂重铬酸钾,溶于25mL水中,加10mL硫磷混酸溶液,加70mL水,用配制的硫酸铁(Ⅱ)铵溶液滴定至橙黄色消失,加2滴 N-苯代邻氨基苯甲酸指示液(2g/L),继续滴定至溶液由紫红色变为亮绿色。

硫酸铁(Ⅱ)铵标准滴定溶液的浓度{$c[(NH_4)_2Fe(SO_4)_2]$},按式(18)计算:

$$c[(NH_4)_2Fe(SO_4)_2] = \frac{m \times 1\,000}{V \times M} \quad (18)$$

式中:m——重铬酸钾质量,单位为克(g);

V——硫酸铁(Ⅱ)铵溶液体积,单位为毫升(mL);

M——重铬酸钾的摩尔质量,单位为克每摩尔(g/mol)[$M(1/6K_2Cr_2O_7)$ = 49.031]。

4.13.3.2 方法二

量取35.00~40.00mL配制的硫酸铁(Ⅱ)铵溶液,加25mL无氧的水,用高锰酸钾标准滴定溶液[$c(1/5KMnO_4)$ = 0.1mol/L]滴定至溶液呈粉红色,并保持30s。同时做空白试验。

硫酸铁(Ⅱ)铵标准滴定溶液的浓度{$c[(NH_4)_2Fe(SO_4)_2]$},按式(19)计算:

$$c[(NH_4)_2Fe(SO_4)_2] = \frac{(V_1 - V_2) \times c_1}{V} \quad (19)$$

式中:V_1——高锰酸钾标准滴定溶液体积,单位为毫升(mL);

V_2——空白试验消耗高锰酸钾标准滴定溶液体积,单位为毫升(mL);

c_1——高锰酸钾标准滴定溶液浓度,单位为摩尔每升(mol/L);

V——硫酸铁(Ⅱ)铵溶液体积,单位为毫升(mL)。

4.14 硫酸铈(或硫酸铈铵)标准滴定溶液 $c[Ce(SO_4)_2]$ = 0.1mol/L 或 $c[2(NH_4)_2SO_4 \cdot Ce(SO_4)_2]$ = 0.1mol/L

4.14.1 配制

称取40g四水合硫酸铈(或67g硫酸铈铵),加30mL水及28mL硫酸,再加300mL水,加热溶解,再加650mL水,摇匀。

4.14.2 标定

称取0.25g已于105~110℃电烘箱中干燥至恒量的工作基准试剂草酸钠,溶于75mL水中,加4mL硫酸溶液(20%)及10mL盐酸,加热至65~70℃,用配制的硫酸铈(或硫酸铈铵)溶液滴定至溶液呈浅黄色。加入0.10mL 1,10-菲啰啉-亚铁指示液使溶液变为橘红色,继续滴定至溶液呈浅蓝色。同时做空白试验。

硫酸铈(或硫酸铈铵)标准滴定溶液的浓度,按式(20)计算:

$$c = \frac{m \times 1\,000}{(V_1 - V_2) \times M} \tag{20}$$

式中：m——草酸钠质量,单位为克(g);

V_1——硫酸铈(或硫酸铈铵)溶液体积,单位为毫升(mL);

V_2——空白试验硫酸铈(或硫酸铈铵)溶液体积,单位为毫升(mL);

M——草酸钠的摩尔质量,单位为克每摩尔(g/mol)[$M(1/2Na_2C_2O_4) = 66.999$]。

4.15 乙二胺四乙酸二钠标准滴定溶液

4.15.1 方法一

4.15.1.1 配制

按表13的规定量,称取乙二胺四乙酸二钠,加1 000mL水,加热溶解,冷却,摇匀。

表13

乙二胺四乙酸二钠标准滴定溶液的浓度 $c(EDTA)/(mol/L)$	乙二胺四乙酸二钠的质量 m/g
0.1	40
0.05	20
0.02	8

4.15.1.2 标定

4.15.1.2.1 乙二胺四乙酸二钠标准滴定溶液[$c(EDTA) = 0.1$mol/L, $c(EDTA) = 0.05$mol/L]

按表14的规定量,称取于800℃±50℃的高温炉中灼烧至恒量的工作基准试剂氧化锌,用少量水湿润,加2mL盐酸溶液(20%)溶解,加100mL水,用氨水溶液(10%)将溶液pH值调至7~8,加10mL氨-氯化铵缓冲溶液甲(pH≈10)及5滴铬黑T指示液(5g/L),用配制的乙二胺四乙酸二钠溶液滴定至溶液由紫色变为纯蓝色。同时做空白试验。

表14

乙二胺四乙酸二钠标准滴定溶液的浓度 $c(EDTA)/(mol/L)$	工作基准试剂氧化锌的质量 m/g
0.1	0.3
0.05	0.15

乙二胺四乙酸二钠标准滴定溶液的浓度[$c(EDTA)$],按式(21)计算:

$$c(EDTA) = \frac{m \times 1\,000}{(V_1 - V_2) \times M} \tag{21}$$

式中：m——氧化锌质量,单位为克(g);

V_1——乙二胺四乙酸二钠溶液体积,单位为毫升(mL);

V_2——空白试验乙消耗二胺四乙酸二钠溶液体积,单位为毫升(mL);

M——氧化锌的摩尔质量,单位为克每摩尔(g/mol)[$M(ZnO) = 81.39$]。

4.15.1.2.2 乙二胺四乙酸二钠标准滴定溶液[$c(EDTA) = 0.02$mol/L]

称取0.42g于800℃±50℃的高温炉中灼烧至恒量的工作基准试剂氧化锌,用少量水湿润,加 3mL 盐酸溶液(20%)溶解,移入 250mL 容量瓶中,稀释至刻度,摇匀。取 35.00 ~ 40.00mL,加 70mL 水,用氨水溶液(10%)将溶液 pH 值调至 7~8,加 10mL 氨-氯化铵缓冲溶液甲(pH≈10)及 5 滴铬黑 T 指示液(5g/L),用配制的乙二胺四乙酸二钠溶液滴定至溶液由紫色变为纯蓝色。同时做空白试验。

乙二胺四乙酸二钠标准滴定溶液的浓度[c(EDTA)],按式(22)计算:

$$c(\text{EDTA}) = \frac{m \times \dfrac{V_1}{250} \times 1\ 000}{(V_2 - V_3) \times M} \tag{22}$$

式中:m——氧化锌质量,单位为克(g);
　　　V_1——氧化锌溶液体积,单位为毫升(mL);
　　　V_2——乙二胺四乙酸二钠溶液体积,单位为毫升(mL);
　　　V_3——空白试验消耗乙二胺四乙酸二钠溶液体积,单位为毫升(mL);
　　　M——氧化锌的摩尔质量,单位为克每摩尔(g/mol)[M(ZnO) = 81.408]。

4.15.2　方法二

按表 15 的规定量,称取经硝酸镁饱和溶液恒湿器中放置 7d 后的工作基准试剂乙二胺四乙酸二钠,溶于热水中,冷却至室温,移入 1 000mL 容量中,稀释至刻度。

表 15

乙二胺四乙酸二钠标准滴定溶液的浓度 c(EDTA)/(mol/L)	工作基准试剂乙二胺四乙酸二钠的质量 m/g
0.1	37.22±0.50
0.05	18.61±0.50
0.02	7.44±0.30

乙二胺四乙酸二钠标准滴定溶液的浓度[c(EDTA)],按式(23)计算:

$$c(\text{EDTA}) = \frac{m \times 1\ 000}{V \times M} \tag{23}$$

式中:m——乙二胺四乙酸二钠质量,单位为克(g);
　　　V——乙二胺四乙酸二钠溶液体积,单位为毫升(mL);
　　　M——乙二胺四乙酸二钠的摩尔质量,单位为克每摩尔(g/mol)[M(EDTA) = 372.24]。

4.16　氯化锌标准滴定溶液

4.16.1　方法一

4.16.1.1　配制

按表 16 的规定量,称取氯化锌,加 1 000mL 盐酸溶液(1+2 000)中,摇匀。

表 16

氯化锌标准滴定溶液的浓度 c(ZnCl$_2$)/(mol/L)	氯化锌的质量 m/g
0.1	14
0.05	7
0.02	2.8

4.16.1.2　标定

按表 17 的规定量,称取经硝酸镁饱和溶液恒湿器中放置 7 d 后的工作基准试剂乙二胺四乙酸二钠，溶于100mL热水中，加10mL氨-氯化铵缓冲溶液（pH≈10），用配制的氯化锌溶液滴定，近终点时加5滴铬黑T指示液（5g/L），继续滴定至溶液由蓝色变为紫红色。同时做空白试验。

表17

氯化锌标准滴定溶液的浓度/(mol/L)	工作基准试剂乙二胺四乙酸二钠的质量 m/g
0.1	1.4
0.05	0.7
0.02	0.28

氯化锌标准滴定溶液的浓度[$c(ZnCl_2)$]，按式（24）计算：

$$c(ZnCl_2) = \frac{m \times 1\,000}{(V_1 - V_2) \times M} \quad (24)$$

式中：m——乙二胺四乙酸二钠质量，单位为克(g)；

V_1——氧化锌溶液体积，单位为毫升(mL)；

V_2——空白试验氧化锌溶液体积，单位为毫升(mL)；

M——乙二胺四乙酸二钠的摩尔质量，单位为克每摩尔(g/mol)[$M(EDTA) = 372.24$]。

4.16.2 方法二

按表18的规定量，称取于800℃±50℃的高温炉中灼烧至恒量的工作基准试剂氧化锌，用少量水湿润，加表17的规定量的盐酸溶液(20%)溶解，移入1000mL容量瓶中，稀释至刻度。

表18

氯化锌标准滴定溶液的浓度 $c(ZnCl_2)$/(mol/L)	工作基准试剂氧化锌的质量 m/g	盐酸溶液(20%)体积 V/mL
0.1	8.14±0.40	36.0
0.05	4.07±0.20	18.0
0.02	1.63±0.08	7.2

氯化锌标准滴定溶液的浓度[$c(ZnCl_2)$]，按式（25）计算：

$$c(ZnCl_2) = \frac{m \times 1\,000}{V \times M} \quad (25)$$

式中：m——氧化锌质量，单位为克(g)；

V——氧化锌溶液体积，单位为毫升(mL)；

M——氧化锌的摩尔质量，单位为克每摩尔(g/mol)[$M(ZnO) = 81.408$]。

4.17 氯化镁（或硫酸镁）标准滴定溶液[$c(MgCl_2) = 0.1mol/L$ 或 $c(MgSO_4) = 0.1mol/L$]

4.17.1 配制

称取21g六合氯化镁[或25g七水合硫酸镁]，溶于1000mL盐酸溶液(1+2000)中，放置1个月后，用3号玻璃滤坩过滤。

4.17.2 标定

称取1.4g经硝酸镁饱和溶液恒湿器中放置7d后的工作基准试剂乙二胺四乙酸二钠，溶于100mL热水中，加10mL氨-氯化铵缓冲溶液甲（pH≈10），用配制好的氯化镁（或硫酸镁）溶液滴定，近终点时加5滴铬黑T指示液（5g/L），继续滴定至溶液由蓝色变为紫红色。同时做空白试验。

氯化镁（或硫酸镁）标准滴定溶液的浓度[$c(MgCl_2) = 0.1mol/L$ 或 $c(MgSO_4) = 0.1mol/L$]，

按式(26)计算:

$$c=\frac{m\times 1\ 000}{(V_1-V_2)\times M} \tag{26}$$

式中:m——乙二胺四乙酸二钠质量,单位为克(g);

V_1——氯化镁(或硫酸镁)溶液体积,单位为毫升(mL);

V_2——空白试验氯化镁(或硫酸镁)溶液体积,单位为毫升(mL);

M——乙二胺四乙酸二钠的摩尔质量,单位为克每摩尔(g/mol)[M(EDTA)= 372.24]。

4.18 硝酸铅标准滴定溶液{c[Pb(NO$_3$)$_2$]=0.05mol/L}

4.18.1 配制

称取17g硝酸铅,溶于1 000mL硝酸溶液(1+2 000)中,摇匀。

4.18.2 标定

量取35.00~40.00mL配制的硝酸铅溶液,加3mL乙酸(冰醋酸)及5g六次甲基四胺,加70mL水及2滴二甲酚橙指示液(2g/L),用乙二胺四乙酸二钠标准滴定溶液[c(EDTA)=0.05mol/L]滴定至溶液呈亮黄色。同时做空白试验。

硝酸铅标准滴定溶液的浓度{c[Pb(NO$_3$)$_2$]},按式(27)计算:

$$c[\text{Pb}(\text{NO}_3)_2]=\frac{(V_1-V_2)\times c_1}{V} \tag{27}$$

式中:V_1——乙二胺四乙酸二钠标准滴定溶液体积,单位为毫升(mL);

V_2——空白试验乙二胺四乙酸二钠溶液体积,单位为毫升(mL);

c_1——乙二胺四乙酸二钠标准滴定溶液浓度,单位为摩尔每升(mol/L);

V——硝酸铅溶液体积,单位为毫升(mL)。

4.19 氯化钠标准滴定溶液[c(NaCl)=0.1mol/L]

4.19.1 方法一

4.19.1.1 配制

称取5.9g氯化钠,溶于1 000mL水中,摇匀。

4.19.1.2 标定

按GB/T 9725—2007的规定测定。其中:量取35.00~40.00mL配制的氯化钠溶液,加40mL水、10mL淀粉溶液(10g/L),以216型银电极作指示电极,217型双盐桥饱和甘汞电极作参比电极,用硝酸银标准滴定溶液[c(AgNO$_3$)= 0.1mol/L]滴定,按GB/T 9725—2007中6.2.2的规定计算V_0。

氯化钠标准滴定溶液的浓度[c(NaCl)],按式(28)计算:

$$c(\text{NaCl})=\frac{V_0\times c_1}{V} \tag{28}$$

式中:V_0——硝酸银标准滴定溶液体积,单位为毫升(mL);

c_1——硝酸银标准滴定溶液浓度,单位为摩尔每升(mol/L);

V——氯化钠溶液体积,单位为毫升(mL)。

4.19.2 方法二

称取5.84g±0.30g已于550℃±50℃的高温炉中灼烧至恒量的工作基准试剂氯化钠,溶于水,移入1 000mL容量瓶中,稀释至刻度。

氯化钠标准滴定溶液的浓度[c(NaCl)],按式(29)计算:

$$c(\text{NaCl}) = \frac{m \times 1\ 000}{V \times M} \quad (29)$$

式中:m——氯化钠质量,单位为克(g);

V——氯化钠溶液体积,单位为毫升(mL);

M——氯化钠的摩尔质量,单位为克每摩尔(g/mol)[M(NaCl)=58.442]。

4.20 硫氰酸钠(或硫氰酸钾、硫氰酸铵)标准滴定溶液[c(NaSCN)=0.1mol/L,c(KSCN)=0.1mol/L,c(NH$_4$SCN)=0.1mol/L]

4.20.1 配制

称取8.2g硫氰酸钠(或9.7g硫氰酸钾或7.9g硫氰酸铵),溶于1 000mL水中,摇匀。

4.20.2 标定

4.20.2.1 方法一

按GB/T 9725—2007的规定测定。其中:称取0.6g于硫酸干燥器中干燥至恒量的工作基准试剂硝酸银,溶于90mL水中,加10mL淀粉溶液(10g/L)及10mL硝酸溶液(25%),以216型银电极作指示电极,217型双盐桥饱和甘汞电极作参比电极,用配制的硫氰酸钠(或硫氰酸钾或硫氰酸铵)溶液滴定,按GB/T 9725—2007中6.2.2的规定计算V_0。

硫氰酸钠(或硫氰酸钾或硫氰酸铵)标准滴定溶液的浓度(c),按式(30)计算:

$$c = \frac{m \times 1\ 000}{V_0 \times M} \quad (30)$$

式中:m——硝酸银质量,单位为克(g);

V_0——硫氰酸钠(或硫氰酸钾或硫氰酸铵)溶液体积,单位为毫升(mL);

M——硝酸银的摩尔质量,单位为克每摩尔(g/mol)[M(AgNO$_3$)=169.87]。

4.20.2.2 方法二

按GB/T 9725—2007的规定测定。其中:量取35.00~40.00mL硝酸银标准滴定溶液[c(AgNO$_3$)=0.1mol/L],加60mL水、10mL淀粉溶液(10g/L)及10mL硝酸溶液(25%),以216型银电极作指示电极,217型双盐桥饱和甘汞电极作参比电极,用配制的硫氰酸钠(或硫氰酸钾或硫氰酸铵)溶液滴定,按GB/T 9725—2007中6.2.2的规定计算V_0。

硫氰酸钠(或硫氰酸钾或硫氰酸铵)标准滴定溶液的浓度(c),按式(31)计算:

$$c = \frac{V_0 \times c_1}{V} \quad (31)$$

式中:V_0——硝酸银标准滴定溶液体积,单位为毫升(mL);

c_1——硝酸银标准滴定溶液浓度,单位为摩尔每升(mol/L);

V——硫氰酸钠(或硫氰酸钾或硫氰酸铵)溶液体积,单位为毫升(mL)。

4.21 硝酸银标准滴定溶液[c(AgNO$_3$)=0.1mol/L]

4.21.1 配制

称取17.5g硝酸银,溶于1 000mL水中,摇匀。溶液贮存于密闭的棕色瓶中。

4.21.2 标定

按 GB/T 9725—2007 的规定测定。其中：称取 0.22g 于 500~600℃ 的高温炉中灼烧至恒量的工作基准试剂氯化钠，溶于 70mL 水中，加 10mL 淀粉溶液（10g/L），以 216 型银电极作指示电极，217 型双盐桥饱和甘汞电极作参比电极，用配制的硝酸银溶液滴定。按 GB/T 9725—2007 中 6.2.2 的规定计算 V_0。

硝酸银标准滴定溶液的浓度 $[c(AgNO_3)]$，按式（32）计算：

$$c(AgNO_3) = \frac{m \times 1\,000}{V_0 \times M} \tag{32}$$

式中：m——氯化钠质量，单位为克（g）；

V_0——硝酸银溶液体积，单位为毫升（mL）；

M——氯化钠的摩尔质量，单位为克每摩尔（g/mol）$[M(NaCl) = 58.442]$。

4.22 硝酸汞标准滴定溶液

4.22.1 配制

按表 19 的规定量，称取硝酸汞或氧化汞，置于 250mL 烧杯中，加入硝酸溶液（1+1）及少量水溶解，必要时过滤，稀释至 1 000mL，摇匀。溶液贮存于密闭的棕色瓶中。

表 19

硝酸汞标准滴定溶液的浓度 $c[1/2Hg(NO_3)_2]/(mol/L)$	硝酸汞的质量 m/g	硝酸（1+1） V/mL	氧化汞的质量 m/g	硝酸（1+1） V/mL
0.1	17.2	7	10.9	20
0.05	8.6	4	5.5	10

4.22.2 标定

按表 20 的规定量，称取于 500~600℃ 的高温炉中灼烧至恒量的工作基准试剂氯化钠，溶于 100mL 水中，加 3~4 滴溴酚蓝指示液，若溶液颜色呈蓝紫色，滴加硝酸溶液（8+92）至溶液变为黄色，再过量 5~6 滴；若溶液颜色呈黄色，则滴加氢氧化钠溶液（40g/L）至溶液变为蓝紫色，再滴加硝酸溶液（8+92）至溶液变为黄色，再过量 5~6 滴。加 10 滴新配制的二苯偶氮碳酰肼指示液（5g/L 乙醇溶液），用配制的硝酸汞溶液滴定至溶液由黄色变为紫红色。同时做空白试验。（收集废液，处理方法参见附录 E）

表 20

硝酸汞标准滴定溶液的浓度 $c[1/2Hg(NO_3)_2]/(mol/L)$	工作基准试剂氯化钠的质量 m/g
0.1	0.2
0.05	0.1

硝酸汞标准滴定溶液的浓度 $\{c[1/2Hg(NO_3)_2]\}$，按式（33）计算：

$$c[1/2Hg(NO_3)_2] = \frac{m \times 1\,000}{V_0 \times M} \tag{33}$$

式中：m——氯化钠质量，单位为克（g）；

V_0——硝酸汞溶液体积，单位为毫升（mL）；

M——氯化钠的摩尔质量，单位为克每摩尔（g/mol）$[M(NaCl) = 58.442]$。

4.23 亚硝酸钠标准滴定溶液

4.23.1 配制

按表21的规定量，称取亚硝酸钠、氢氧化钠及无水碳酸钠，溶于1 000mL水中，摇匀。

表21

亚硝酸钠标准滴定溶液的浓度 $c(NaNO_2)/(mol/L)$	亚硝酸钠的质量 m/g	氢氧化钠的质量 m/g	无水碳酸钠的质量 m/g
0.5	36	0.5	1
0.1	7.2	0.1	0.2

4.23.2 标定[$c(NaNO_2)=0.5mol/L$需临用前标定]

4.23.2.1 方法一

按表22的规定量，称取于120℃±2℃的电烘箱中干燥至恒量的工作基准试剂无水对氨基苯磺酸，加氨水溶解，加200mL水(冰水)及20mL盐酸，按永停滴定法安装电极和测量仪表(图1)。将装有配制的相应浓度的亚硝酸钠溶液的滴管下口插入溶液内约10mm处，在搅拌下进行滴定，近终点时，将滴管的尖端提出液面，用少量水淋洗尖端，洗液并入溶液中，继续慢慢滴定，并观察检流计读数和指针偏转情况，直至加入滴定液搅拌后电流突增，并不再回复时为滴定终点。同时做空白试验。

表22

亚硝酸钠标准滴定溶液的浓度 $[c(NaNO_2)]/(mol/L)$	工作基准试剂无水对氨基苯磺酸的质量 m/g	氨水的体积 V/mL
0.5	3	3
0.1	0.6	2

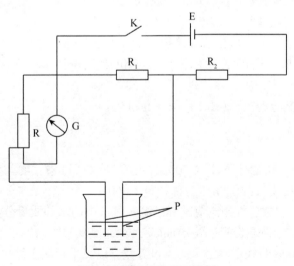

图1 测量仪表安装示意图

说明：R——电阻(其阻值与检流计临界阻尼电阻值近似)；
　　　R_1——电阻(60~70Ω，或用可变电阻，使加于二电极上的电压约为50mV)；

R_2——电阻(2 000Ω);

E——干电池(1.5 V);

K——开关;

G——检流计(灵敏度为10^{-9}A/格);

P——铂电极。

亚硝酸钠标准滴定溶液的浓度[$c(NaNO_2)$],按式(34)计算:

$$c(NaNO_2) = \frac{m \times 1\ 000}{(V_1 - V_2) \times M} \tag{34}$$

式中:m——无水对氨基苯磺酸质量,单位为克(g);

V_1——亚硝酸钠溶液体积,单位为毫升(mL);

V_2——空白试验消耗亚硝酸钠溶液体积,单位为毫升(mL);

M——无水对氨基苯磺酸的摩尔质量,单位为克每摩尔(g/mol){M [$C_6H_4(NH_2)(SO_3H)$] = 173.19}。

4.23.2.2 方法二

按表22的规定量,称取于120℃±2℃的电烘箱中干燥至恒量的工作基准试剂无水对氨基苯磺酸,加氨水溶解,加200mL水(冰水)及20mL盐酸。将装有配制的相应浓度的亚硝酸钠溶液的滴管下口插入溶液内约10mm处,在搅拌下进行滴定,近终点时,将滴管的尖端提出液面,用少量水淋洗尖端,洗液并入溶液中,继续慢慢滴定,当淀粉-碘化钾试纸(外用)出现明显蓝色时,放置5min,再用试纸试之,如仍产生明显蓝色即为滴定终点。同时做空白试验。

亚硝酸钠标准滴定溶液的浓度[$c(NaNO_2)$],按式(35)计算:

$$c(NaNO_2) = \frac{m \times 1\ 000}{(V_1 - V_2) \times M} \tag{35}$$

式中:m——无水对氨基苯磺酸质量,单位为克(g);

V_1——亚硝酸钠溶液体积,单位为毫升(mL);

V_2——空白试验消耗亚硝酸钠溶液体积,单位为毫升(mL);

M——无水对氨基苯磺酸的摩尔质量,单位为克每摩尔(g/mol){M [$C_6H_4(NH_2)(SO_3H)$] = 173.19}。

4.24 高氯酸标准滴定溶液[$c(HClO_4)$ = 0.1mol/L]

4.24.1 配制

4.24.1.1 方法一

量取8.7mL高氯酸,在搅拌下注入500mL乙酸(冰醋酸)中,混匀。滴加20mL乙酸酐,搅拌至溶液均匀。冷却后用(乙酸冰醋酸)稀释至1 000mL。

4.24.1.2 方法二(本方法控制高氯酸标准滴定溶液中的水的质量分数约为0.05%。)

量取8.7mL高氯酸,在搅拌下注入950mL乙酸(冰醋酸)中,混匀。取5mL,共两份,用吡啶做溶剂,按GB/T 606的规定测定水的质量分数。以二平行测定结果的平均值(ω_1)计算高氯酸溶液中乙酸酐的加入量。滴加计算量的乙酸酐,搅拌均匀。冷却后用乙酸(冰醋酸)稀释至1 000mL,摇匀。

高氯酸溶液中乙酸酐的加入量(V),按式(36)计算:

$$V = 5\ 320 \times \omega_1 - 2.8 \tag{36}$$

式中：ω_1——未加乙酸酐的高氯酸溶液中水的质量分数，%。

4.24.2 标定

称取0.75g于105~110℃的电烘箱中干燥至恒量的工作基准试剂邻苯二甲酸氢钾，置于干燥的锥形瓶中，加入50mL乙酸（冰醋酸），温热溶解。加3滴结晶紫指示液（5g/L），用配制的高氯酸溶液滴定至溶液由紫色变为蓝色（微带紫色）。同时做空白试验。

标定温度下高氯酸标准滴定溶液的浓度[$c(HClO_4)$]，按式（37）计算：

$$c(HClO_4) = \frac{m \times 1\,000}{(V_1 - V_2) \times M} \tag{37}$$

式中：m——邻苯二甲酸氢钾质量，单位为克（g）；
V_1——高氯酸溶液体积，单位为毫升（mL）；
V_2——空白试验消耗高氯酸溶液体积，单位为毫升（mL）；
M——邻苯二甲酸氢钾的摩尔质量，单位为克每摩尔（g/mol）[$M(KHC_8H_4O_4) = 204.22$]。

4.24.3 修正方法

使用时，高氯酸标准滴定溶液时的温度应与标定时的温度相同；若其温差小于4℃时，应按式（38）将高氯酸标准滴定溶液的浓度修正到使用温度下的浓度；若其温差大于4℃时，应重新标定。

高氯酸标准滴定溶液修正后的浓度[$c_1(HClO_4)$]，按式（38）计算：

$$c_1(HClO_4) = \frac{c}{1 + 0.001\,1 \times (t_1 - t)} \tag{38}$$

式中：c——标定温度下高氯标准滴定溶液浓度，单位为摩尔每升（mol/L）；
t_1——使用高氯标准滴定溶液温度，单位为摄氏度（℃）；
t——标定高氯标准滴定溶液温度，单位为摄氏度（℃）；
0.001 1——高氯标准滴定溶液每改变1℃时的体积膨胀系数，单位为每摄氏度（℃$^{-1}$）。

4.25 氢氧化钾-乙醇标准滴定溶液[$c(KOH) = 0.1$mol/L]

4.25.1 配制

称取500g氢氧化钾，置于烧杯中，加约420mL水溶解，冷却，移入聚乙烯容器中，放置。用塑料管量取7mL上层清液，用乙醇（95%）稀释至1 000mL，密闭避光放置2d~4d至溶液清亮后，用塑料管虹吸上层清液至另一聚乙烯容器中（避光保存或用深色聚乙烯容器）。

4.25.2 标定

称取0.75g于105~110℃电烘箱中干燥至恒量的工作基准试剂邻苯二甲酸氢钾，溶于50mL无二氧化碳的水中，加2滴酚酞指示液（10g/L），用配制的氢氧化钾-乙醇溶液滴定至溶液呈粉红色，同时做空白试验。

氢氧化钾-乙醇标准滴定溶液的浓度[$c(KOH)$]，按式（39）计算：

$$c(KOH) = \frac{m \times 1\,000}{(V_1 - V_2) \times M} \tag{39}$$

式中：m——邻苯二甲酸氢钾质量，单位为克（g）；
V_1——氢氧化钾-乙醇溶液体积，单位为毫升（mL）；
V_2——空白试验氢氧化钾-乙醇溶液体积，单位为毫升（mL）；
M——邻苯二甲酸氢钾的摩尔质量，单位为克每摩尔（g/mol）[$M(KHC_8H_4O_4) = 204.22$]。

4.26 盐酸-乙醇标准滴定溶液[$c(HCl) = 0.5$mol/L]

4.26.1 配制

量取 45mL 盐酸,用乙醇(95%)稀释至 1 000mL,摇匀。

4.26.2 标定

4.26.2.1 方法一

称取 0.95g 于 270~300℃高温炉中灼烧至恒量的工作基准试剂无水碳酸钠,溶于 50mL 水中,加 10 滴溴甲酚绿-甲基红指示液,用配制的盐酸-乙醇溶液滴定至溶液由绿色变为暗红色,煮沸 2min,加盖具钠石灰管的橡胶塞,冷却,继续滴定至溶液再呈暗红色。同时做空白试验。

盐酸-乙醇标准滴定溶液的浓度 $[c(HCl)]$,按式(40)计算:

$$c(HCl) = \frac{m \times 1\ 000}{(V_1 - V_2) \times M} \tag{40}$$

式中:m——无水碳酸钠质量,单位为克(g);

V_1——盐酸-乙醇溶液体积,单位为毫升(mL);

V_2——空白试验盐酸-乙醇溶液体积,单位为毫升(mL);

M——无水碳酸钠的摩尔质量,单位为克每摩尔(g/mol)[$M(1/2Na_2CO_3) = 52.994$]。

4.26.2.2 方法二

量取 35~40mL 配制的盐酸-乙醇溶液,加 2 滴酚酞指示液(10g/L),用氢氧化钠标准滴定溶液[$c(NaOH) = 0.5$ mol/L]滴定至溶液呈粉红色。

盐酸-乙醇标准滴定溶液的浓度 $[c(HCl)]$,按式(41)计算:

$$c(HCl) = \frac{V_1 \times c_1}{V_2} \tag{41}$$

式中:V_1——氢氧化钠标准滴定溶液体积,单位为毫升(mL);

c_1——氢氧化钠标准滴定溶液浓度,单位为摩尔每升(mol/L);

V_2——盐酸-乙醇溶液体积,单位为毫升(mL)。

4.27 硫酸铁(Ⅲ)铵标准滴定溶液{$c[NH_4Fe(SO_4)_2] = 0.1$ mol/L}

4.27.1 配制

称取 48g 十二水合硫酸铁(Ⅲ)铵,加 500mL 水,缓慢加入 50mL 硫酸,加热溶解,冷却,稀释至 1 000mL。

4.27.2 标定

量取 35.00~40.00mL 配制的硫酸铁(Ⅲ)铵溶液,加 10mL 盐酸溶液(1+1),加热至近沸,滴加氯化亚锡溶液(400g/L)至溶液无色,过量 1~2 滴氯化汞饱和溶液,摇匀,放置 2~3min,加入 10mL 硫磷混酸溶液(见 4.13.1.1),稀释至 100mL,加 1mL 二苯胺磺酸钠指示液(5g/L),用重铬酸钾标准滴定溶液[$c(1/6K_2Cr_2O_7) = 0.1$ mol/L]滴定至溶液呈紫色,并保持 30s。同时做空白试验。(收集废液,处理方法参见附录 E)

硫酸铁(Ⅲ)铵标准滴定溶液的浓度{$c[(NH_4Fe(SO_4)_2]$},按式(42)计算:

$$c[(NH_4Fe(SO_4)_2] = \frac{(V_1 - V_0) \times c_1}{V} \tag{42}$$

式中:V_1——重铬酸钾标准滴定溶液体积,单位为毫升(mL);

V_0——空白试验消耗重铬酸钾标准滴定溶液体积,单位为毫升(mL);

c_1——重铬酸钾标准滴定溶液浓度,单位为摩尔每升(mol/L);

V——硫酸铁(Ⅲ)铵溶液体积,单位为毫升(mL)。

附录略。

附录九　滤纸的规格种类

化学分析中常用的滤纸分为定量和定性分析滤纸两种。定量滤纸又称为"无灰"滤纸,我国各种定量滤纸在滤纸盒上用白带(快速)、蓝带(中速)和红带(慢速)作为分类标志。滤纸外形有圆形和方形2种。常用的圆形滤纸的直径有7、9、11、12.5、15、18cm等规格;方形滤纸有60cm×60cm、30cm×30cm等规格。定性滤纸也分快速、中速和慢速3种。层析滤纸有1#和3#2种,60cm×60cm等规格。

项目	规格	质量 /(g/m^2)	滤水时间 /s	灰分 不大于/%	含铁量 不大于/%	用途
定量	快速(白带)	80±4.0	≤35	0.009	—	适用于精密定量分析
	中速(蓝带)	80±4.0	>35~≤70	0.009	—	
	慢速(红带)	80±4.0	>70~≤140	0.009	—	
定性	快速	80±4.0	≤35	0.11	0.003	适用于一般的定性分析和用于过滤沉淀或溶液中悬浮液用,不用于质量分析
	中速	80±4.0	>35~≤70	0.11	0.003	
	慢速	80±4.0	>70~≤140	0.11	0.003	
层析定性分析	1#	95±5.0	—	0.10	0.003	适用于色层分析
	3#	180±9.0	—	0.10	0.003	

附录十　筛号与筛孔直径对照表

筛号/目	孔径/mm	网线直径/mm	筛号/目	孔径/mm	网线直径/mm
3.5	5.66	1.448	35	0.50	0.290
4	4.76	1.270	40	0.42	0.249
5	4.00	1.117	45	0.35	0.221
6	3.36	1.016	50	0.297	0.188
8	2.38	0.841	60	0.250	0.163
10	2.00	0.759	70	0.210	0.140
12	1.68	0.691	80	0.170	0.119
14	1.41	0.610	100	0.149	0.102
16	1.19	0.541	120	0.125	0.086
18	1.10	0.480	140	0.105	0.074
20	0.84	0.149	170	0.088	0.063
25	0.71	0.371	200	0.074	0.053
30	0.59	0.330	230	0.062	0.046

附录十一 MPN 法计数统计表

5 次重复测数统计表

数量指标	近似值	数量指标	近似值	数量指标	近似值	数量指标	近似值	数量指标	近似值	数量指标	近似值
000	0.0	121	0.8	240	1.4	401	1.7	501	3.0	533	17.5
001	0.2	122	1.0	300	0.8	402	2.0	502	4.0	534	20.0
002	0.4	130	0.8	301	1.1	403	2.5	503	6.0	535	25.0
010	0.2	131	1.0	302	1.4	410	1.7	504	7.5	540	13.0
011	0.4	140	1.1	301	1.1	411	2.0	510	3.5	541	17.0
012	0.6	200	0.5	311	1.4	412	2.5	511	4.5	542	25.0
020	0.4	201	0.7	312	1.7	420	2.0	512	6.0	543	30.0
021	0.6	202	0.9	313	2.0	421	2.5	513	8.0	544	35.0
030	0.6	203	1.2	320	1.4	422	3.0	520	5.0	545	45.0
100	0.2	210	0.7	321	1.7	430	2.5	521	7.0	550	25.0
101	0.4	211	0.9	322	2.0	431	3.0	522	9.5	551	35.0
102	0.6	212	1.2	330	1.7	432	4.0	523	12.0	552	60.0
103	0.8	220	0.9	331	2.0	440	3.5	524	15.0	553	90.0
110	0.4	221	1.2	340	2.0	441	4.9	525	17.5	554	160.0
111	0.6	222	1.4	341	2.5	450	4.0	530	8.0	555	180.0
112	0.8	230	1.2	350	2.5	451	5.0	531	11.0		
120	0.6	231	1.4	400	1.3	550	2.5	532	14.0		

4 次重复测数统计表

数量指标	近似值	数量指标	近似值	数量指标	近似值	数量指标	近似值	数量指标	近似值	数量指标	近似值
000	0.0	100	0.3	140	1.4	240	2.0	332	4.0	422	13.0
001	0.2	101	0.5	141	1.7	241	3.0	333	5.0	423	17.0
002	0.5	102	0.8	200	0.6	300	1.1	340	3.5	424	20.0
003	0.7	103	1.0	201	0.9	301	1.6	341	4.5	430	11.5
010	0.2	110	0.5	202	1.2	302	2.0	400	2.5	431	16.5
011	0.5	111	0.8	203	1.6	303	2.5	401	3.5	432	20.0
012	0.7	112	1.0	210	0.9	310	1.6	402	5.0	433	30.0
013	0.9	113	1.3	211	1.3	311	2.0	403	7.0	434	35.0
020	0.5	120	0.8	212	1.6	312	3.0	410	3.5	440	25.0
021	0.7	121	1.1	213	2.0	313	3.5	411	5.5	441	40.0
022	0.9	122	1.3	220	1.3	320	2.0	412	8.0	442	70.0
030	0.7	123	1.6	221	1.6	321	3.0	413	11.0	443	140.0
031	0.9	130	1.1	222	2.0	322	3.5	414	14.0	444	160.0
040	0.9	131	1.4	230	1.7	330	3.5	420	6.0		
041	0.2	132	1.6	231	2.0	331	3.5	421	9.5		

3次重复测数统计表

数量指标	近似值	数量指标	近似值	数量指标	近似值	数量指标	近似值	数量指标	近似值	数量指标	近似值
000	0.0	102	1.1	201	1.4	222	3.5	302	6.5	322	20.0
001	0.3	110	0.7	202	2.0	223	4.0	310	4.5	323	30.0
010	0.3	111	1.1	210	1.5	230	3.0	311	7.5	330	25.0
011	0.6	120	1.1	211	2.0	231	3.5	312	11.5	331	45.0
020	0.6	121	1.5	212	3.0	232	4.0	313	16.5	332	110.0
100	0.4	130	1.6	220	2.0	300	2.5	320	9.5	333	140.0
101	0.7	200	0.9	221	3.0	301	4.0	321	15.0		